BIBLIOTHÈQUE DES CONNAISSANCES UTILES

LE PAIN

ET

LA VIANDE

LIBRAIRIE J.-B. BAILLIÈRE et FILS

DU MÊME AUTEUR

La Fabrication des liqueurs et des conserves. 1 vol. in-16,384 pages.
931 figures, cart. . . . . 4 fr.

La Margarine et le Beurre artificiel, par Ch. GIRARD et J. DE
BREVANS. 1 vol, in-16, de 172 pages. . . . . 2 fr.

Les Légumes et les Fruits. 1 vol. in 18 jésus avec fig. cart. . 4 fr.

BIBLIOTHÈQUE DES CONNAISSANCES UTILES

Collection de volumes in-18 jésus de 400 pages avec fig. cart. 4 fr.

L'Industrie laitière : le lait, le beurre et le fromage. 1888, 1 vol.
in-16 de 350 pages, avec 50 fig., cart. . . . . 4 fr.

Les Matières grasses, caractères, essais et falsifications des beurres,
huiles, graisses, suifs, etc., par le Dr G. BEAUVISAGE. 1892, 1 vol.
in-16, 380 pages, avec 50 fig., cart. . . . . 4 fr.

Les Secrets de l'alimentation, à la ville et à la campagne. Recettes,
formules et procédés d'une utilité générale et d'une application générale, par le professeur HÉRAUD. 1890, 1 vol. in-18 jésus de 423 pages,
avec 225 fig., cart. . . . . 4 fr.

Les secrets de l'économie domestique, à la ville et à la campagne.
Recettes, formules et procédés d'une utilité générale et d'une application journalière, par le professeur HÉRAUD. 1888, 1 vol. in-18 jésus
de 350 pages, avec 400 fig., cart. . . . . 5 fr.

Les Animaux de la ferme, par E. GUYOT. 1891, 1 voi. in-18 jésus
de 344 pages, avec 146 fig., cart. . . . . 4 fr.

Le Matériel agricole. Machines, outils, instruments employés dans
la grande et la petite culture, par E. BUCHARD. 1890, 1 vol. in-16
de 384 pages, avec 142 fig., cart. . . . . 4 fr.

Les Constructions agricoles et l'Architecture rurale, par E. BUCHARD.
1891, 1 vol. in-16 de 392 pages, avec 143 fig., cart. . . . 4 fr.

Les Arbres fruitiers, par BETTAU, jardinier en chef des jardins de
Versailles et de Trianon. 1 vol. in-18 jésus avec fig. cart. . 4 fr.

Les Plantes potagères et la culture maraîchère, par E. BERGER, chef
des cultures des jardins de la ville de Bordeaux. 1 vol. in-18 jésus,
avec fig., cart. . . . . 4 fr.

Lyon. — Imp. PITRAT AÎNÉ, A. Rey successeur, 4, rue Gentil. — 4438.

J. DE BREVANS

INGÉNIEUR AGRONOME

CHIMISTE PRINCIPAL AU LABORATOIRE MUNICIPAL DE PARIS

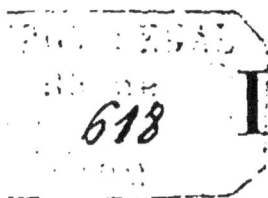

LE PAIN

ET

LA VIANDE

PRÉFACE DE M. E. RISLER

Directeur de l'Institut national agronomique

Avec 86 figures intercalées dans le texte

LE PAIN

LES CÉRÉALES. — LA MEUNERIE
LA BOULANGERIE
LA PATISSERIE ET LA BISCUITERIE
LES ALTÉRATIONS ET FALSIFICATIONS

LA VIANDE

LES ANIMAUX DE BOUCHERIE
LA BOUCHERIE. — LA CHARCUTERIE
LES ANIMAUX DE BASSE-COUR. — LES ŒUFS
LE GIBIER
LES CONSERVES ALIMENTAIRES
LES ALTÉRATIONS ET FALSIFICATIONS

PARIS

LIBRAIRIE J.-B. BAILLIÈRE ET FILS

19, RUE HAUTEFEUILLE, PRÈS DU BOULEVARD SAINT-GERMAIN

1892

PRÉFACE

———

Il n'y a rien de plus usuel dans la vie journalière que le pain et la viande : chacun de nous en mange tous les jours — ou à peu près — plus ou moins. Mais combien d'entre nous ignorent ce que c'est que le pain, ce que c'est que la viande, et cependant il y aurait grand intérêt à posséder sur ces questions quelques notions premières.

C'est à un nombre considérable de lecteurs — presque aussi nombreux que la population même — que s'adresse le livre de M. de Brevans :

Avec une compétence qu'il doit à des études long-temps poursuivies, avec une méthode rigoureuse qui lui vient de ses habitudes de chimiste, l'auteur prend le pain et la viande, à leur origine, alors que l'un est une plante, et l'autre un animal, il les étudie dans leur histoire naturelle, dans les préparations successives qu'ils subissent, dans la meunerie ou la boulangerie, dans l'abattoir ou à la cuisine; il nous initie aux mystères de ces manipulations complexes qui vont transformer le grain en farine et en pain, le bœuf en aloyau et le mouton en côtelette.

Il n'a garde d'oublier les altérations et les falsifications dont ces précieuses substances sont l'objet et qui, grâce aux progrès de la chimie, ont atteint des proportions vraiment redoutables; il nous prémunit contre les dangers que courent chaque jour notre bourse, et surtout notre santé; il nous donne les moyens de les éviter ou d'en atténuer les inconvénients.

Pour compléter son œuvre, après avoir étudié le pain et la viande en technicien, en chimiste, en hygiéniste, au point de vue de la consommation individuelle, M. de Brevans traite la partie sociale de la question : il fait une incursion dans le domaine de l'économiste et du statisticien.

Grâce à des tableaux patiemment colligés et intelligemment disposés, il nous fait connaître les lieux de production de ces diverses denrées, les prix de vente, les transactions auxquelles elles donnent lieu soit à l'importation, soit à l'exportation, les droits de douane qui les grèvent, etc.

Enfin de jolies figures, pour la plupart originales,

dessinées d'après nature ou d'après des photographies, nous mettent sous les yeux les produits naturels que nous n'avons l'habitude de voir que transformés par l'art du boulanger ou du cuisinier : il y a plaisir et profit à savoir distinguer à première vue un épi de blé d'un épi de seigle, un bœuf charolais d'un durham, etc.

Nous ne pouvons que féliciter M. de Brevans d'avoir entrepris cette œuvre de vulgarisation, et de l'avoir menée à bien : elle mettra dans l'esprit du lecteur beaucoup de notions pratiques dont chacun pourra faire son profit.

EUGÈNE RISLER.

Paris, 15 juin 1892.

LE PAIN

ET

LA VIANDE

INTRODUCTION

LES ALIMENTS

Notre but est d'examiner, au point de vue économique et industriel, aussi bien qu'au point de vue de l'hygiène, les matières qui sont la base de l'alimentation de l'homme civilisé : *le pain, la viande, les légumes* et *les fruits* [1].

Rappelons d'abord la définition des aliments, leur constitution et le rôle physiologique des éléments dont ils se composent.

I. Définition des aliments. — On donne le nom *d'aliments* aux substances qu'un être organisé, animal, ou végétal, doit absorber, soit pour son accroissement, s'il n'a pas atteint son maximum de développement, soit pour son entretien, s'il est arrivé à l'âge adulte. Les aliments doivent lui apporter tous les éléments qui

---

[1] Voy. J. de Brevans : *Les Légumes et les Fruits*, Paris, 1893, 1 vol. in-18 (*Bibl. des connaissances utiles*).

entrent dans sa constitution : de l'hydrogène, de l'oxygène, du carbone, de l'azote, du phosphore, du chlore,
du soufre et des matières minérales.

La plante trouve ses éléments nutritifs dans le sol,
dans les eaux et dans l'atmosphère ; l'animal doit les
prendre en partie à des êtres les ayant déjà assimilés,
en partie au règne minéral.

Parmi les substances alimentaires nécessaires à l'organisme pour réparer les pertes incessantes de l'économie, les unes peuvent être directement absorbées par
les organes ; les autres doivent subir une transformation préalable qui s'opère dans les différentes parties de
l'appareil digestif, sous l'influence des sucs que renferment ses glandes.

Pour qu'un aliment soit complet, nous devons y
trouver réunis tous les éléments constitutifs de notre
corps : 1° de l'eau ; 2° des matières azotées ; 3° des
matières extractives non azotées, ou hydrates de carbone ; 4° des matières grasses ; 5° des sels.

A côté de ces matières que l'organisme peut assimiler
complètement et que nous trouvons réunies dans les
œufs et dans le lait ; nous ingérons avec nos aliments
des substances très faiblement assimilables et dont le
rôle est presque complètement passif. Elles n'ont guère
d'autre but que de distendre la paroi de l'estomac et du
canal intestinal, et de diviser suffisamment les aliments
proprement dits, pour qu'ils puissent subir l'action des
liquides gastriques et intestinaux. Ces substances,
désignées sous le nom général de *cellulose*, se rencontrent, chez les animaux, dans le tissu élastique et dans
le tissu connectif ; dans les plantes elles forment les
membranes des cellules, le ligneux.

II. **Constitution des aliments**. — L'homme est omnivore, et par conséquent il peut se nourrir aussi bien de substances tirées du règne animal que du règne végétal.

Les éléments nutritifs, quelle que soit leur origine, peuvent se répartir en cinq groupes :

1° *L'eau ;*

2° *Les matières albuminoïdes ou protéiques ;*

3° *Les matières extractives non azotées ou hydrates de carbone ;*

4° *Les matières grasses ;*

5° *Les sels ou matières minérales.*

Les aliments d'origine animale, comme la viande et les œufs, ne renferment pas, en dehors de l'eau, de la graisse et des sels, de matières non azotées, ou n'en contiennent que très peu. Le lait fait cependant exception ; un hydrate de carbone, le *sucre de lait* ou *lactose* s'y trouve dissous en quantité considérable.

Dans les aliments végétaux, au contraire, le groupe des matières non azotées est toujours très important et forme l'élément prépondérant ; il est constitué par les *sucres*, les *gommes*, la *dextrine*, l'*amidon*, etc. A côté de ces substances, dont le rôle est considérable dans l'alimentation, nous en trouvons quelques autres ayant la composition élémentaire de l'amidon, qui ne sont qu'imparfaitement digérées par l'homme et par conséquent sont moins importantes ; ce sont les matières qui constituent les parois des cellules des végétaux, la *cellulose*. Les végétaux, à l'exception de la graine, ne renferment que de très faibles quantités de matières azotées.

1° *L'eau*. — L'eau est un des éléments essentiels de

l'organisme ; les tissus les plus jeunes en renferment environ 87 pour 100, les plus anciens 70 pour 100.

Cette quantité considérable d'eau de constitution, plus des deux tiers du poids moyen du corps humain, est en grande partie à l'état libre et forme la base des liquides organiques, tels que le sang qui en renferme 80 pour 100, le chyle et la lymphe (93 pour 100), l'urine, le suc gastrique, etc. L'eau joue ici le rôle d'agent de transmission des matières solubles, de l'appareil digestif aux différentes parties du corps et facilite leurs transformations.

Une autre partie de l'eau se trouve unie physiquement et chimiquement aux éléments de l'organisme; ainsi le tissu musculaire en renferme environ 75 pour 100. Cette eau lui donne sa flexibilité et son élasticité.

L'eau de l'organisme est sans cesse enlevée par la respiration, par l'évaporation qui se produit à la surface du corps, par l'urine et par les excréments. Cette perte peut être évaluée chez un homme adulte à 2 ou 3 litres par jour ; elle croît avec le travail effectué et la température de l'air ambiant.

Avec l'enlèvement graduel de l'eau des tissus, se produit le sentiment de la soif, le besoin de réparer la perte subie. L'apport de la nouvelle quantité d'eau nécessaire à la vie se fait par les boissons et par les aliments, car tous en contiennent : la viande 70-80 pour 100, le lait 87-90 pour 100, le pain 30-40 pour 100, les racines, les légumes, les fruits 75-90 pour 100, les boissons alcooliques 86-90 pour 100.

2° *Les matières albuminoïdes ou protéiques.* — A ce groupe d'éléments nutritifs appartient une série de corps, tels que l'albumine, la caséine, la fibrine, le

gluten, la légumine, etc., dont la composition élémentaire est sensiblement la même. Ce sont les éléments les
plus importants de l'organisme animal aussi bien que
de l'organisme végétal.

La matière albuminoïde cristallisable que l'on trouve
dans le sang combinée au fer, l'*hémoglobine* forme
les globules rouges du sang ; l'oxygène de l'air introduit dans les poumons se fixe sur cette hémoglobine qui
le transporte dans tout l'organisme ; sur son parcours,
l'oxygène rencontre des matières albuminoïdes dissoutes
qu'il décompose, pour produire finalement de l'urée, de
l'acide urique et quelques autres combinaisons. Cette
transformation des combinaisons de l'albumine, accompagnée de la décomposition de certaines matières non
azotées, telles que le sucre, et des graisses, produit le
fonctionnement des différents organes, la force vitale,
et entretient la chaleur.

L'urée, produit final des décompositions successives
de la matière azotée de l'organisme, est éliminée par
l'urine, pour la plus grande partie ; nous pouvons, en
la dosant dans ce liquide, évaluer la décomposition des
matières albuminoïdes, et de cette façon, nous trouvons
que l'organisme humain moyen consomme environ 118
à 150 grammes de matières albuminoïdes. La même
quantité devra lui être rendue par la nourriture, si l'on
veut qu'il reste à l'état normal. Si un excédent est
ingéré, il produira un accroissement des organes ; si au
contraire, la perte n'est pas complètement réparée, une
diminution se manifestera.

Cette restitution peut être faite aussi bien au moyen
d'aliments animaux, qu'au moyen d'aliments végétaux ;
ces derniers renfermant également une quantité plus ou

moins grande de matières protéiques, qui joueront, dans la nutrition, le même rôle ou un rôle analogue à celui des matières azotées de la viande ; la démonstration de ce fait est donnée par les animaux herbivores.

La quantité de matières protéiques que renferment les aliments est très variable ; la viande des mammifères et des oiseaux en contient de 15 à 23 pour 100 ; le lait, 3 à 4 pour 100 ; le fromage, 27 à 32 pour 100 ; les graines des légumineuses (haricots, pois, fèves, lentilles, etc.) 23 à 27 pour 100 ; les farines 8 à 11 pour 100 ; le pain 6 à 9 pour 100 ; les racines et les légumes 1 à 4 pour 100. On devra donc, dans l'alimentation rationnelle, consommer un mélange de ces différentes substances, fait dans des proportions telles que les pertes en azote soient couvertes.

3° *Les matières extractives non azotées.* — A ce groupe d'éléments nutritifs appartient une série de substances ayant la même constitution ; parmi les plus importantes, nous citerons : *l'amidon, le sucre, la gomme, la dextrine* et *l'alcool.* Ces matières ne se rencontrent pas dans l'organisme et sont directement oxydées dans le sang et dans les tissus et produisent de l'acide carbonique et de l'eau, par conséquent de la chaleur; elles sont donc, au même titre que la graisse, des agents d'épargne pour les substances albuminoïdes, mais elles n'apportent pas aux tissus des éléments qui servent directement à leur accroissement, comme la graisse.

On a démontré par de nombreuses expériences que les hydrates de carbone peuvent donner naissance à de la graisse dans l'organisme, contrairement à ce qu'on avait longtemps cru.

L'organisme humain peut absorber journellement 500

grammes de matières extractives non azotées, sous forme de pain, de pommes de terre, etc.

Cellulose. — Autrefois, on admettait que la cellulose se transformait, comme les matières non extractives non azotées, sous l'influence des sucs gastriques, en une substance soluble possédant les propriétés des hydrates de carbones solubles. Ce fait a été contesté depuis, et certains auteurs, tels que Hoppe-Seyler, W. Tappeiner, etc., ont été conduits à penser que la cellulose n'est pas digérée, mais que dans les organes digestifs, elle subit une fermentation qui transforme ses éléments, partie en produits gazeux (acide carbonique, gaz des marais, etc.), partie en acides gras (acide acétique, acide butyrique) ; H. Weiske pensait même que la cellulose ne possédait aucune action nutritive. Cette dernière opinion est fort contestable, et l'on doit admettre que si la cellulose n'a pas toutes les qualités nutritives des hydrates de carbone, elle n'est pourtant pas sans valeur pour l'alimentation.

D'autre part elle joue un rôle mécanique important que nous avons signalé[1].

4° *Les matières grasses*. — Les graisses animales sont des combinaisons chimiques d'acides gras avec la glycérine, autrement dit des glycérides. Les graisses végétales sont formées également de glycérides, mais on y rencontre en même temps des acides gras libres. Dans quelques corps gras, la glycérine est remplacée par la cholestérine.

Chez les animaux, une partie de la graisse se dépose dans les cellules du tissu conjonctif et forme ce que l'on

[1] Voy. p. 2.

nomme le *tissu graisseux ;* une autre partie se trouve
disséminée dans les muscles et les tissus, enfin on en
rencontre dans le sang et dans les autres liquides de
l'organisme. Elle se trouve en quantité notable dans le
cerveau, dans les nerfs, dans la moelle épinière et
dans celle des os.

La quantité de graisse que renferme l'organisme animal est très variable ; elle dépend beaucoup de l'individualité et du régime. Une alimentation riche en matières grasses et un faible travail corporel favorisent
la formation de la graisse.

De ce fait résulte déjà que la graisse introduite avec
les aliments dans l'organisme animal, y subit une décomposition. Sous l'influence de l'oxygène absorbé par les
poumons, elle est brûlée comme l'huile d'une lampe, et
le résultat de la combustion de son carbone est une production d'acide carbonique ; celle de son hydrogène, de
l'eau. Cette combustion produit de la chaleur aussi bien
que si elle avait lieu à l'air. La graisse remplace de
cette façon les matières albuminoïdes en les garantis-
sant de la décomposition dans les tissus et en apportant
aux organes en voie de croissance, les matériaux qui
leur sont nécessaires ; elle se comporte donc comme
agent d'épargne des matières azotées ; mais si on introduit dans l'organisme plus de graisse qu'il ne peut en
être consommé, l'excédent est excrété.

La quantité de graisse que l'homme doit absorber
journellement ne peut pas être déterminée aussi exactement que la quantité de matières albuminoïdes [1], car

---

[1] C. Voit estime que la quantité minima de graisse journellement nécessaire à l'organisme humain est de 56 grammes.

nous consommons, en même temps qu'elle, des matières non azotées qui jouent également, vis-à-vis des principes protéiques, le rôle d'agents d'épargne.

Nous consommons la graisse soit pure (beurre, saindoux, huiles), soit mélangée intimement à nos différents aliments. La viande bien entrelardée en renferme de 5 à 12 pour 100, les œufs 12 pour 100, le lait de 3 à 4 pour 100, le beurre de 85 à 90 pour 100, le fromage de 8 à 30 pour 100. Les aliments végétaux sont généralement très pauvres en graisse et n'en contiennent que 3 pour 100 au maximum ; il faut en excepter cependant, les noix, les amandes, les noisettes et les graines oléagineuses [1].

5° *Les matières minérales.* — Les matières minérales forment l'élément principal de la charpente osseuse de l'homme ; les os, suivant l'âge et la dureté en renferment jusqu'à 70 pour 100. Parmi ces matières, le phosphate de chaux est le plus important ; il constitue 80-90 pour 100 des sels et se rencontre dans les os sous forme de phosphate tribasique de chaux. A côté de lui, on trouve une petite quantité de phosphate de magnésie, de carbonate de chaux et des traces de fluorure de calcium, etc.

Les organes et les tissus renferment aussi des matières minérales, mais en plus faible quantité (1 à 2 pour 100) ; le sel le plus important est le phosphate de potasse ; on rencontre en même temps des chlorures et des sulfates.

---

[1] Voy. Beauvisage, *Les Matières grasses. Caractères, falsification et essai des huiles, leurres, graisses, suifs et cires*, Paris, 1891.

Les matières minérales jouent un rôle très grand dans les liquides de l'organisme, tels que le suc gastrique, le chyle, le sang, etc.; ceux-ci sont surtout riches en chlorure de sodium. Ce sel favorise non seulement la digestion, mais encore il a une grande importance au point de vue du transport par endosmose, des éléments nutritifs dissous par les liquides de l'organisme ; il active le courant qui se produit.

A côté du sel marin, nous trouvons dans le sang des carnivores, des phosphates alcalins et dans celui des herbivores, des carbonates alcalins. Ces deux sels donnent au sang une réaction alcaline, ce qui favorise les transformations et les oxydations : ces derniers phénomènes se produisant beaucoup plus facilement en liqueurs alcalines, qu'en liqueurs neutres ou acides.

Parmi les matières minérales les plus importantes, nous ne devons pas oublier de mentionner le fer. Nous le rencontrons dans toutes les parties de l'organisme, mais principalement dans le sang, où il forme avec l'hémoglobine une combinaison solide.

III. **Rôle physiologique des aliments.** — Nous venons de donner la classification chimique des aliments; il nous reste maintenant à dire comment on les groupe au point de vue physiologique.

On a longtemps classé les aliments, d'après la théorie de Liebig, en *aliments respiratoires* ou *pulmonaires*, destinés à produire le calorique, et en *aliments plastiques*, chargés de reconstituer les tissus et de produire la force musculaire. Le premier groupe comprenait les hydrates de carbone et les graisses; le second les matières albuminoïdes. La découverte de l'équivalence mécanique de la chaleur a montré que cette distinction n'est pas exacte, puisque la chaleur et le travail musculaire ont pour origine commune, la combustion. Cependant, il est certain que, dans le double mouvement qui constitue le phénomène de la nutrition, l'*assimilation* trouve ses matériaux dans les aliments plastiques, tandis que la *désassimilation*, c'est-à-dire la product.. n des principes cristallisables solubles ou volatils, aux dépens des principes coagulables assimilés, est facilitée par les aliments dits respiratoires.

Enfin, les physiologistes distinguent une classe particulière de substances qui méritent le nom d'*aliments*, bien qu'elles ne soient que peu ou pas modifiées dans leur trajet à travers l'organisme. Ces substances paraissent agir par leur présence, en diminuant les combustions, ou plutôt en les rendant plus utiles; en un mot, elles favorisent la transformation de la chaleur en force et permettent d'utiliser davantage les véritables substances alimentaires ingérées avant elles; de là le nom d'*aliments d'épargne* qui leur a été donné. Ce groupe d'aliments comprend l'alcool et les principes actifs du café, du thé et autres substances analogues [1].

IV. **Valeur nutritive des aliments.** — M. A. Gautier [2] résume comme il suit cette importante question:

En considérant un aliment unique, complexe, tel que le pain, le lait, la viande, comme devant suffire à lui seul à l'alimentation, il est clair que sa valeur nutritive sera d'autant plus grande qu'il permettra de réparer

[1] Mathias Duval, *Cours de physiologie*, 7e édition, Paris, 1892. — Marvaud, *Les Aliments d'épargne*, 2e édition, Paris, 1874.

[2] Armand, Gautier, *Dictionnaire de chimie*, par A. Wurtz, article NUTRITION.

plus exactement toutes les pertes de l'organisme. Or,
d'après un grand nombre de moyennes, en nous arrê-
tant simplement à l'homme, un individu adulte moyen
expulse en vingt-quatre heures 20 grammes d'azote et
290 grammes de carbone sous divers états. On arrive,
à très peu près, aux mêmes chiffres, quand on calcule
l'azote et le carbone répondant à l'alimentation moyenne,
dans divers pays, de l'homme adulte travaillant modérément. Or, 20 grammes d'azote correspondant à
124 grammes de matières protéiques sèches, qui sont
la seule source à laquelle l'économie animale puise
l'azote, quand elle n'est pas soumise à une alimentation
insuffisante, et 124 grammes de matières protéiques
contiennent 64 grammes de carbone ; donc la différence
290 — 64 = 226 grammes, représentent le nombre de
grammes de carbone que l'adulte puise dans la partie
de son alimentation non azotée. Ces 226 grammes
proviennent des hydrates de carbone et des graisses.
En admettant que le sixième soit emprunté aux corps
gras, Moleschott conclut, d'après un grand nombre
de moyennes de régimes alimentaires, qu'il faut 64 grammes de graisse pour 404 grammes d'amidon ou de sucre.

Nous devons donc absorber par jour $\dfrac{226}{6}$ grammes de

carbone provenant de corps gras, soit 55 grammes de

graisse et $\dfrac{226}{6} \times 5$, soit 188,4 de carbone provenant de

l'amidon ou de corps analogues, ce qui revient à 430
grammes d'hydrates de carbone.

L'aliment qui réparerait le mieux possible les pertes
de l'organisme, devrait donc lui fournir journellement :

Matières protéiques . . . . 124 grammes.
Amidon sec ou analogues. 430   —
Corps gras. 55   —

et le rapport de la substance protéique aux hydrates de carbone et aux corps gras devrait être de : 1 : 3,47 : 0,45.

Une alimentation mixte, fondée sur l'usage de la viande et du pain blanc, devrait, pour un adulte ordinaire, se composer comme il suit par vingt-quatre heures :

Pain blanc, 819 grammes, contenant :

Amidon. . . . . 435 gr. »
Gluten 61,83
Graisse 5,82

Viande maigre, 250 grammes, contenant :

Matières azotées. . . . . 628,17 gr.
Graisses 1,2

Le rapport de la matière azotée sèche à l'amidon et aux corps gras est : 1 : 3,5 : 0,45. Une portion de la graisse et de l'amidon peut être remplacée par une certaine quantité de liqueurs fermentées.

Le tableau suivant, donné par Liebig, montre qu'une alimentation mixte est nécessaire, car aucun aliment ne présente le rapport nécessaire entre les substances protéiques, amylacées et grasses.

	Matières albuminoïdes	Fécule et graisse
Lait	1	3
Chair de mouton gras.	1	3
Bœuf moyen.	1	2
Froment.	1	4,6
Seigle.	1	5,7
Pomme de terre	1	9

	Matières albuminoïdes	Fécule et graisse
Riz.	1	12 »
Lentilles.	1	2,1
Pois	1	2,3
Fèves.	1	2,2

Mais un aliment, bien qu'il soit incomplet, peut, réuni à d'autres, contribuer pour une part plus ou moins grande à la nutrition. Par les matières azotées assimilables, il sert surtout au renouvellement des tissus ; par la combustion des matières grasses et des hydrocarbures, il produit la force et la chaleur nécessaires aux fonctions vitales. La valeur nutritive de l'aliment peut donc être regardée comme proportionnelle à la fois à la quantité d'azote contenue dans les substances protéiques et à la quantité d'hydrogène et de carbone réellement combustible. Si l'on admet avec Payen, que la chaleur due à la combustion d'un élément nutritif est approximativement égale à celle qui produirait la quantité de carbone et d'hydrogène qui reste, quand on suppose que tout l'oxygène de cet aliment s'élimine dans l'organisme à l'état d'eau, au moyen de l'hydrogène même de cet aliment, et, si par le calcul on transforme ce carbone et cet hydrogène excédents, en la quantité de carbone qui donnerait une même somme de chaleur, ce dernier chiffre pourra exprimer la valeur calorifique de l'aliment. Le poids de l'azote, représentant la valeur plastique de l'aliment, et celui du carbone, la valeur calorifique, l'ensemble de ces deux nombres donnera la valeur ou l'équivalent nutritif de l'aliment. En se basant sur ces considérations, Payen a dressé une table des équivalents nutritifs des principales substances alimentaires.

Valeur nutritive en azote et en carbone des principaux aliments, pour 100 parties de substance fraîche.

NOM DE L'ALIMENT	Azote [1]	Carbone et hydrogène combustibles calculés en carbone
Viande de bœuf.	3,00	11,00
Bœuf rôti.	3,53	17,76
Foie de veau.	3,09	15,68
Foie gras d'oie.	2,12	65,58
Rognons de mouton.	2,66	12,13
Chair de raie.	3,83	12,25
— de morue salée.	5,02	16,00
— de harengs frais.	1,83	21,00
— de sole.	1,91	12,25
— de maquereau.	3,74	19,26
— de saumon.	2,09	16,00
Œufs.	1,90	13,50
Lait de vache.	0,66	8,00
Fromage de gruyère.	5,00	38,00
Chocolat	1,52	58,00
Blé dur du Midi.	3,00	41,00
Blé tendre.	1,81	39,00
Farine blanche.	1,64	38,50
Riz.	1,00	41,00
Pain blanc de Paris.	1,08	29,50
Pain de munition.	1,20	30,00
Pommes de terre	0,33	11,00

Les chiffres que renferme ce tableau, donnent des indications très précieuses, qui permettent d'évaluer approximativement les quantités relatives des aliments

---

[1] Les nombres de l'azote, multipliés par 6,45, donnent approximativement le poids de la substance protéique sèche contenue dans 100 grammes d'aliment frais.

simples ; mais ces données ne doivent être regardées
que comme théoriques. Dans la pratique un autre facteur
très important intervient, la digestibilité spéciale à chaque aliment.

La digestibilité a donné lieu à de nombreuses recherches, tant sur l'homme que sur les animaux domestiques.
Pour ces derniers, le problème est résolu d'une façon
assez satisfaisante ; mais, chez l'homme, de si nombreuses
causes de perturbation interviennent, que jusqu'à présent on n'est pas arrivé à un résultat positif.

V. **Régime alimentaire.** — Le régime alimentaire,
pour satisfaire complètement aux lois de l'hygiène et de
la physiologie, doit assurer à l'organisme de l'homme
son parfait entretien et permettre en outre le fonctionnement des différents organes, en vue de produire un
travail utile, mécanique ou intellectuel.

Il est certain qu'on ne peut pas songer à imposer un
même régime à tout le monde ; diverses conditions interviennent ; cependant, en laissant de côté la question de
l'individualité, on peut se baser sur les faits suivants :

1° L'adulte a besoin, en moyenne, d'assimiler par la
nutrition un minimum de 20 grammes d'azote, sous
forme de matières albuminoïdes, et de 310 grammes de
carbone, sous forme de matières hydro-carbonées.

2° Le travail mécanique, entraînant une plus grande
transformation de chaleur en force, nécessite une augmentation de nutrition. Cette augmentation porte sur
les hydrocarbures et sur les matières albuminoïdes.

3° Le travail intellectuel doit entraîner, comme le
travail musculaire, une augmentation dans les quantités
de carbone et d'azote qu'il est nécessaire de fournir à
l'organisme.

4⁰ Le climat joue un grand rôle dans la détermination du régime. Plus on va vers le Nord, plus il est nécessaire d'absorber du carbone. Cet apport se fait, dans les pays septentrionaux par une consommation de graisse souvent considérable.

5° La quantité de sels minéraux à introduire dans l'organisme par l'alimentation n'est pas facilement évaluable. En général, les matières minérales sont contenues en quantité suffisante dans les aliments. Cependant on peut admettre que l'organisme exige environ 12 grammes de sel marin en plus de celui qui existe dans les substances alimentaires.

D'après M. de Gasparin, la ration journalière de l'homme adulte moyen devrait être ainsi fixée :

	Ration d'entretien gr.	Ration de travail gr.	Total gr.
Azote.	12,51	12,50	26,01
Carbone.	264,00	45,00	309,00

Voit admet comme ration d'entretien :

Albuminoïdes.	118 gr.
Matières hydrocarbonées, fournies par les amylacés.	350 —
— — — par les graisses. .	86 —

Nous ne pouvons pas indiquer ici la composition de la ration journalière moyenne nécessaire dans les principales circonstances où se trouve l'homme civilisé[1]. Nous nous bornerons à donner la composition de la ration journalière du soldat français.

[1] Fonssagrives, *Hygiène alimentaire des malades, des convalescents et des valétudinaires*, 2ᵉ édition, Paris, 1881. — Héraud, *Les secrets de l'alimentation*, Paris, 1890 (*Bibl. des conn. utiles*).

RATION JOURNALIÈRE DU SOLDAT FRANÇAIS EN GARNISON ET A L'INTÉRIEUR [1]

	Poids kgr.	Azote gr.	Carbone gr.	Graisse gr.
Pain 1 kilogramme (750 gr. de pain de munition et 250 gr. de pain de soupe)	1.000	12 »	300 »	15 »
Viande 300 gr. (désossée 180 gr.)	300	5,40	19,8	3,6
Légumes frais (carotte pris comme type (environ 100 gr.)	100	0,31	5,5	»
Légumes secs (haricots pris comme type [2]).	30	1,17	12,9	0,8
	1.430	18,88	338,2	19,4

RATION DU SOLDAT FRANÇAIS SUR LE PIED DE GUERRE

	Poids kgr.	Azote gr.	Carbone gr.	Graisse gr.
Pain.	1.000	12 »	300 »	15 »
Ou biscuit.	750			
Viande fraîche (désossée 180 gr.)	300	5,40	19,8	3,6
Légumes secs, haricots. . . .	60	2,35	25,8	1,6
Sucre.	21	»	9 »	»
Café.	16	0,2	2 »	»
	1.397	19,95	356,6	20,2

[1] G. Morache, *Traité d'hygiène militaire*, 2e édition, Paris, 1886.

[2] Il nous semble que ce type a été mal choisi ; la pomme de terre étant plutôt la base de l'alimentation du soldat que le haricot.

RATION DU MARIN ET DU SOLDAT EMBARQUÉ (1885)

	Poids gr.	Azote gr.	Carbone gr.	Graisse gr.
Pain.	750	9 »	225 »	10,25
Ou biscuit..	550			

Ration viande :

Viande fraiche. . . .	300			
Ou viande de conserve..	200	5,40	19,8	3,6
Ou viande salée. . . .	200			
Ou fromage de Hollande.	100	4,80	43,54	27,54
Sardines à l'huile . .	100	6 »	29 »	9,36

Légumes :

Haricots.	120	4,70	51,6	3,2
Ou riz..	80	1,44	32,80	0,7
Café.	20	0,25	1,80	»
Sucre.	50	»	20 »	»

Boisson :

Vin..	46ct.	0,72	19	»
Eau-de-vie.	6ct.	»	15	»

Assaisonnements :

Choucroute.	20 »	»	»	»
Ou oseille confite. . .	10 »	»	»	»
Anchois.	7,50	»	»	»
Beurre..	15 »	»	»	»
Huiles..	8 »	»	»	»
Moutarde, sel, poivre. .	27 »	»	»	»

PREMIÈRE PARTIE

LE PAIN

Sous le nom de *pain*, on désigne d'une façon générale une pâte faite de farine de blé ou de toute autre céréale, mise en fermentation au moyen d'un ferment alcoolique et cuite au four.

Le pain est la base de l'alimentation de l'homme civilisé et son mode de préparation remonte à la plus haute antiquité, car déjà, au temps de Moïse, les Égyptiens faisaient usage du levain.

Dans l'origine, on se contentait de faire griller du blé, de le moudre entre deux pierres, puis de le cuire avec de l'eau. Il en résultait une sorte de bouillie alimentaire fort peu agréable.

Plus tard, on fit avec de la farine grossière des galettes compactes.

Plus tard encore, on mélangea à la farine, de plus en plus épurée par son passage à travers des tamis, diverses substances, telles que de la graisse, de l'huile, du miel, du vin doux et même de la viande.

Enfin, on imagina d'y introduire du levain, c'est-à-dire de la pâte aigrie, ce qui donna dès lors un pain léger se rapprochant beaucoup du nôtre.

Dans les premiers temps, on cuisait le pain sous la cendre ; un Égyptien dont l'histoire n'a pas conservé le nom, imagina les fours. Ils consistaient en vases portatifs en métal, qu'on chauffait extérieurement.

Ce fut seulement cent-soixante-huit ans avant Jésus-Christ que les Romains commencèrent à faire usage du pain, que des boulangers grecs leur firent connaître. A cette époque, on préparait le levain au moyen de vin en pleine fermentation qu'on mélangeait à de la farine de millet, pour en faire des boules que l'on conservait pour les besoins.

Les nations du Nord ne connurent que très tard le pain, qui fut sans doute introduit dans les Gaules par les colonies phocéennes des bords de la Méditerranée. Les Gaulois y apportèrent une importante amélioration, en utilisant la levure de bière pour la préparation du levain.

Bien que le principe de la panification soit resté le même, d'importants perfectionnements ont été introduits dans son application.

Mais avant de les faire connaître, il est utile de parler des matières premières de l'industrie du boulanger, les *céréales*, et de décrire les différentes manipulations qu'elles doivent subir avant de pouvoir être transformées en pain.

CHAPITRE PREMIER

LES MATIÈRES PREMIÈRES

I. LES CÉRÉALES

On donne généralement le nom de *céréales* aux plantes de la famille des graminées qui servent plus spécialement à la fabrication du pain : le *blé* ou *froment*, le *seigle*, l'*orge* et l'*avoine*. Quelques auteurs étendent cependant ce nom à d'autres plantes de la même famille, le *riz* et le *maïs* et même le *sarrasin*, qui appartient à la famille des polygonées. Nous adopterons cette dernière définition, comme étant la plus généralement admise.

1. *Le Froment ou Blé* (Triticum)

La céréale la plus importante est le *froment* ou *blé*.

Origine du blé. — Il est cultivé depuis les temps les plus reculés, aussi cette culture, faite dans des conditions de climat et de sol très différentes a donné lieu à la production de très nombreuses variétés, issues d'une ou plusieurs variétés naturelles; ce que l'on ne peut pas dire d'une façon bien précise, le blé n'ayant jamais été rencontré à l'état réellement sauvage.

Cette question de l'origine d'une plante aussi utile à l'homme a soulevé de nombreuses discussions, les

anciens lui attribuaient une origine céleste, de nos jours
on a bien cherché le type primitif, mais sans succès.

Classification des blés. — Au point de vue commercial, on classe les blés en : *blés blancs* ou *tendres,*
blés durs et *blés bigarrés*. Ces derniers proviennent
du mélange des deux premières espèces semées ensemble
dans le même champ.   .

Les blés tendres proviennent plus spécialement des
régions tempérées ou froides, tandis que les blés durs
sont surtout cultivés dans les climats chauds, en Afrique
par exemple. Ceux-ci sont plus riches en gluten que les
premiers, mais leur farine est moins blanche.

D'après les caractères extérieurs et la plus ou moins
grande précocité, on peut ranger les blés en sept
groupes :

1° *Blés sans barbes d'automne*, qui comprennent
les variétés suivantes : le blé blanc de Flandre, le blé
rouge d'Écosse, le blé rouge de Bordeaux, le blé à épi
carré *(Shiriff's square headed)*, les blés Chiddam
d'automne, à épi rouge et à épi blanc, le blé de Crépi,
le blé de Haie ou blé Tunstall, le blé Hérisson sans
barbe, le blé Hickling, les blés de Hongrie, blanc et
rouge, le blé bleu de Noé (fig. 1), le blé richelle blanche
de Naples, le blé de Saumur d'automne, les blés Tou-
zelles, le blé Victoria[1].

2° *Blés sans barbes de printemps :* les blés de Bordeaux, Chiddam de mars, le blé d'Odessa, le blé Saumur
de mars, le blé Talavera, de Bellevue, Touzelle.

3° *Blés barbus d'automne :* les blés d'automne

---

[1] Les figures 1 à 4, qui représentent les principaux types des
céréales ont été reproduites d'après des échantillons qui nous ont
été obligeamment confiés par M. H. L. de Vilmorin.

rouge barbu, le blé de Champagne ordinaire, Hérisson
barbu.

4° *Blés barbus de printemps* : blés de mars barbu
ordinaire, de mars rouge barbu, de la Trinité.

5° *Blés Poulards* ou *renflés* : blés à six rangs,
d'Australie, de Taganrock, de Miracle, pétanielle noire
et blanche.

6° *Blés durs* : blés durs de Médéah, de Pologne,
Trimonia barbu de Sicile.

7° *Épeautres* ou *blés vêtus* : Épeautre ordinaire
blanc sans barbe, épeautre ordinaire blanc barbu.
épeautre noir barbu, amidonnier noir, amidonnier blanc,
engrain commun, engrain double.

Culture. — Le blé est une plante très rustique qui
croît et fructifie sur une grande partie du globe, depuis
le 39ᵉ degré jusqu'au 65ᵉ degré de latitude, c'est-à-dire
depuis la Chine jusqu'en Norvège. Cependant pour
qu'il puisse arriver à complète maturité entre ces deux
points extrêmes, il est nécessaire que la variété cultivée
soit parfaitement appropriée aux conditions de clima-
tologie et d'altitude spéciales à la contrée.

L'altitude exerce une grande influence sur la culture du blé ; en Europe d'après M. Heuzé, les hauteurs
limites seraient :

Sous l'équateur.	3.200 mètres.
En France.	1.050 —
En Écosse.	200 —
En Norvège	50 —

Pour que le froment se développe et mûrisse, il est
nécessaire qu'il reçoive, dès que la végétation printa-
nière commence à se manifester, jusqu'à l'époque de
la moisson, un peu plus de 2000 degrés de chaleur.

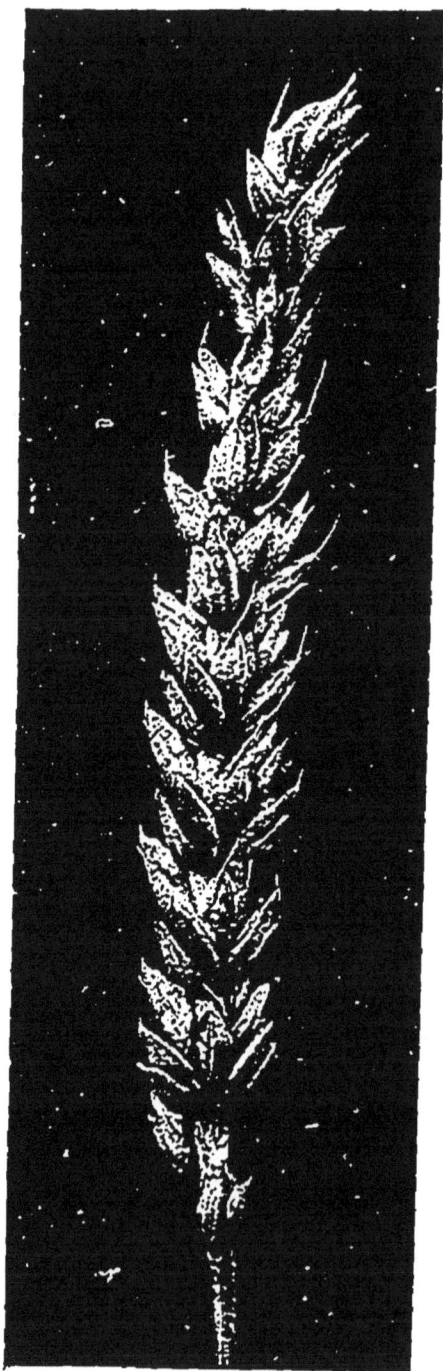

FIG. 1. — Blé de Noé.

Le froment vient partout, dans les bonnes terres, mais il n'est réellement à sa place que dans les sols argilo-sableux, qui possèdent mieux que tous les autres un état moyen de consistance et de friabilité, qui favorisent la pénétration de la chaleur solaire et l'absorption de l'humidité.

Récolte du blé. — La récolte du froment a lieu vers la fin de juin ou au commencement de juillet, dans le midi de la France; vers la fin de juillet ou au commencement d'août dans le Centre; quinze jours ou trois semaines plus tard dans le Nord.

Le rendement est très variable. Si certaines terres ne donnent que 9 à 10 hectolitres à l'hectare, d'autres, au contraire, peuvent produire 30 hectolitres; c'est là une grande récolte et nous reviendrons sur ce point en traitant la question économique de la production des céréales.

2. *Le Seigle* (Secale)

La céréale qui vient après le froment, comme importance économique, est le seigle. On l'a nommé à juste raison. le *blé des pays pauvres*, en effet, il prospère dans les sols ingrats où le premier ne donnerait pas un rendement suffisant pour en rénumérer la culture, tels les terrains granitiques de la Bretagne, du Morvan, etc.

Classification. — Les botanistes reconnaissent plusieurs espèces de seigle; une seule est cultivée, c'est le *seigle commun* (fig. 2). Celle-ci, par la culture a donné naissance à plusieurs variétés dont les plus importantes sont:

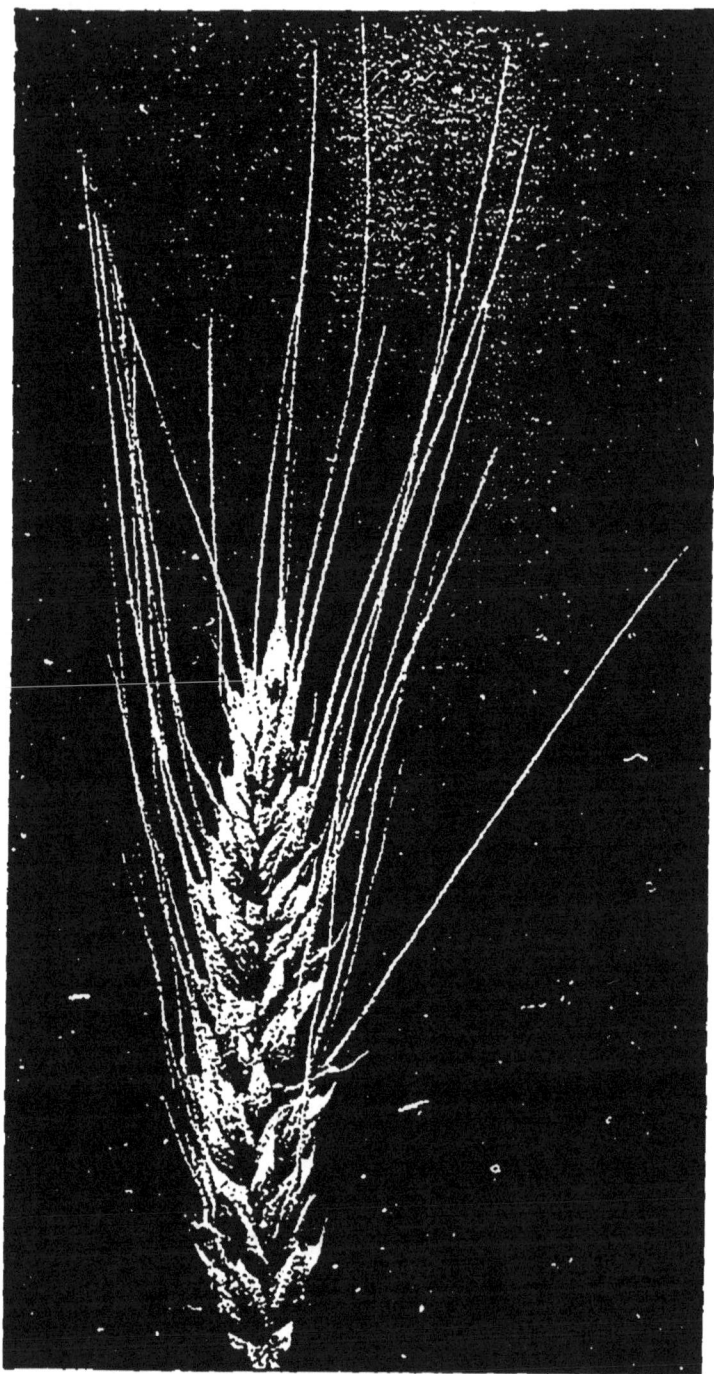

FIG. 2. — Seigle commun.

Le *seigle de mars* : grains peu gros, mais lourds, paille courte et fine.

Le *seigle multicaule* ou *de la Saint-Jean*.

Le *seigle d'hiver de Saxe*.

Le *seigle d'été de Saxe*, variété très productive, à paille très haute.

Le *seigle de Russie*.

Le *seigle de Rome*.

Culture. — Le seigle redoute moins que le froment les hivers rudes et n'exige pas autant de degrés de chaleur pour arriver à maturité. Pour ces motifs, il s'accommode bien des climats du Nord et des régions élevées; aussi le rencontre-t-on surtout dans les pays montagneux et septentrionaux, dans le Morvan, les Vosges, les Ardennes, l'Allemagne et la Russie.

Les terres légères, maigres, calcaires, siliceuses, granitiques et schisteuses, impropres à la culture du froment, conviennent au seigle lorsqu'elles ne sont pas humides.

Récolte. — On récolte ordinairement le seigle en juillet et août, selon les climats, quelquefois même en septembre.

Dans les terres bien cultivées et bien fumées, le rendement est souvent supérieur à celui du froment, et dans les terres réputées de mauvaise qualité, il n'est pas rare d'obtenir 15 à 18 hectolitres par hectare.

3. *L'Orge* (Ordeum)

L'orge, tout au moins en Europe, a une importance secondaire pour l'alimentation proprement dite. Son principal débouché est la malterie.

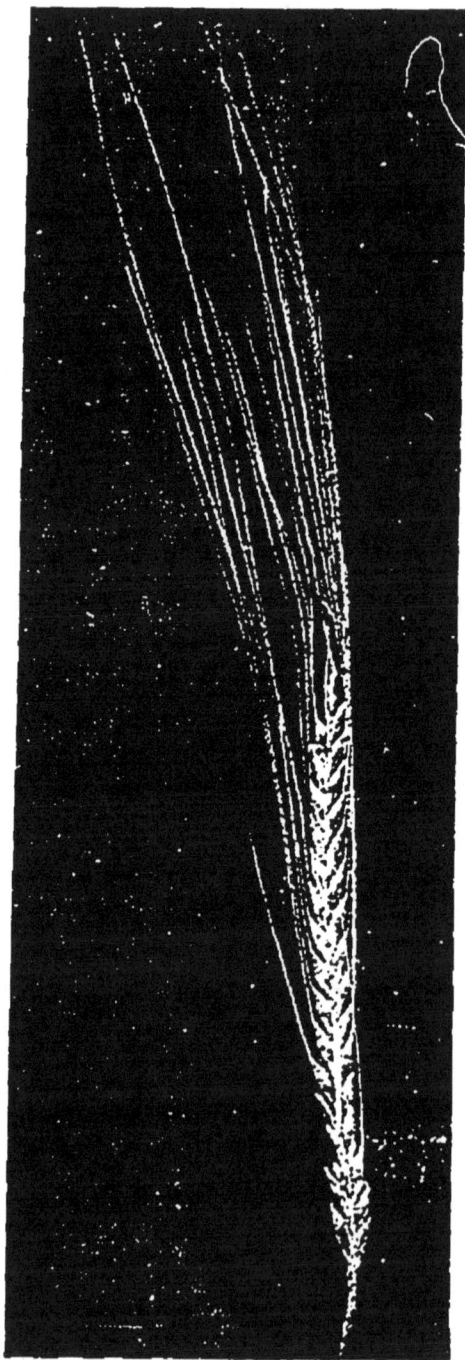

FIG. 3. — Orge Chevalier.

Classification. — On en cultive quatre espèces.

1° L'*orge commune* ou *orge carrée de printemps* très répandue en Allemagne et qui a donné naissance à quatre variétés connues sous les noms : d'*orges escourgeons*, d'*orge céleste*, d'*orge noire*, d'*orge de Guimalaye*.

2° L'*orge à deux rangs*, d'où sont issues deux variétés : l'*orge Chevalier* (fig. 3) et l'*orge d'Italie*.

3° L'*orge en éventail* ou *orge riz*.

4° L'*orge trifurquée*.

Culture. — L'orge vient à peu près sous tous les climats, elle réussit parfaitement dans le nord de l'Allemagne et non moins bien en Afrique. Elle redoute l'humidité prolongée.

Elle convient aux terres riches, de consistance moyenne, et réussit même assez bien dans les terres légères.

Récolte. — La récolte se fait d'ordinaire dans la seconde quinzaine de juillet pour l'escourgeon et un peu plus tard pour les orges d'été.

Le rendement habituel en grains ne dépasse guère 20 à 25 hectolitres par hectare. Le rendement de l'escourgeon est un peu plus fort ; dans le nord, son rapport par hectare est de 30 à 40 hectolitres.

4. L'Avoine (Avena)

L'avoine n'est guère employée pour la préparation du pain que dans les régions très pauvres de l'Écosse et de la Scandinavie. On l'utilise surtout pour l'alimentation des chevaux.

FIG. 4. — Avoine Jeanette.

Classification. — Les espèces d'avoines sont nom-breuses ; mais nous n'en cultivons que quatre :

1° L'*avoine commune* ou *Joanette* (fig. 4) et ses variétés : *avoine patate, avoine de Géorgie, avoine hâtive de Sibérie* ou *du Kamtchatka, avoine noire de Brie, avoine d'hiver,* etc.

2° L'*avoine de Hongrie* ou *avoine de Russie, avoine unilatérale.*

3° L'*avoine nue* ou *de Tartarie.*

4° L'*avoine courte, avoine à deux barbes,* de *pieds de mouche, avoine à fourrage.*

Culture. — L'avoine redoute les grandes séche-resses ; une température douce et une terre fraîche lui sont très profitables.

L'avoine réussit dans tous les terrains, pourvu qu'ils conservent une fraîcheur suffisante et que l'engrais n'y fasse pas défaut.

Récolte. — L'avoine d'hiver se récolte habituellement dans la seconde quinzaine de juillet ; celle d'été ne mûrit guère qu'au mois d'août, dans les climats tempérés, et vers la fin de septembre, dans les contrées tardives du Nord, ou même en France, dans les départements de l'Est, à une altitude supérieure à 800 mètres.

En France, le rendement moyen par hectare est de 8 pour 100 environ.

5. *Le Maïs* (Zea Maïs)

Classification. — On connaît plusieurs espèces de maïs, mais une seule est cultivée, le *maïs commun,* connu aussi sous les noms de *blé de Turquie,* et de *blé d'Inde.*

De nombreuses variétés sont issues de cette espèce :
Le *maïs improved King Philip*, originaire des
États-Unis ; variété très précoce, très productive, à tige

Fɪɢ. 5. — Maïs Dent de cheval.

peu élevée, à épi allongé, à graines lisses, d'un jaune
brun, grosses et un peu aplaties ;

Le *maïs à poulets*, tige très basse, ne dépassant guère 60 centimètres, à graines jaunes et petites, et d'un faible rendement.

Le *maïs quarantain*, variété un peu plus élevée que la précédente et d'un plus fort produit ;

Le *maïs d'Auxonne*, dont la tige s'élève ordinairement à 1ᵐ,20, à grains jaunes de moyenne grosseur.

Le *maïs à bec*, à grains jaunes, moyens et pointus à l'extrémité ;

Le *maïs early Tuscarora* ;

Le *maïs blanc des Landes* ; variété à tige élevée d'environ 1ᵐ,50 ; à grains blancs et assez gros ;

Le *maïs jaune gros* ;

Le *maïs jaune à grains longs* ;

Le *maïs sucré* ; variété à maturité tardive, à grains ridés, demi-transparents, peu farineux et sucrés.

Le *maïs perle*, dont les tiges dépassent 2 mètres de hauteur ; dont les graines, qui ne mûrissent que très tard, sont sur le même épi, blanches, rouges, brunes et noires ;

Le *maïs caragua* ou *maïs géant*, cultivé, ainsi que le maïs *dent de cheval* (fig. 5), comme fourrage, à cause de sa maturité très tardive.

Culture. — Le maïs exige beaucoup plus de chaleur que le froment, pour arriver à maturité. Quelques variétés précoces réussissent exceptionnellement dans le nord de la France et en Belgique, mais en général, sa culture est limitée aux bassins du Rhône et de la Loire, comme limites extrêmes. Dans le bassin de la Seine, il ne peut déjà plus économiquement être exploité pour sa graine ; on doit se contenter de l'employer comme fourrage vert.

D'après M. Joigneaux [1], les terres légères ou bien ameublies, profondes, de nature calcaire, fraîches sans être humides, riches en vieux terreau, sont, dans le centre, l'est et l'ouest de la France, les plus favorables au maïs. Les terres maigres, sèches, ainsi que les terres argileuses très compactes, conviennent moins à cette graminée ; cependant en Bourgogne, sur les bords de la Saône, et dans la Bresse, le maïs réussit parfaitement dans les argiles bien travaillées.

Récolte. — Le maïs mûrit vers la fin de septembre, mais il n'est guère récolté qu'en octobre.

Son rendement est très variable.

6. *Le Riz* (Oriza sativa)

Classification. — Nous ne cultivons en France que le *riz commun*, dont les principales variétés sont : le *riz sans barbes*, le *riz impérial*, très précoce et très productif ; le *riz sec* ou *riz de montagne*.

Culture. — Le riz appartient exclusivement à la culture des pays méridionaux, aussi ne le rencontre-t-on en Europe que dans une partie de l'Espagne, de l'Italie et du midi de la France. Il ne vient bien que dans les plaines découvertes, bien exposées et humides. Sa culture est réputée comme insalubre ; cela doit être plutôt imputé au peu de soins apportés trop souvent à l'entretien des canaux d'irrigation des rizières, qu'aux exigences de la plante, qui réussit parfaitement dans les terrains bien assainis et ne demande pas du tout un marais.

[1] Joigneaux, *Le Livre de la Ferme*, t. I.

Le riz vient à peu près dans toutes les terres, pourvu qu'elles soient substantielles et fraîches. Il importe que l'emplacement choisi pour l'établissement d'une rizière offre une pente très douce, qui facilite, si cela devient nécessaire, l'écoulement des eaux.

7. Le Millet (Panicum)

Classification. — Les deux seules espèces de millet cultivées pour leurs graines sont : le *millet commun (Panicum milianum)* et le *millet d'Italie (Panicum Italicum)* ou *millet des oiseaux*.

Culture. — Cette graminée n'est réellement productive que dans le Midi, où sa culture a une assez grande importance. Dans les régions moins chaudes, elle n'a qu'un but très secondaire, la nourriture des oiseaux en cage, quelquefois celle de la volaille.

Les terres parfaitement ameublies sont nécessaires au millet, les terres légères mêmes, pourvu qu'elles soient bien fumées.

Récolte. — Le millet mûrit à des époques très irrégulières ; on coupe généralement la plante dès que la plus grande partie des panicules jaunissent.

8. Le Sarrasin (Fagopyrum).

Le sarrasin ou blé noir n'est pas une céréale proprement dite, mais dans l'alimentation humaine elle en joue très souvent le rôle, c'est d'ailleurs la seule plante classée parmi les céréales qui n'appartienne pas à la famille des graminées, c'est une polygonée désignée par les botanistes sous le nom de *Fagopyrum polygonum*.

Culture. — Le sarrasin redoute le froid, la grande chaleur, les vents desséchants et les variations brusques de température ; aussi réussit-il parfaitement en Bretagne, où il trouve un climat doux, uniforme et convenablement humide.

Les terrains pauvres et légers, tels que les terrains granitiques, conviennent parfaitement à cette plante ; il peut donc être cultivé, comme le seigle, dans les régions peu favorisées du Morvan et de l'ouest de la France ; dans les argiles sablonneuses du Midi, dans les calcaires du centre de la France. Les terres riches feraient développer trop fortement les tiges et les feuilles au détriment du grain.

Récolte. — Le sarrasin se récolte habituellement en septembre, ou même en octobre, lorsque la moitié des grains environ sont mûrs. La maturation s'achève à mesure que les tiges se dessèchent.

Dans les bonnes années le rendement est en moyenne de 30 hectolitres par hectare ; une récolte de 20 à 25 hectolitres peut cependant être considérée comme satisfaisante.

II. RÉCOLTE DES CÉRÉALES

Nous venons de passer en revue les différentes céréales, nous avons donné quelques renseignements sur les conditions de climat et de sol qui les concernent, sans nous occuper des procédés de culture en usage ; mais nous ne saurions passer sous silence la manière de les récolter. En effet, nous devons prendre le grain dès le moment où il est propre à être consommé, et le suivre dans les différentes manipulations que l'industrie lui fait subir, pour le transformer en pain.

La récolte est la première phase ; Olivier de Serres la définit ainsi : « La fin de la culture des terres à graines est la moisson : récompense attendue et digne du travail des laboureurs. Joyeusement donc, le père de famille mettra la dernière main à la terre, pour en retirer le rapport selon la bénédiction de Dieu, faisant mestirer ou moissonner ses blés avec diligence. » Son importance est grande, en effet, il faut choisir le moment précis où le grain ne peut plus rien acquérir de la plante et ne pas attendre que, ses fonctions cessant, elle ne le laisse tomber à terre. On doit compter en outre avec les conditions climatériques, choisir un temps favorable : de cette dernière influence dépend de beaucoup la qualité du grain et sa faculté de se conserver. On le voit, le problème est complexe et sa solution demande de l'expérience.

Moment de la récolte. — A quel moment doit-on récolter les céréales ? c'est la première question qui se pose.

Columelle, agronome contemporain de Sénèque, disait, en parlant de la moisson, que rien n'est plus pernicieux que le retard : d'abord parce que le grain devient la proie des oiseaux et des autres animaux, ensuite parce que les semences et les épis eux-mêmes se détachent facilement des chaumes ; si des vents impétueux ou des tourbillons leur impriment de violentes secousses, les tiges tombent à terre. C'est pourquoi il ne faut pas attendre : on doit commencer la moisson aussitôt que les épis prennent une teinte jaunâtre, et avant que les grains ne deviennent durs, afin qu'ils grossissent dans la gerbière plutôt que dans le champ : car il est certain que, si l'on moissonne à propos, le grain prend ensuite du développement.

Cette opinion est confirmée par l'expérience moderne, et Mathieu de Dombasle dit à ce sujet : « La coupe prématurée prévient une perte considérable produite par l'égrenage, surtout dans quelques variétés du froment, et, partout où l'on connaît cette pratique, on s'accorde à dire que le blé ainsi récolté *prématurément* est de meilleure qualité pour la mouture. Sur certains marchés, les meuniers et les boulangers savent bien les distinguer, en les maniant à la main, et le payent ordinairement plus cher que le grain coupé à complète maturité. Cette pratique présente deux avantages fort importants, celui de pouvoir disposer d'un plus grand nombre de journées, en avançant ainsi d'au moins une semaine l'ouverture de la moisson, et celui de s'affranchir un peu plus tôt des chances d'orages et de grêle qui menacent les blés dans cette saison de l'année, et qui, tous les ans, ravagent quelques contrées à la veille de la récolte. »

Le même agronome dit également, en parlant de la récolte du blé : « On peut en général, couper le froment sept ou huit jours avant sa complète maturité, c'est-à-dire, lorsque la paille, commençant à blanchir et à sécher sur pied, commence aussi à perdre sa teinte verdâtre, et que le grain a acquis assez de fermeté pour que, lorsqu'on le presse entre les doigts, l'ongle s'y incruste encore, mais ne le coupe plus aussi facilement que lorsqu'il n'avait qu'une consistance laiteuse ou pâteuse. »

Ce que nous venons de dire s'applique plus spécialement à la récolte du froment et du seigle, mais est encore vrai pour l'avoine, l'orge et les autres céréales.

Moisson. — Autrefois, lorsque la main-d'œuvre était à bon marché, la coupe des céréales se faisait exclusivement à bras d'homme, soit au moyen de la *faucille* (fig. 6), instrument donnant un très bon travail, très régulier, mais très lent, soit à la *faux* (fig. 7), qui s'est peu à peu substituée à l'outil précédent, et d'un usage encore très commun dans la petite culture ; soit enfin à la *sape* ou *piquet flamand*. Cet instrument très spécial à l'agriculture de Flandre, se compose d'une petite faux à manche court,

FIG. 6. — Faucille.

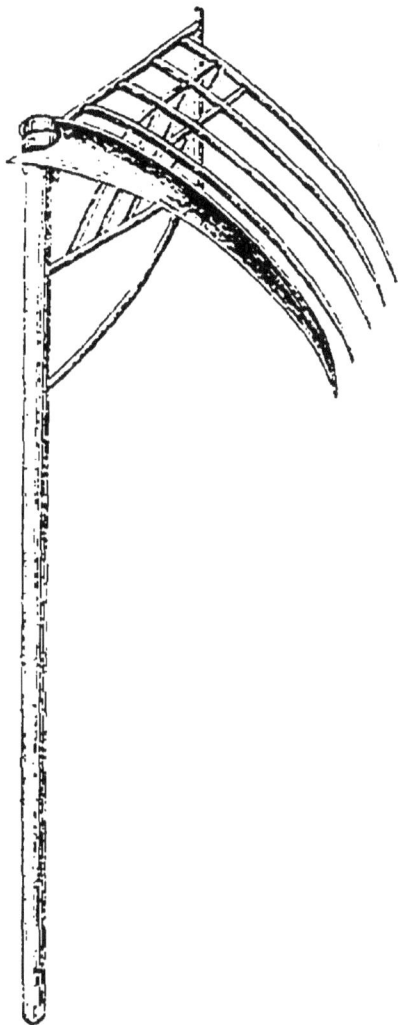

FIG. 7. — Faux, servant à la coupe des céréales.

un peu de côté, et d'un bâton terminé par un crochet. Le sapeur, de la main gauche, rassemble et maintient les tiges avec ce crochet, tandis que, de la main droite, il les tranche avec la faux. La sape a l'avantage de

Fig. 8. — Moissonneuse lieuse (Pecard).

couper les blés versés beaucoup mieux et plus rapidement qu'aucun autre instrument.

Depuis longtemps déjà on a cherché à substituer le
travail des animaux au travail de l'homme, pour la
récolte des céréales. De nombreuses machines ont été
imaginées et chaque jour il en paraît de nouvelles.
On peut les classer d'après deux types : la *moissonneuse simple* et la *moissonneuse lieuse*. Ce dernier
appareil (fig. 8) évite non seulement au cultivateur la
coupe de sa récolte, mais encore le travail toujours
long de l'assemblage des tiges en gerbes.

Les céréales, après avoir été moissonnées, sont emma-
gasinées dans les granges ou laissées dans les champs
en gros tas faits d'une façon particulière et connus sous
le nom de *meules* ou *meulons*. Là elles attendent le
moment où le cultivateur jugera convenable de séparer
le grain de la paille.

Battage. — Cette opération, l'*égrenage* ou *battage*.
se fait par quatre méthodes différentes, ce sont : 1° le
battage au fléau ; 2° le battage au moyen du piétinement
des animaux sur une couche de tiges déposées sur le
sol; cette opération porte le nom de *dépiquage ;* 3° Le
battage à l'aide de *rouleaux ;* 4° Le battage au moyen
de *machines*.

Battage au fléau. — Cette opération se fait à bras
d'homme. L'instrument en usage, le *fléau*, se compose
de deux pièces de bois ; le *manche* et la *batte*, réunis
par un lien en cuir. Le manche a environ 1^m,50 de long
et la batte 80 centimètres, le poids total de l'outil est de
1^kg,500 à 2 kilogrammes.

L'ouvrier saisit le fléau par le manche et frappe avec la
batte les épis des gerbes étendues sur l'aire de la grange.

Le grain se sépare et il ne reste plus qu'à le recueillir et à le nettoyer.

L'égrenage au fléau est un procédé très primitif qui tend de plus en plus à disparaître, car ses inconvénients sont nombreux. En effet le travail est lent et coûteux, de plus le maniement de cet outil est très fatigant et demande une assez grande habitude ; son seul avantage est de ne pas abîmer la paille.

Dépiquage. — Le dépiquage par les animaux est un procédé fort ancien, particulier aux contrées méridionales ; il ne réussit bien qu'avec les blés très secs.

Pour cette opération, on emploie des mules ou des chevaux, réunis par paire au moyen de bouts de cordes attachés aux bridons. Un homme, placé au milieu de l'aire sur laquelle les gerbes sont étalées, dirige à la fois jusqu'à six paires de chevaux, au moyen d'un fouet et de longes qu'il tient à la main. Des ouvriers en nombre suffisant retournent les gerbes et surveillent le travail. Les chevaux ont les yeux bandés ; ils sont constamment tenus au trot et décrivent des cercles plus ou moins grands, dont leur conducteur occupe le centre, cette méthode permet de faire l'ouvrage assez vite ; mais la paille est gâtée et on fatigue beaucoup les animaux.

Battage au rouleau. — L'emploi des rouleaux traînés sur les gerbes, pour séparer le grain de la paille, est un procédé employé depuis la plus haute antiquité ; comme le précédent, il n'est guère en usage que dans le midi de la France.

Les rouleaux se composent d'un cylindre ou d'un tronc de cône en pierre calcaire de 1 mètre ou 1^m,20 de longueur sur 80 ou 90 centimètres de diamètre. A défaut de pierre, on les fait avec des barres de bois clouées sur deux disques. (On forme ainsi un cylindre à surface à claire-voie de 1ᵐ,50 de long sur 1ᵐ,20 à 1ᵐ,30 de diamètre.) L'appareil est attaché par l'extrémité de son axe à un bâti auquel on attèle les animaux. Les gerbes sont disposées sur une aire circulaire de 5 à 6 mètres de diamètre, au centre de laquelle est fixé un fort poteau de bois. La longe qui retient les animaux s'enroule autour de ce poteau, de sorte qu'ils parcourent forcément une spirale qui oblige le rouleau à passer sur toute la surface de l'aire. Quand cette dernière est rectangulaire au lieu d'être circulaire, le conducteur fait parcourir à l'attelage et à la machine des courbes épicycloïdes, qui font fouler plusieurs fois par le rouleau toutes les gerbes.

Les rouleaux abiment moins la paille, mais laissent plus de grains dans les épis que le dépiquage.

Machines à battre. — Les procédés que nous venons de décrire, sont tous longs et par conséquent fort dispendieux : aussi on cherche depuis longtemps à supprimer le travail de l'homme et à rendre plus efficace celui des animaux, par l'emploi des machines ; on tend même de plus en plus à remplacer les moteurs animés par la vapeur ou l'eau, plus économique encore. Cette transformation de l'outillage agricole commencée en 1786, par l'Anglais Andrew Meikl, inventeur de la machine à battre, a eu un plein succès, et maintenant, il est peu de fermes de quelque importance qui n'aient leur machine à battre, et le petit cultivateur trouve facilement à faire égrener ses céréales par des entrepreneurs ambulants, qui parcourent les villages avec une machine portative (fig. 9) : il n'a donc plus que bien rarement à

Fig. 9. — Machine à battre portative (Albaret),

faire usage du fléau; il peut employer plus utilement et sa force et son temps.

Les batteuses simples se composent, en général, d'un batteur formé de quatre barres en bois garnies de fer, formant les arêtes d'un cylindre tournant autour de son axe; d'un contre-batteur qui enveloppe les deux tiers environ de la circonférence du batteur. Le contre-batteur est formé de onze barres de bois assemblées à leurs extrémités dans des couronnes circulaires en bois; les trois premières barres du haut sont réunies par une plaque en fonte cylindrique et striée; les autres barres sont armées intérieurement de petites plaques en fonte de fer. Enfin, l'intervalle qui les sépare est garni de petites tringles de fer, de sorte que le contre-batteur forme ainsi un tamis qui ne laisse passer que le grain. Cet appareil n'est pas complètement rigide, une articulation placée entre la cinquième et la sixième barre permet de l'écarter plus ou moins du batteur.

Les gerbes déliées sont placées sur une table située en avant de la machine, et sont engagées entre deux cylindres semblables à ceux d'un laminoir, qui les conduisent entre le batteur et le contre-batteur; le grain, séparé de l'épi, traverse cette sorte de crible et tombe dans une trémie qui le conduit dans les sacs destinés à le recevoir. La paille est entraînée hors de l'appareil par un rateau qui l'amène sur un plan incliné, où les ouvriers la reçoivent pour la mettre en bottes.

Il y a deux manières de procéder au battage mécanique, suivant que l'on veut conserver la paille intacte ou suivant qu'on ne craint pas de la voir brisée. Dans le premier cas, on présente les gerbes à la machine par le travers; dans le second cas, les épis en avant.

La force motrice est produite par un manège mu par des animaux ou par une chute d'eau, ou enfin, ce que nous voyons souvent maintenant, par une machine à vapeur.

Nettoyage des céréales. — Quel que soit le mode de battage employé, le grain a besoin d'être débarrassé des impuretés qu'on recueille avec lui et qui sont formées principalement de matières terreuses, de menue paille et de l'enveloppe du grain.

Le procédé primitif consiste à jeter les grains au vent pour le débarrasser des poussières légères, puis à le cribler ou à l'agiter dans une sorte de panier plat, demi-circulaire, le *van*.

Cette première épuration n'étant pas parfaite, le criblage est aussi nécessaire.

Ces procédés, fort imparfaits et coûteux, sont le plus souvent remplacés maintenant par des procédés mécaniques. Il existe un grand nombre de machines construites pour atteindre ce but; on peut cependant les ranger en deux grandes classes : les machines dans lesquelles l'épuration est obtenue par l'action du vent, telles que le *tarare*, et celles qui procèdent par un criblage, suivi d'un triIlage par ordre de grosseur; à cette dernière classe appartiennent les différents *cribles*.

Le *tarare* (fig. 10) est encore l'instrument le plus répandu dans les campagnes; il se compose essentiellement d'un grand coffre en bois dans lequel se meut un ventilateur formé par quatre palettes larges et minces. Le grain pénètre dans l'appareil par une trémie et y subit l'action du vent qui enlève les poussières; il tombe sur un crible animé d'un mouvement de va-et-vient, destiné à séparer les dernières impuretés.

Il existe un très grand nombre de *cribles* et de *trieurs;* les uns sont plats et animés d'un mouvement de va-et-vient; les autres, les plus nombreux, sont cylindriques. Tous sont formés par des fils métalliques

Fig. 10. — Tarare Dombasle (coupe).

entre-croisés plus ou moins finement ou par des feuilles de tôle crevée, dont la grosseur des trous varie suivant la séparation que l'on veut effectuer.

Les appareils les plus répandus sont: le cribleur Pernollet, le trieur Vachon, le cribleur Joos.

III. CONSTITUTION DU GRAIN DES CÉRÉALES

1. *Constitution anatomique.*

Au point de vue botanique, le fruit mûr des céréales appartient au type de la *cariopse;* il est indéhiscent,

monosperme et sec. Le péricarpe est mince, entouré
quelquefois des balles intimement soudées avec les
téguments de la graine. Il renferme une amande composée principalement d'un albumen ou endosperme très
riche en amidon, à la base duquel est fixé latéralement
un embryon très petit.

Comme la structure des différents grains de céréales
offre beaucoup d'analogie, il convient d'abord d'en faire
une étude générale avant d'indiquer les caractères
propres à chaque espèce.

L'enveloppe extérieure du grain, formée par le développement des parois du carpelle et constituant le *péricarpe*, se compose de cellules vides, rangées en couches
minces ; généralement elles ont pris une structure
ligneuse qui ne permet pas toujours d'en reconnaître la
forme.

Le péricarpe est formé de trois couches superposées :
à l'extérieur, l'*épicarpe* formé de cellules aplaties et
allongées, quelquefois sinueuses. A la surface de cette
membrane on trouve souvent des poils et des stomates.
Au-dessous de l'épicarpe, on rencontre le *mésocarpe*
formé de cellules plus ou moins comprimées, allongées
et grossièrement pointillées. Enfin la couche interne,
l'*endocarpe* bien caractérisée dans le froment, le seigle,
l'orge et le riz, est formée de cellules tranversales.

Au-dessous du péricarpe se trouvent le tégument de
la graine, l'*épisperme* ou *testa*, formé par le développement des couches extérieures de l'ovule. Dans une
coupe de grain, le testa figure souvent une ligne jaune
ou rouge brun ; d'autres fois, on ne distingue qu'une
couche d'un tissu spécial.

Sous le testa, se trouve, dans certains cas, une couche

de cellules vides, affaissées sur elles-mêmes, à cloisons épaissies et incolores.

L'*albumen* ou *endosperme* est formé de grandes cellules, à cloisons minces, remplies de grains d'amidon. Les cellules qui entourent l'albumen forment une couche simple, très riche en une matière azotée spéciale, le gluten. Cette matière est enfermée dans les cellules, sous forme de granules globuleux ou à angles arrondis.

Le tissu de l'embryon diffère complètement de celui de la graine, par la forme de ses cellules et par leur contenu. Vers la partie inférieure, on distingue la radicule enveloppée de sa gaine ; à la partie supérieure, on voit la gemmule. Sur la face de l'embryon qui est adossée à l'albumen, se trouve une excroissance en forme d'écusson, l'*hypoblaste*, formée d'un parenchyme de cellules très anguleuses, à cloisons minces. La face qui touche à l'albumen, porte une simple couche de cellules épithéliales, à cloisons molles. Elles renferment de petites gouttes de graisse, un nucléus et une masse de protoplasma. Entre l'amande farineuse et l'épithélium de l'hypoblaste se trouve une couche de cellules affaissées, incolores. Le reste du germe est formé principalement de cellules régulières, très petites, à cloisons molles, remplies de protoplasma. Il est traversé par des faisceaux vasculaires très tendres.

Grain du froment. — Le grain du froment est de forme ovoïde, à trois arêtes longitudinales, arrondies. La face dorsale a la forme d'une carène émoussée (fig. 11) ; la face ventrale est creusée d'un sillon longitudinal profond. Le grain porte à son sommet une houppe de poils blanchâtres (fig. 12).

L'enveloppe du grain est d'un brun très clair ; elle

se compose extérieurement d'une couche épidermique formée de cellules peu allongées, à parois épaisses, grossièrement ponctuées, à contours simples ou sinueux.

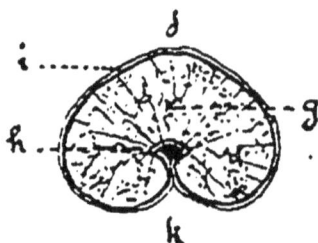

Fig. 11. — Coupe transversale d'un grain de blé.

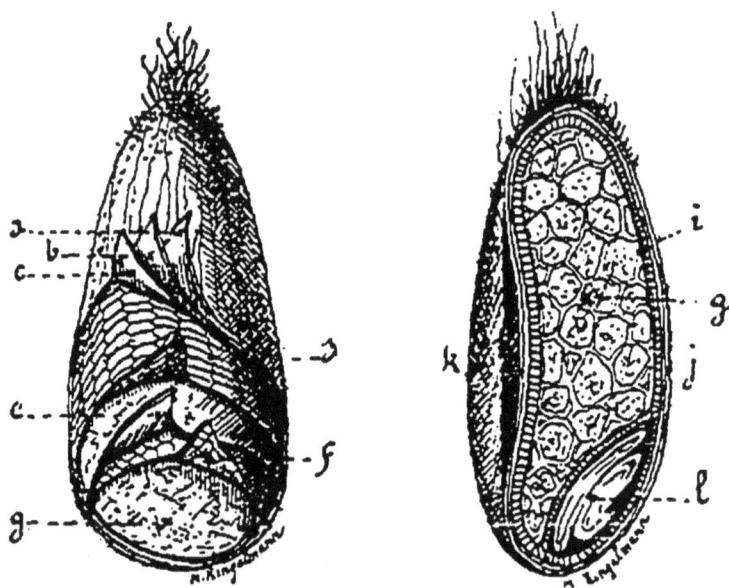

Fig. 12. — Enveloppes d'un grain de blé.

Fig. 13. — Coupe longitudinale d'un grain de blé.

Explication des lettres des figures 11, 12, 13 :

a, épicarpe; b, mésocarpe; c, endocarpe; d, testa; e, endoplèvre; f, membrane embryonnaire; g, amande farineuse; h, crochet; i, couches corticales; j, face dorsale; k, face ventrale; l, embryon.

Les cellules épidermiques sont plus courtes et plus arrondies au sommet du grain; on y remarque des poils et des stomates isolés (fig. 13).

Le mésocarpe se compose de plusieurs couches de cellules allongées, à parois résistantes, marquées de grosses ponctuations. La couche moyenne est très développée dans le sillon de la face ventrale du grain.

L'endocarpe est formé par une couche simple de cellules transversales; elle est très apparente. Les parois de ces cellules sont épaisses, sillonnées de fentes et incrustées de ligneux. On rencontre ce tissu en même temps que la couche à gluten, dans l'examen microscopique de la farine.

L'épisperme a l'aspect, lorsqu'on examine une coupe d'un grain de froment au microscope, d'un mince ruban jaune brun. On y distingue difficilement deux couches de cellules pressées les unes contre les autres. Ces cellules ont les parois très molles, elles sont allongées et se croisent presque à angle droit dans les deux couches.

Le péricarpe est séparé de la couche à gluten par une couche simple de cellules hyalines.

Dans le froment, la couche à gluten est simple : les cellules qui la composent sont polygonales ; leurs parois sont fermes, incolores, et se gonflent très fortement dans l'eau.

L'amande farineuse est formée par de grandes cellules, à parois minces, très anguleuses, remplies de grains d'amidon.

Grain du seigle. — Le grain du seigle est nu, allongé, bombé ou faiblement caréné à la face dorsale, creusé d'un sillon à la face ventrale; la partie inférieure est amincie; au sommet on remarque une houppe de poils.

Le péricarpe et l'épisperme ont la même structure que dans le grain de froment. L'endocarpe est très apparent. La couche de gluten est simple; elle possède des cellules un peu allongées dans la direction du centre à la périphérie.

Grain de l'orge. — Le grain de l'orge est serré entre des balles qui le recouvrent en partie; il est elliptique, aminci vers ses deux extrémités, anguleux, légèrement aplati à la face dorsale, bombé à la face ventrale, qui est creusée d'un sillon longitudinal jaune paille.

Les balles sont recouvertes d'un épiderme formé de cellules tabulaires, allongées, à parois épaisses. On y trouve des cellules plus petites, rondes ou à quatre angles arrondis, et de petits poils unicellulaires, courts et pointus y sont fixés. Au-dessous de l'épiderme, on trouve d'abord une couche de cellules fibreuses très serrées, puis une troisième, de tissu plus lâche, formé par des cellules vides, à parois minces, entre lesquelles émergent des faisceaux vasculaires.

Les balles sont en partie soudées au péricarpe. Celui-ci se confond avec l'épisperme et leur réunion forme une membrane composée seulement de quelques couches élémentaires, très minces.

Sous le microscope, on reconnaît l'épiderme à ses stomates nombreux et à ses petits poils coniques. La couche intermédiaire, formée de cellules comprimées, très anguleuses, à parois très minces, se distingue avec quelque difficulté. Une couche formée de cellules transversales, souvent disposées en double assise, limitées par des parois minces, se voit très nettement. Au lieu de tubes, comme dans le froment, à la face interne de ce tissu, on trouve des cellules courtes, à parois très minces, irrégulièrement ramifiées. On rencontre aussi, dans le grain d'orge, une couche de cellules hyalines, plus mince que dans le froment et le seigle. La couche à gluten est très nette, elle est formée par trois rangs de cellules, plus petites que celles des deux céréales précédents.

Grain de l'avoine. — Comme l'orge, l'avoine est enveloppée de balles très serrées, mais qui ne recouvrent pas entièrement le grain. Celui-ci a la forme d'une lame de lancette; il se termine en pointe aux deux extrémités; un sillon étroit longitudinal parcourt ses deux faces et une touffe de poil termine le grain.

L'épiderme se compose de cellules allongées à parois unies et minces; il porte des poils nombreux, très longs et pointus. La couche moyenne est à peu près semblable à celle de l'orge. On aperçoit assez difficilement une couche de cellules transversales et une couche de cellules hyalines, extérieurement à la couche de gluten. Cette dernière n'est formée que d'une seule rangée de cellules. Les cellules de l'amande farineuse, qui sont situées immédiatement au-dessous de la couche à gluten se distinguent par leurs parois fortement épaissies en dehors, stratifiées et contenant du gluten en même temps que de l'amidon.

Grain du riz. — Le grain du riz n'étant livré à la consommation que débarrassé des balles qui l'enveloppent en partie, nous n'avons pas à nous occuper de la constitution anatomique de ces dernières, mais de celle du grain seulement.

Le grain de riz est cannelé, glabre, c'est-à-dire dépourvu de poils. L'embryon est placé à l'extrémité de l'un des angles. Les enveloppes du grain, très minces, montrent d'abord un épiderme difficile à distinguer, composé de cellules tubulaires très anguleuses, et sous lequel on rencontre une couche de cellules transversales incolores. Des tubes non ramifiés se montrent à la face interne. La couche à gluten se compose de cellules développées dans le sens de la largeur et formant une couche simple ou double.

Grain du millet. — Le grain du millet est ovale, entouré de balles qui le recouvrent imparfaitement. Le péricarpe est très mince. On y distingue un épiderme, formé de cellules assez allongées, à contours sinueux, à parois minces. La couche moyenne est formée de cellules également à parois minces.

La couche à gluten est simple; les cellules qui la forment sont larges, à parois peu épaisses. Les cellules de l'endosperme sont également très minces et complètement remplies de grains d'amidon.

Grain du maïs. — La forme du grain de maïs est très variable; dans certaines espèces, comme le *maïs de Bourgogne*, le grain est presque rond, dans d'autres, au contraire, comme le *maïs dent de cheval*, il est très aplati.

Le grain est recouvert d'un tégument lustré, jaune plus ou moins foncé, rouge et quelquefois violet foncé. L'endosperme est très dur et semblable à de la corne à la surface, le centre est blanc et très farineux.

L'épiderme est formé de cellules allongées, à contours ondulés, grossièrement ponctuées et à parois peu épaisses. La couche à gluten est simple : dans une coupe transversale, les cellules paraissent presque carrées; leurs parois sont consistantes. Les cellules de l'endosperme sont grandes, leurs parois sont très minces, elles renferment des grains d'amidon très nombreux, ceux de la partie cornée sont très anguleux, tandis que

ceux de la partie cornée sont plus arrondis. Le grain de
maïs renferme une matière grasse assez abondante, ce
qui fait que sa farine se conserve plus difficilement que
celle des autres graminées.

Grain de sarrasin. — Le grain du sarrasin est gris-
noir, plus ou moins foncé, d'où lui vient le nom de *blé
noir;* il a la forme d'une pyramide triangulaire. Ce
grain ne peut être consommé que complètement débarrassé de son enveloppe, formée de cellules un peu allongées, à parois résistantes, qui est très dure et très épaisse.
Dans la farine, on trouve en même temps que des grains
d'amidon libres, que nous décrirons en parlant de l'analyse micrographique des farines, des cellules à fécule
de l'endosperme, des fragments du tissu cellulaire de
l'embryon, des fragments de l'épiderme, formés de cellules tubulaires, sinueuses, auxquelles adhèrent encore
des cellules provenant de la couche extérieure de l'endosperme. Ces cellules, ainsi que celles de la couche à
gluten et du tissu de l'embryon des céréales sont remplies de granules d'une matière azotée.

2. *Constitution chimique.*

Les graines des céréales sont formées par les mêmes
substances, réunies dans des proportions différentes,
variables non seulement avec l'espèce, mais encore dans
la même graine selon la variété, le mode de culture, le
degré de maturité.

Les principaux éléments sont des corps hydrocar-
bonés : l'*amidon*, la *cellulose*, la *dextrine*, le *glucose.*

A côté de ces matières, nous trouvons des matières

azotées en proportions variables, ce sont : l'*albumine*, la *légumine* ou *caséine*, la *fibrine végétale*, la *glutine*. Ces substances constituent, par leur réunion, le gluten.

Les céréales renferment toutes une petite quantité d'une matière grasse, formée par l'oléine et la margarine.

Les matières minérales que renferment les graines, sont formées essentiellement de phosphate de potasse et de magnésie.

L'eau se rencontre en quantité variable, suivant que la récolte est ancienne ou récente et suivant les conditions dans lesquelles le grain est conservé.

Nous reviendrons en détail sur cette question, lorsque nous parlerons de la composition du pain et des farines et de leurs propriétés nutritives : pour l'instant, nous nous contenterons de donner la composition moyenne des différentes céréales :

	Eau	Matière azotée	Matière grasse	Matières extractiv. non azot.	Cellulose brute	Cendres
Blés de France.						
Moyenne..	13,37	12,64	1,41	68,92	2,00	1,66
Blés d'Angleterre.						
Moyenne.	13,37	10,99	1,86	69,21	2,90	1,67
Blés de Russie.						
Moyenne.	13,37	17,65	1,58	65,74		1,66
Blés d'Autriche-Hongrie.						
Moyenne.	13,37	12,66	1,99	66,84	3,39	1,75
Blés d'Espagne.						
Moyenne.	13,37	12,45	1,92	70.76		1,80
Blés d'Afrique.						
Moyenne.	13,37	11,18	1.83	70,04	1,82	1,76
Maximum.	13,70	16.24	2,27	73,93	7,75	2,42
Minimum.	7,41	7,68	1.12	64,54	1 38	1,34

	Eau	Matière azotée	Matière grasse	Matières extractiv. non azot.	Cellulose brute	Cendres
Blés d'Asie.						
Moyenne des blés durs. . .	12,66	12,07	2,09	69,71	2,08	1,39
Moyenne des blés tendres. .	12,50	9,89	2,11	72,17	1,81	1,52
Blés d'hiver de l'Amérique du Nord.						
Moyenne.	13,37	11,60	2,07	69,47	1,70	1,79
Maximum.	13,77	16,84	3,78	75,07	2,99	3,46
Minimum.	5,95	6,45	1,13	60,93	0,41	0,78
Blés d'été de l'Amérique du Nord.						
Moyenne.	13,37	12,92	2,15	67,98	1,72	1,86
Maximum.	13,35	17,27	2,44	74 00	2,30	2,47
Minimum.	6,39	7,65	1,81	65,09	1,26	1,43
Seigles d'hiver.						
Moyenne.	13,37	10,81	1,77	70,20	1,78	2,05
Maximum.	18,68	19,71	3,01	63,71	5,10	4,18
Minimum.	6,85	7,27	0,21	60,08	1,05	0,53
Seigles d'été.						
Moyenne.	13,37	12,90	1,98	68,11	1,71	1,93
Orges de France.						
Moyenne.	14,05	9,08	1,04	65,43	7,31	2,49
Orges d'Angleterre et d'Écosse.						
Moyenne.	14,05	9,80	2,17	64,45	6,84	2,69
Orges d'Autriche.						
Moyenne.	14,05	9,02	1,87	67,13	5,53	2,40
Orges de Hongrie.						
Moyenne.	14,05	9,39	2,48	67,77	3,95	2,36
Orges du centre et du nord de l'Allemagne.						
Moyenne.	14,05	9,88	1,80	66,75	4,77	2,75
Maximum.	21,59	15,81	3,03	72,14	8,17	6,40
Minimum.	9,30	6,70	0,80	59,35	3,31	1,56
Orges du sud et de l'est de l'Allemagne.						
Moyenne.	14,05	9,62	2,30	64,84	6,70	2,49
Maximum.	19,33	15,03	2,80	65,59	9,63	4,76
Minimum.	8,70	7,00	1,15	60,88	3,99	2,00
Orges d'Afrique.						
Moyenne.	14,05	8,98	1,74	71,12	1,96	2,15
Orges de l'Amérique du Nord.						
Moyenne.	14,05	10,48	2,42	66,94	3,47	2,64
Maximum.	14,06	13,58	3,26	69,45	4,26	3,99
Minimum.	4,53	7,13	1,74	63,72	1,14	1,39

	Eau	Matière azotée	Matière grasse	Matières extractiv. non azot.	Cellulose brute	Cendres
Avoines.						
Allemagne (Centre et Nord)..	12,11	10,82	5,30	58,23	10,25	3,29
Allemagne (Sud et Est).. . .	12,11	11,36	5,30	58,12	9,93	3,13
Autriche-Hongrie.	12,11	11,41	5,84	56,40	11,01	3,23
France.	12,11	9,52	5,46	60,47	9,18	3,26
Angleterre et Écosse. . . .	12,11	13,05	6,15	53,16	11,89	3,64
Amérique.	12,11	11,26	4,96	59,35	9,33	2,99
Maïs.						
Moy. des maïs cultiv. en Amérique ou des espèces améric.	13,15	9,12	4,36	69,15	2,46	1,56
Moy. des maïs du sud-ouest de l'Europe.	13,35	9,42	4,13	69,37	2,34	1,39
Moy. des maïs du sud-est de l'Europe.	13,35	8,84	5,80	65,79	4,16	2,06
Moyenne générale.	13,35	9,45	4,29	69,37	2,29	1,29
Maximum.	22,20	14,31	8,87	72,75	7,71	3,93
Minimum.	4,68	5,55	1,73	52,08	0,99	0,82
Riz.						
Moyenne.	12,58	6,73	0,88	78,48	0,51	0,82
Maximum.	15,28	9,85	2,33	80,54	4,00	2,00
Minimum	6,27	3,32	0,09	72,65	0,09	0,03

CHAPITRE II

LA MEUNERIE

Sous le nom de *meunerie*, on comprend l'ensemble des opérations nécessaires à la transformation du grain des céréales en farine ; opérations qui ont pour but de débarrasser l'amande farineuse de son enveloppe ligneuse, et de la transformer en une poudre impalpable, la *farine*.

I. MOUTURE A L'AIDE DES MEULES

La mouture du grain de froment, la céréale la plus convenable pour la préparation du pain et la plus généralement employée, peut se faire par deux procédés qui portent les noms de *mouture économique* et de *mouture américaine*, dite *anglaise*.

Mouture économique. — Ce procédé, regardé autrefois comme le meilleur, n'est plus guère suivi maintenant que dans quelques moulins de campagne. L'opération se fait au moyen de meules de 2 mètres de diamètre, dont l'une est animée d'une vitesse de 55 tours par minute. Le blé est introduit dans l'ouverture de la meule supérieure, par une trémie constamment agitée ;

il s'engage entre les deux meules, qui doivent être assez espacées pour ne produire, dans cette première opération, qu'un concassage grossier. La matière, en sortant de l'appareil broyeur est envoyée aux blutoirs, sorte de tamis dont nous parlerons plus en détail dans un instant. Là se fait la séparation de la farine déjà formée et des grains concassés, les *gruaux*. Ceux-ci sont envoyés entre des meules plus rapprochées, et ce second broyage donne une *farine de premiers gruaux*, séparée par un nouveau blutage. En continuant les passages entre des meules de plus en plus serrées et les blutages, on obtient des farines *de deuxièmes gruaux, de troisièmes gruaux, de quatrièmes gruaux, etc.*; dans les années de disette, on a remoulu jusqu'à sept fois.

Les produits de la mouture économique sont ainsi classés :

100 KILOGRAMMES DE BLÉ DONNENT :

Farines blanches :

1re Opération : farine de 1er blé. . .	38,33		kg.
2e —	farine de 1ers gruaux.	19,16	66,00
3e —	farine de 2es gruaux. .	8,51	

Farines béges :

4e Opération : farine de 3es gruaux.	5,00		8,33
5e —	farine de 4es gruaux.	3.33	

Issues :

Son gros et petit.	10,82	
Recoupes.	6,80	23,32
Recoupettes.	5,70	
Pertes.	2,35	

$$\overline{100,000}$$

Mouture américaine, dite anglaise. — Par ce procédé, on écrase le grain d'un seul coup, puis on sépare

les différents éléments par le blutage. Les meules employées sont d'un diamètre un peu plus faible, 1ᵐ,30,
mais la rotation de la meule mobile est plus rapide,
elle est animée en effet d'une vitesse de 120 tours par
minute. Au sortir des meules, la matière broyée ou
boulange est généralement envoyée dans un appareil
réfrigérant, puis dans les blutoirs.

Les résultats obtenus par cette méthode, sur 100 kilogrammes de blé demi-dur, sont les suivants :

Farine à pain blanc.	60 grammes.
— — demi-blanc	14 —
Son gros et menu.	24 —
Déchet	2 —
	100 ·

Mouture à gruaux. — La mouture à gruaux est
destinée à fournir des farines d'une qualité exception-
nelle, qui servent à la préparation des pains de luxe.
Pour cette opération, on n'emploie que les beaux fro-
ments durs ou demi-durs.

Les meules (fig. 14) sont disposées de façon à produire le moins possible de folle farine, que l'on sépare
au moyen d'étamine. Le mélange de son et de gruaux
va ensuite dans des blutoirs, qui séparent ces derniers
en trois qualités, par ordre de grosseur. Les moins gros
ou *fins finots* donnent la farine de première qualité.
Les moyens et les gros sont traités séparément et débarrassés du son et de la folle farine qui peut encore y adhérer ; cette opération se fait avec des appareils mécaniques
ou avec des sas à main.

Les gruaux purifiés ou semoule sont moulus ; on
obtient, de la sorte, de la farine et de nouveaux gruaux,

qui, broyés, donnent une farine que l'on mélange à
la précédente; ceci constitue la farine n° 1. Les
nouveaux gruaux sont traités à leur tour et on
obtient ainsi avec les gruaux 3 et 4, la farine n° 2.

Fig. 14. — Moulin horizontal (Pécard).

Celle qui provient de la cinquième mouture est dite
blanche; celle que fournit la sixième est mêlée à la
farine d'écorçage, enfin la septième mouture donne de
la farine bise.

100 PARTIES DE BLÉ DE BONNE QUALITÉ DONNENT :

Criblure ou petit blé.	0,800
Farine vermicelle.	20,352
— des gruaux 1.	20,352
— — 2.	6,360
— blanche.	11,448
— bège.	19,040
Son.	6,000
Recoupe.	6,400
Remoulage.	7,500
Perte	1,649
	100,000

Moulins. — Les anciens moulins, pour la mouture
économique et mus par une chute d'eau, sont construits de la façon suivante : l'arbre moteur porte
une roue dentée en bois qui engrène avec les fuseaux
de la lanterne, montée sur l'axe de la roue mobile,
nommé le *gros fer*. Celui-ci repose dans une crapau-
dine solidement établie sur le support de la meule courante, qu'il entraîne dans son mouvement de rotation.
Le grain est versé dans une trémie au-dessous de laquelle
est disposée une caisse rectangulaire légèrement incli-
née et ouverte du côté inférieur ; cette caisse est sup-·
portée par des cordes enroulées sur de petits treuils ;
en la rapprochant ou en l'éloignant de la base de la trémie, on ralentit ou on accélère l'écoulement du blé. Un
petit appendice fixé à la meule lui communique un
mouvement régulier d'oscillation, qui fait descendre le
blé, que l'inclinaison seule de la caisse ne suffirait pas
à faire tomber. Le grain, introduit dans l'ouverture de
la meule courante, s'engage entre elle et la meule gisante
et est écrasé par son passage entre les deux pierres. La

mouture descend ensuite dans le blutoir, renfermé dans une huche. Des ailettes fixées au-dessous de la tige de la lanterne, frappent régulièrement une tige horizontale fixée à un axe monté sur deux pivots. Ce mouvement est transmis au blutoir par une deuxième tige, fixée également à l'axe.

La meule gisante repose sur un plancher solidement construit en charpente ou en fonte. Elle doit être parfaitement horizontale et cette position lui est assurée par un système de vis et de triangles. La meule courante est supportée par le gros fer, la réunion de celui-ci avec la meule se fait ordinairement au moyen d'une anille, pièce en fer encastrée dans la meule et qui repose sur l'extrémité du gros fer, auquel elle est librement réunie par un manchon en fonte. Ce manchon est composé de deux parties : la partie inférieure s'ajuste sur le gros fer et se trouve maintenue par deux tenons. La pièce sphérique sur laquelle repose l'anille (le *pointal*) est en acier ; elle est encastrée dans le gros fer. Le sommet du pointal est placé notablement au-dessous du centre de gravité de la meule, afin que l'équilibre soit stable.

Le gros fer traverse la meule gisante à travers un boitard en fonte, scellé dans cette meule.

Disposition d'un moulin à l'anglaise. — Les principes du moulin à farine étant connus, nous allons décrire en détail une installation un peu perfectionnée et destinée à la mouture anglaise.

Un moulin à farine à l'anglaise se compose généralement de plusieurs paires de meules ; de machines à nettoyer le blé ; de blutoirs pour séparer la farine, les gruaux et les sons; de courroies sans fin à godets pour élever le blé et la farine dans les parties supérieures du bâtiment; de vis d'Archimède pour les transporter horizontalement; de plans inclinés pour les faire descendre, d'un appareil réfrigérant et d'un monte-sac. Généralement ces moulins ont trois ou quatre étages; les meules sont au rez-de-chaussée ou au premier, les machines à nettoyer et les bluteries sont dans la partie supérieure du bâtiment.

Dès que le blé est arrivé au moulin, à l'aide d'un monte-sac placé dans la partie supérieure du moulin, on l'élève jusqu'à cet étage, où il est versé dans un grand récipient, d'où il passe dans la machine à nettoyer. A la sortie du nettoyeur, il est encore élevé par des courroies sans fin à godets qui le versent dans un long conduit qui le mène dans une trémie destinée à fournir le blé aux différentes paires de meules. La mouture, au sortir des meules, tombe dans deux auges circulaires, toujours en mouvement, de façon à régulariser le remplissage. Elle commence à s'y refroidir et chaque compartiment du récipient passe successivement au-dessous des godets d'une noria qui enlève la boulange, pour la verser ensuite dans le refroidisseur. Celui-ci est un récipient au fond duquel se meuvent circulairement des palettes qui poussent la farine à mesure qu'elle y arrive, jusqu'à une ouverture où vient aboutir le tuyau qui la conduit à la bluterie. L'opération se renouvelle un certain nombre de fois, jusqu'à ce qu'on ait enlevé toute la farine.

Le blé, lorsqu'il arrive au moulin, contient encore, le plus généralement, des impuretés dont il est nécessaire de le débarrasser. Ce nettoyage se fait au moyen d'appareils nommés *émotteurs*. L'un des modèles les plus répandus consiste en un cylindre vertical en tôle perforée, animé d'un mouvement de rotation : de plusieurs plateaux en bois recouverts de tôle perforée. Un croisillon en fonte, armé de brosses, est disposé à la partie inférieure du cylindre; au-dessous des brosses se trouve un plateau fixe également recouvert de toile ; à sa surface aboutit un tuyau destiné à conduire le grain sur un plan incliné en tôle percée, qui joue l'office de crible et enlève les petits grains. Deux ventilateurs fonctionnent à l'entrée et à la sortie de l'émotteur.

Le blé arrive par la partie supérieure, où déjà il est débarrassé de la paille brisée et des poussières légères, par le ventilateur. Il entre dans le cylindre qui est animé d'une vitesse de 360 à 400 tours par minute. Dans cet appareil le grain est fortement agité et par frottement contre les parois, il est peu à peu débarrassé des poussières adhérentes. Il passe progressivement dans chacun des compartiments formés par les plateaux et enfin le nettoyage se termine sous les brosses.

A la sortie du cylindre, il est soumis de nouveau à l'action d'un ventilateur et tombe sur le crible qui sépare les bons grains; ceux-ci se rassemblent dans un récipient, où une noria vient les puiser pour les conduire aux meules.

L'appareil qui sert à séparer les différents éléments de la mouture, est en général un grand cylindre, formé par un châssis en bois recouvert de soie, animé d'une vitesse de 30 à 32 tours par minute. Le tissu de soie, qui sert au tamisage de la farine, n'est pas également serré, l'écartement du fil est gradué de façon à séparer les éléments et à les classer, comme nous l'avons indiqué plus haut. Le cylindre a une inclinaison de 3 à 4 centimètres par mètre.

Meules. — Les meules employées dans les moulins anglais ont un diamètre de $1^m,30$ et font 100 à 120 tours par minute; on ne leur donne pas une plus grande vitesse pour éviter l'échauffement de la farine.

Le choix de la pierre et la manière dont elle est taillée a une très grande importance. On emploie le plus généralement une variété de silex, connue sous le nom de *pierre meulière*, dont il existe un très important gisement à la Ferté-sous-Jouarre.

Le plus généralement les meules sont formées d'un grand nombre de pierres de petite dimension rapprochées et maintenues ensemble par du plâtre et des cercles de fer.

La surface est taillée de la façon suivante : la meule est divisée en dix secteurs, contenant chacun quatre sillons parallèles et inégaux. Chaque sillon est formé par un plan vertical et par un plan incliné qui se courbent un peu pour arriver tangentiellement à la surface de la meule. La largeur du sillon est de 4 à 5 centimètres, sa profondeur est d'environ 4 à 5 centimètres. Indépendamment de ces sillons, la partie plate des meules est couverte de petites entailles faites au marteau, parallèlement à la direction des sillons.

Pour que le blé arrive facilement entre les meules, la surface de la meule tournante forme un cône qui est ouvert depuis le centre jusqu'au milieu de son rayon, et à partir de ce point, elle est plate comme la meule dormante. L'ensemble des pièces qui supportent les meules et le mécanisme portent le nom de *beffroi*.

Nous avons parlé déjà de l'appareil distributeur du
grain, il nous reste à indiquer une disposition meilleure,
connue sous le nom de *distributeur Conté*. Cet appareil consiste en un entonnoir qui descend jusque dans
le trou de la meule courante, à l'intérieur duquel est
disposé un deuxième entonnoir plus petit ; au-dessous est
placée une petite coupe fixée sur le gros fer. Une grande
trémie, située au-dessus des meules amène la graine
dans l'entonnoir ; il passe ensuite dans la coupe et par
l'effet de la force centrifuge il est projeté en tous sens
et tombe sur les bords du boitard. Le débit du distributeur est réglé en soulevant plus ou moins, au moyen
d'un levier, l'entonnoir intérieur ; plus son extrémité
sera éloignée de la coupelle, plus il arrivera de blé
entre les meules.

II. MOUTURE HONGROISE, AU MOYEN DE CYLINDRES
OU CONVERTISSEURS

Ce système de mouture a pris naissance, il y a une
vingtaine d'années et s'est considérablement répandu.
Comme beaucoup de méthodes nouvelles, il a ses zélés
promoteurs comme ses détracteurs, et, comme la question n'est pas encore définitivement jugée, nous nous
bornerons à donner les principes sur lesquels repose
cette transformation des procédés de la meunerie.

Première phase de la mouture. — Le grain préalablement nettoyé est emmagasiné dans un boisseau, d'où
il se rend par un tuyau dans la trémie alimentant la
première paire de cylindres destinés à fendre les grains
de blé suivant le sillon longitudinal. Les deux cylindres

ont le même diamètre et sont cannelés de la même façon. La section des cannelures est un triangle rectangle et les arêtes sont écartées de 2 millimètres à $2^{mm}1/3$, suivant que le meunier doit traiter de petits ou de gros grains. Le cylindre rapide à axe fixe peut être considéré comme un étaleur de grains; ceux-ci sont à moitié enterrés dans toute leur longueur dans les cannelures. Le cylindre lent, pressé convenablement par son ressort ou son contre-poids, roule sur les grains que l'autre cylindre étale, et ses arêtes fendent le blé.

Le diamètre des cylindres est de 22 centimètres; le cylindre rapide fait 500 tours par minute et le cylindre lent, 100 tours. La pression exercée sur le grain est d'environ 3100 kilogrammes par mètre de longueur.

Le fendage amène le détachement du germe, ce qui a fait donner souvent le nom de *dégermeurs* aux cylindres qui exécutent le fendage.

Au sortir de la première paire de cylindres, le grain fendu arrive dans une bluterie à toile métallique à mailles très petites. Par l'agitation, le grain se débarrasse des poussières que pouvait contenir le sillon et qui, sans cette première opération auraient sali la farine. Le déchet produit par ce nettoyage est en moyenne de 0,75 à 1 1/3 pour 100.

Le blé, débarrassé de ses dernières impuretés, est envoyé par un tuyau dans la trémie de la deuxième paire de cylindres. Ceux-ci ont des cannelures plus serrées ($1^{mm}3/4$ à 2 millimètres d'écartement entre les arêtes). Les moitiés de grains couchées dans les cannelures du cylindre rapide sont comprimées et raclées par les arêtes du cylindre lent.

La matière sortant de la deuxième paire de cylindres

dans une bluterie dont les toiles métalliques laissent passer les fins gruaux et la farine qui peuvent déjà s'être formés. Les gros fragments de grains tombent en queue de la deuxième bluterie et sont dirigés sur une troisième paire de cylindres cannelés, destinés à pousser plus loin le concassage. Les cannelures, sont larges de 1^{mm},38 à 1^{mm},53. La matière est blutée au sortir de l'appareil, de façon à extraire la farine et les gruaux ; les fragments qui ne passent pas à travers les toiles métalliques, sont envoyés à une quatrième paire de cylindres, dont les cannelures n'ont plus que 1 millimètre d'écartement ; cet appareil concasse encore plus finement le grain et on obtient ainsi, après un nouveau blutage, une assez forte proportion de gruaux et de farine ; les gros fragments passent ensuite entre une cinquième paire de cylindres plus finement cannelés (86 centimètres) qui achève le broyage des grains et commence même le curage des sons. Enfin, après le blutage, les gros sons qui tombent en queue, sont envoyés à une sixième paire de cylindres à très fines cannelures (76 centimètres) qui achèvent le curage des sons.

Deuxième phase de la mouture. — Par un deuxième blutage on sépare la farine et on sèche les gruaux et les semoules; on les classe par grosseur et à l'aide d'un sasseur-épurateur mécanique à aspiration ou à insufflation, on sépare les gruaux nus ou blancs, des gruaux et semoules vêtus. Ces derniers sont déshabillés par leur passage entre une paire de cylindres plus finement cannelés que ceux qui curent les sons, et ayant des vitesses différentes. On blute la boulange de ces déshabilleurs qui donne de la farine plus ou moins blanche et des gruaux plus ou moins fins, nus ou habillés, que l'on classe

et que l'on épure au moyen d'un sasseur-aspirateur
spécial. Une succession d'épurations, de déshabillage
par compression et entre des cylindres, alternant avec
des sassages de classement et d'épuration, conduit les
divers gruaux blancs, à convertir en farine, à un ma-
gasin dans des boisseaux spéciaux.

Troisième phase de la mouture. — Pendant la troisième phase de la mouture, les gruaux obtenus dans
les opérations précédentes, et classés par grosseurs,
sont transformés en farine. Cette opération se fait au
moyen d'une paire de cylindres lisses, en fonte trempée.
Il convient de ne traiter que des gruaux de même grosseur et de même dureté, c'est un principe que l'on doit
considérer comme absolu. En effet, tous les gruaux d'un
même grain de froment ne sont pas également durs;
ceux du centre du grain sont les plus tendres, et ceux
qui se trouvent immédiatement au-dessous du tégument
séminal sont les plus résistants.

Si l'on passe au *convertisseur* — c'est le nom donné
aux cylindres qui exécutent la troisième phase de la
mouture — un mélange de gruaux tendres et de gruaux
durs, on est porté à régler la pression de façon à écra-
ser ces derniers; alors les plus tendres sont soumis à
un excès de pression, qui, avec le lissage à la différence
des vitesses qui animent les cylindres dans certains
modèles de convertisseurs, donne des plaques minces
de farine qu'il est nécessaire de désagréger avec un
instrument spécial, le *détacheur*, avant de bluter la
farine.

Le classement des gruaux par ordre de densité se fait
au moyen de sasseurs-épurateurs à aspiration, ayant
une vitesse parfaitement réglée. Les gruaux les plus

denses, qui sont aussi les plus durs traversent les soies les premiers, à égalité de grosseur bien entendu.

Le convertissage commence en principe par les gros gruaux nus, et se termine par les plus fins, désignés, en terme de meunerie, sous le nom de *fins finots*.

Au cours de ces convertissages, les sasseurs donnent des gruaux vêtus et des queues de sassage que l'on doit déshabiller, et qui peuvent revenir aux convertisseurs. Ces fins de mouture se prolongent plus ou moins, suivant le bénéfice que le meunier espère en tirér.

La boulange blanche, qui sort des convertisseurs, passe aux bluteries qui extraient la farine et les gruaux que l'on classe de nouveau pour les faire repasser entre les cylindres. Toutes ces opérations de convertissage et de blutage alternent.

La pression qu'exige le convertissage par les cylindres lisses en fonte trempée est assez considérable ; c'est un des reproches que les partisans des meules font aux cylindres, qui d'après eux, *tuent la farine*.

Quelques constructeurs remplacent la fonte trempée, pour la confection des cylindres, par une porcelaine dont la dureté est suffisante, pour qu'elle ne soit pas rayée par le diamant.

CHAPITRE III

LA PANIFICATION

La *panification* est l'ensemble des opérations qui ont pour but la transformation de la farine en pain ; ce sont : 1° l'*hydratation* et le *pétrissage ;* 2° la *fermentation ;* 3° la *cuisson.*

Les recherches de Boussingault, Payen, Péligot, Millon, Reiset, Barral, Mège-Mouriès, ont démontré que la panification a pour objet de rendre solubles tous les éléments nutritifs qui se rencontrent dans la farine, car fort peu sont solubles naturellement.

Pour arriver à ce résultat, l'addition d'un ferment est nécessaire, et celui-ci, agissant principalement sur le gluten et sur l'amidon, les rendra complètement assimilables.

L'amidon se transformera en partie en glucose ; celui-ci, le levain continuant à agir, sera à son tour transformé en acide carbonique et en alcool. L'acide carbonique, à l'état gazeux, tendra à s'échapper de la pâte et, comme celle-ci est très élastique, il s'infiltrera au travers et en augmentera le volume. Les bulles de gaz ainsi disséminées dans la pâte lui donneront une apparence spongieuse et beaucoup plus de légèreté ; de ce fait résultera que le pain sera beaucoup plus digestible.

I. HYDRATATION ET PÉTRISSAGE

Lorsque le boulanger veut fabriquer le pain, il introduit dans le pétrin la quantité de farine nécessaire et la mélange à la quantité d'eau convenable pour en former, par le pétrissage, une pâte demi-dure. Le but que l'on se propose est d'amener le gonflement des grains d'amidon, sous l'action de l'eau qu'ils absorbent ; dans cet état ils seront plus aptes à subir l'action du ferment. D'autre part, le gluten s'hydratant deviendra visqueux et formera la pâte.

Les opérations nécessaires pour transformer la farine en une pâte bien homogène se font à bras ou mécaniquement.

Pétrissage à bras (fig. 15). — Cette opération longue et fatigante se fait dans des pétrins, sortes de coffres en bois, trapéziformes, ayant en général $0^m,70$ de profondeur et $0^m,70$ de largeur à l'ouverture ; la longueur est variable et dépend de l'importance de la boulangerie.

Dans cette première phase de la panification, on procède de la manière suivante : l'ouvrier, désigné sous le nom de *gindre*, verse la farine dans le pétrin et la rassemble à l'un de ses coins ; il creuse au milieu du tas une cavité, la *fontaine*, dans laquelle il verse de l'eau en quantité suffisante pour le délayage. Cette eau doit être à la température de 30° en été, et de 40° en hiver ; on y a mélangé du sel destiné à donner du goût au pain et du levain pour faire fermenter ultérieurement la pàte. Cela fait, le gindre procède au délayage en faisant tomber progressivement la farine dans la fontaine, en la mélangeant intimement à l'eau, de façon à obtenir une pàte fluide, exempte de grumaux et parfaitement homogène. Ensuite, pour la rendre plus ferme, il y ajoutera

FIG. 15. — Pétrissage à bras.

une certaine quantité de farine conservée en réserve, qu'il incorporera en pétrissant la pàte de droite à gauche du pétrin, ce qu'on nomme en terme de boulangerie le *frasage*. Cette opération sera suivie d'un pétrissage en sens inverse, le *contre-frasage*. Ces manipulations se répètent, jusqu'à ce que le mélange soit complet.

Alors commence un nouveau genre de travail : le boulanger introduit ses bras sous la pàte et la soulève en l'étirant, la retourne, puis la laisse retomber et recommence ainsi un certain nombre de fois; après, il

saisit de gros pàtons qu'il projette violemment contre
les parois du pétrin. Ces manipulations, les _tours_ à
pàte, ont pour but d'introduire dans la masse une certaine quantité d'air qui favorisera la fermentation.

Le _découpage_ et le _pâtonnage_, ou _soufflage_, viennent ensuite. Ces deux opérations se font presque simul-
tanément: l'ouvrier découpe avec les mains la quantité
de pàte qu'il peut soulever; il l'enlève de la masse qu'il
divise ainsi en plusieurs portions : il rejette lés pàtons
du côté du pétrin où il a commencé le pétrissage, les
uns sur les autres ; il ramène ensuite à l'autre extrémité
du pétrin toute la pàte de la même manière. Cette opération a pour but de faire encore pénétrer de l'air dans
la masse et d'augmenter l'élasticité du gluten.

Pétrissage mécanique. — Le pétrissage de la pàte,
tel que nous venons de l'indiquer, est un travail très
pénible et qui revient à un prix élevé dans les grandes
boulangeries ; de plus au point de vue de la propreté,
il laisse beaucoup à désirer. On a cherché à le remplacer
par le travail à la machine, et actuellement on est
arrivé à construire des pétrins mécaniques donnant des
résultats satisfaisants. Nous allons donner la description des principaux modèles en usage.

Pétrin Lambert. — C'est l'un des plus anciens ; il
consiste en une auge cylindrique reposant sur des tou-
rillons, placés de chaque côté, dans le prolongement de
l'axe ; il est fermé par trois soupapes maintenues par
des verrous. La machine reçoit un mouvement de rotation
par l'intermédiaire d'un volant et d'une série d'engrenages ; un système de freins permet de l'arrêter instan-
tanément. Intérieurement le pétrin est divisé en trois
compartiments par des cloisons mobiles. Des traverses,

disposées à l'intérieur des compartiments, arrêtent les matières qui y sont introduites, et, dans leur mouvement de rotation, les forcent à se mélanger ; puis la pâte qui se forme subit un brassage progressif, qui reproduit sensiblement le travail que le boulanger fait avec ses bras.

Pétrin de Clayton. — Il est un peu plus perfectionné que le précédent. Cet appareil est également formé par une auge cylindrique fermée, animée d'un mouvement de rotation autour de son axe ; à l'intérieur se trouve un pétrisseur, qui peut à volonté prendre part à la rotation de l'auge, ou avoir un mouvement propre, lorsque la première est au repos ; cette combinaison s'obtient au moyen d'engrenages et d'un système d'embrayage particulier.

Le pétrisseur est formé par une grille en fer dont les barres sont garnies de couteaux. Elle est fixée à un axe, muni d'un côté d'une manivelle qui sert à lui communiquer son mouvement particulier, de l'autre, il est muni d'un pignon, qui peut s'embrayer avec ceux qui déterminent la rotation du pétrin.

Pétrin Rolland (fig. 16 et 17). — Cet appareil se compose d'une cuve demi-cylindrique en fonte, traversée par un arbre horizontal mobile, sur lequel sont fixées deux palettes contournées en deux hélices diamétralement opposées. Quand l'axe est en mouvement, une des palettes ramène la pâte à droite, et l'autre la reprend pour la répartir à gauche, en la malaxant ; les hélices font un tour pour huit tours de la manivelle motrice. A la fin de l'opération, la cuve, dans les grands modèles, bascule au moyen d'engrenages. Avec cette machine on peut pétrir jusqu'à 350 kilogrammes de farine.

Pétrin Deliry (fig. 18). — Le pétrin Deliry con-

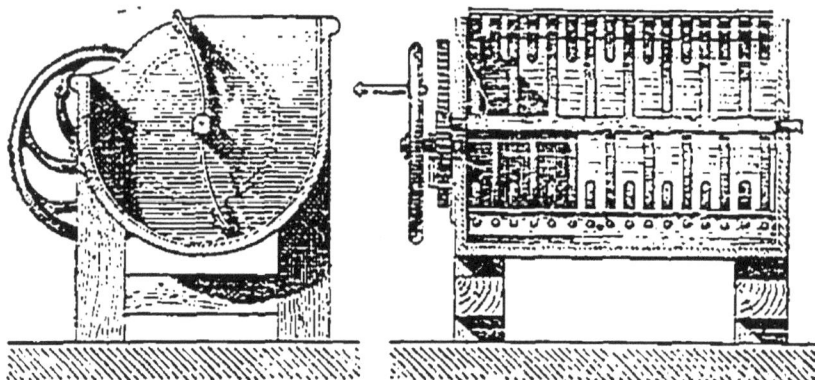

FIG. 16. — Pétrin Rolland (coupe).   FIG. 17. — Pétrin Rolland.

FIG. 18. — Pétrin Deliry.

siste en une cuve annulaire en fonte, à section trapé-
ziforme, qui tourne lentement autour d'un axe vertical.
A l'intérieur tourne également : 1° dans le plan horizontal, un pétrisseur en forme de lyre, destiné à fraser et
à découper la pâte ; 2° dans le plan vertical, deux allon-
geurs de forme hélicoïdale qui élèvent la pâte, l'étirent
et la soufflent en tout sens. Chacune de ces pièces peut
être mise en mouvement ou arrêtée à volonté, à l'aide
d'embrayages, de façon que le boulanger peut régler le
travail, suivant la pâte qu'il veut obtenir. Pendant
l'opération, un coupe-pâte nettoie la cuve.

Pétrin Dathis. — Le pétrin Dathis se compose d'un
récipient tournant autour d'un axe, de manière à présenter toutes les parties de la pâte qu'il renferme à
l'action d'instruments pétrisseurs ayant la forme d'une
fourchette. Ces pétrisseurs soulèvent constamment la
pâte, l'aèrent et la soufflent sans jamais la fouler. Ce
mode d'opérer donne à la pâte une grande souplesse et
une grande légèreté. Les pétrins sont fixés sur un bâti
en fonte (fig. 19) fixe ou mobile, et appliqués sur un
cable (fig. 20).

Les pétrisseurs sont fixés à l'extrémité de leviers au
moyen de vis de réglage. Les leviers sont actionnés par
les manivelles montées sur un arbre, mis en mouvement,
soit par une transmission, soit par une manivelle mue
à bras d'homme.

La cuve possède un double fond, dans lequel on peut
mettre, en hiver, de l'eau tiède pour réchauffer la pâte.
L'ensemble de l'appareil repose sur un bâti en fonte.

Avec le pétrin mécanique Dathis, on opère de la
manière suivante : on met dans le récipient du fond
une certaine quantité d'eau tiède, afin que la pâte

FIG. 19. — Pétrin (Dathis).

FIG. 20. — Modèle à 1 ou 2 bras (Dathis).

5.

conserve une température convenable dans le récipient
supérieur.

Le levain, la farine, l'eau, etc., étant versés dans le
pétrin, on tourne d'abord doucement, pour laisser à la
farine le temps d'absorber le liquide, puis on augmente
progressivement la vitesse, jusqu'à un maximum de
soixante tours par minute. Au bout de dix minutes, on
laisse reposer la pâte de deux à trois minutes et l'on
continue le pétrissage pendant dix autres minutes, à
une vitesse de quatre-vingts tours; l'opération est alors
terminée.

M. Dathis construit, pour l'usage des ménages, un
pétrin simple et beaucoup moins coûteux que le précédent. Cet appareil se compose de :

1° Un plateau vertical, garni de broches, disposées
suivant certains rayons partant du centre. Ce plateau
est fixé sur un arbre horizontal, monté lui-même sur
un support vertical, et muni d'un volant qui lui communique le mouvement de rotation.

2° Un second plateau, garni de broches, disposées
suivant des rayons différents de ceux des broches du
premier plateau, afin que celles-ci s'enchevêtrent dans
les précédentes, et se déplacent en s'éloignant et en se
rapprochant successivement du centre de rotation, et se
trouvent ainsi plus régulièrement mélangées. Le mouvement alternatif imprimé au volant facilite ce déplace-
ment et a aussi pour effet de souffler la pâte.

Le pétrissage fini, on ouvre l'appareil et, pour enlever
la pâte dont il est garni il suffit : 1° de retirer le
plateau mobile des broches sur lesquelles il est em-
boîté, et de faire tomber la pâte qui s'y trouve amassée, sur celle qui garnit les broches du plateau fixe; 2° de

retirer de la même façon le plateau fixe et de faire tomber toute la pâte qui s'y trouve amassée dans un récipient quelconque, dans lequel on la laisse lever.

Pour nettoyer les plateaux mobiles et enlever les petites parcelles de pâte qui s'y trouvent collées, il suffit de les saupoudrer d'un peu de farine et de les frotter à sec avec une brosse de chiendent.

II. FERMENTATION

Le pétrissage est terminé, il faut faire fermenter la pâte, ou, comme on dit, *lever*. Cette deuxième phase de la panification a lieu, soit dans le pétrin même, soit dans des bacs spéciaux, en bois. Pour que le ferment agisse convenablement, il est nécessaire que la température ambiante soit assez élevée et constante; aussi, pour éviter le refroidissement couvre-t-on souvent la pâte avec une couverture. L'opération dure plus ou moins longtemps suivant la saison ; mais elle ne doit pas être poussée trop loin, sans quoi le pain pourrait être altéré, par suite du développement d'autres ferments. On juge que la fermentation est arrivée au point voulu, par la sensation de gonflement que donne la pâte quand on la touche ; elle ne doit pas alors conserver l'empreinte de la main.

Il est nécessaire maintenant de découper la pâte en fragments, auxquels on donne la forme que doivent avoir les pains ; c'est le *tournage*. Chaque pâton, après avoir été pesé, est tourné sur une table saupoudrée de farine ou de son, le *fleurage*, puis placé définitivement, soit entre les plis d'une longue toile, soit dans une corbeille

dont le fond est garni d'une toile, soit dans un vase en
tôle, dans lequel on a préalablement répandu du fleurage. Cela fait, les pâtons sont abandonnés au repos dans
un lieu chaud, la fermentation continue et achève de
donner à la pâte la porosité nécessaire, pour que le pain
soit bien digestible.

Nous venons de voir l'ensemble des opérations nécessaires pour la panification de la farine ; nous allons
maintenant dire quelques mots d'un des éléments essentiels de l'industrie du boulanger : de la *levure* et de son
dérivé *le levain*, avant de décrire les principales méthodes de panification en usage.

Levure. — Le ferment alcoolique en usage pour
faire lever la pâte à pain est la *levure de bière*

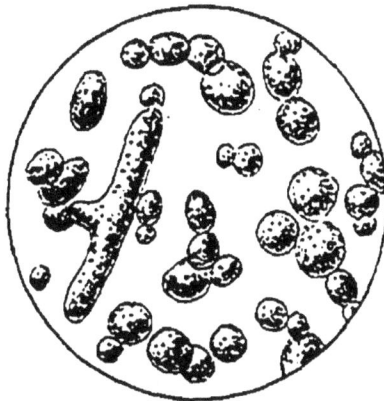

Fig. 21. — *Saccharomyces cerevisiæ.*

(Saccharomyces cerevisiæ) (fig. 21). Celle-ci est formée
de cellules simples, incolores, rondes ou ovoïdes, d'environ $0^{mm},008$ à $0^{mm},01$ de diamètre ; elle possède la
propriété de transformer le sucre en alcool. La formule
chimique suivante rend compte de la manière dont se fait
cette transformation.

$$C^6 H^{12} O^6 = 2 CO^2 + 2 C^2 H^6 O$$

2 parties de sucre 2 parties 2 parties d'alcool
acide carbonique

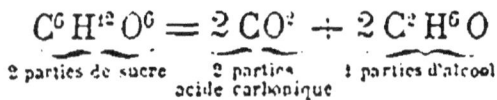

Pour le boulanger, c'est la production d'acide carbonique qui est importante; c'est ce gaz, en effet, qui fait
lever la pâte et la rend spongieuse ; il est aidé par
l'alcool qui s'évapore en grande partie pendant la
cuisson.

La levure trouve une partie du sucre qui lui est nécessaire pour que son action se manifeste, tout formé
dans la farine, elle en contient normalement une petite
quantité ; celle-ci serait bien insuffisante pour produire
l'acide carbonique nécessaire, si une nouvelle provision
de sucre ne venait se former naturellement pendant le
cours de la fermentation. Ce phénomène se produit sous
l'influence de ferments acides qui se trouvent toujours
mélangés à la levure *(ferments acétique, lactique,
butyrique)*; les acides qu'ils produisent agissent sur
la matière amylacée de la farine et la transforment en
dextrine, puis en glucose; ce dernier assure le fonctionnement de la levure de bière.

Autrefois la levure employée par les boulangers provenait des brasseries ; mais depuis qu'on ne brasse plus
guère que des bières de conserve, c'est-à-dire des bières
ayant subi la fermentation basse, qui ne donne que des
levures à action très lente, on a dû chercher à produire
des ferments, spécialement préparés pour la boulangerie.
C'est la levure pressée du commerce. On la conserve en
lui enlevant, par pression ou par exposition sur des
plaques de plâtre cuit, une grande partie de l'eau qu'elle
retient ; ou bien, d'après M. Pasteur, en la mélangeant
avec de la farine ou du plâtre. On peut aussi arriver à

un bon résultat en la gardant dans une glacière, sous la glycérine, ou sous un sirop de sucre concentré.

La levure pressée renferme 50 à 75 pour 100 d'eau. 2 à 3 pour 100 de cendres. Il est facile d'y déceler, au moyen du microscope, la présence de farine ou de plâtre.

D'après Moser, la levure a la composition suivante :

Levure pressée, de basse qualité.

Eau.	76,71 pour 100
Azote	1,69 —
Matières grasses.	0,29 —
Cellulose	1,15 —
Cendres et matières extractives. . .	20,16 —

Levain. — En même temps que la levure décompose le sucre en acide carbonique et en alcool, elle se développe au détriment des matières azotées et des sels, et son accroissement est excessivement rapide. La pâte que l'on aura mise en fermentation avec de la levure de bière, ne tardera pas à contenir un excès de ferment et pourra par conséquent être employée en guise de nouvelle levure, pour faire lever la pâte. Cette pâte, imprégnée de ferment porte le nom de *levain* et sert uniquement dans un grand nombre de boulangeries et dans les campagnes.

Pour avoir du levain, il suffit de conserver une portion de pâte levée, jusqu'à un prochain pétrissage, de délayer celle-ci dans l'eau nécessaire à l'opération et de l'incorporer à la farine; la nouvelle pâte fermentera aussi bien que si l'on avait employé de la levure de bière. On en conservera une portion pour la panification prochaine.

Si la levure de bière renferme toujours une certaine quantité de ferments étrangers, le levain en contient encore en plus grande abondance, et cela se comprend puisqu'ils se sont développés en même temps que le ferment alcoolique. C'est là un des grands désavantages de l'emploi du levain, car il communique au pain une saveur plus ou moins acide, à moins que sa préparation ne remonte pas à plus d'un jour.

La couleur du pain fermenté avec du levain, est plus foncée que celle du pain préparé avec de la levure de bière; cela tient, d'après Mège-Mouriès, à l'action des acides formés, sur le gluten; celui-ci acquiert alors la propriété de se colorer très rapidement à l'air.

L'emploi du levain est nécessaire pour la préparation du pain de seigle, auquel il communique une saveur acide que le consommateur recherche.

III. MÉTHODES DIVERSES DE PANIFICATION

Méthode de panification des boulangers parisiens. — Pour la préparation du pain blanc, la boulangerie parisienne n'emploie que des farines fines et la pâte est mise en fermentation avec du levain, avec addition d'une faible quantité de levure de bière.

La pâte qui doit servir de levain est préparée avec 4 litres d'eau et 8 kilogrammes de farine, le soir vers huit heures, et abandonnée à elle-même jusqu'au lendemain à six heures. On la rafraîchit une première fois avec 8 litres d'eau et 16 kilogrammes de farine et on la laisse fermenter jusqu'à cinq heures. A ce moment, le levain est prêt, on pétrit en deux fois toute la farine nécessaire pour produire le pain qui sera consommé le lendemain. L'opération se fera la première fois avec 100 kilogrammes de farine et 52 litres d'eau, dans celle-ci on délaie 200 à 300 grammes de levure de bière ; après deux heures de repos, on versera de nouveau dans le pétrin 132 kilogrammes de farine et 68 litres d'eau contenant 2 kilogrammes de sel de cuisine et 300 à 600 grammes de levure ; on formera alors la pâte proprement dite, dont le poids s'élèvera alors à 402 kilogrammes, ce qui correspond à 264 kilogrammes de farine.

Cette pâte sert à faire cinq ou six fournées, de la manière suivante :

1re *Fournée*. — La moitié de la pâte sert à préparer des pains qu'on laisse lever dans des pannetons et que l'on cuit. Ils sont légèrement acides et un peu noirs, la croûte est égale et non fendillée.

2e *Fournée*. — La pâte restante est travaillée avec 132 kilogrammes de farine et 68 litres d'eau contenant 2 kilogrammes de sel et 300 à 600 grammes de levure. La moitié de cette pâte est cuite. Le pain ainsi obtenu est plus blanc et de meilleure qualité que celui de la première fournée.

3e *Fournée*. — La deuxième moitié de la pâte est traitée avec la même quantité de farine, d'eau, de sel et de levure, et on n'en cuit encore que la moitié ; l'autre moitié, travaillée de la même façon, donne une quatrième fournée. On en obtient une cinquième et même une sixième d'une façon analogue.

Méthode de Mège-Mouriès. — Le froment, nous l'avons vu, est composé d'une amande farineuse recouverte par trois enveloppes. Entre la dernière couche blanche de l'amande et la première enveloppe blanche de l'épisperme, s'étend une membrane cellulaire contenant de la céréaline. Cette matière est un ferment soluble dans l'eau, qui agit en donnant lieu à des effets multiples. Sous l'influence d'une température de 50°, il transforme l'amidon en dextrine et en glucose ; par son contact prolongé, il favorise le développement des ferments lactiques et butyriques, cause de l'acidité du pain, et sous son action le gluten devient visqueux et presque fluide. L'alcool concentré, les acides ou une température de 60°, rendent la céréaline inactive.

La membrane qui renferme la céréaline, est douée de la propriété de liquéfier le gluten et l'amidon, même après avoir subi l'action d'une température de 100° pendant une heure. C'est à cette cause que M. Mège-Mouriès attribuait la coloration du pain et sa méthode de panification a pour but de l'éliminer. Bien que ce procédé n'ait pas été beaucoup appliqué, nous croyons utile de le donner

Le procédé de Mège-Mouriès permet d'utiliser 84 pour 100 du poids du froment ; on partage le grain par la mouture en trois parties : 1° le son proprement dit (11,56 pour 100) ; 2° le gruau gris contenant la céréaline (15,72 pour 100) ; 3° la farine blanche (72,72 pour 100).

Le soir à sept heures, on prépare un mélange de 40 litres d'eau à 25°, 100 grammes de glucose et 700 grammes de levure humide (70 grammes sèche). Ce mélange est abandonné à lui-même dans un endroit tiède jusqu'au lendemain matin à six heures.

Il s'établit pendant ce temps une fermentation alcoolique, qui continue après que l'on a ajouté les 15^{kg},72 de farine de gruaux noirs. Vers deux heures, on ajoute

30 litres d'eau et on passe au tamis de soie qui arrête
le son qu'on délaye une seconde fois dans 30 litres d'eau
pour repasser au tamis. Cette eau de lavage renferme
$1^{k},8$ de farine et servira à étendre le levain dans l'opération suivante. Les 70 litres d'eau employés ne donnent
que 55 litres d'eau farineuse ; le reste est retenu par le
son. On y ajoute 700 grammes de sel et on pétrit avec
la masse entière de farine blanche. La pâte, abandonnée
à elle-même, lève sous l'influence du ferment et subit
ensuite la cuisson.

. Dans ce procédé, l'influence de la céréaline est
paralysée par l'alcool formé pendant la fermentation
première, et par l'addition de sel. Le rendement en
pain blanc est supérieur à celui des procédés ordinaires
dans le rapport de 17 à 20 pour 100.

Méthode de panification des boulangers de Londres.
— On commence par préparer le levain ; à cet effet, on
pétrit 127 kilogrammes de farine avec 1 à 2 kilogrammes de pommes de terre pelées et rapées, qui ont été
préalablement mélangées avec 1 à 2 kilogrammes de
farine, $1^{k},136$ de levure de bière liquide, et la quantité
d'eau nécessaire pour former une bouillie claire. La pâte
fermente très rapidement et après trois heures, on peut
l'employer comme levain ; plus généralement on attend
quatre heures.

La première pâte est préparée en pétrissant la quantité suffisante de farine pour former une pâte ferme avec
trois litres d'eau dans laquelle on a délayé le levain. Cette
pâte est abandonnée au repos dans un lieu chaud ; il
faut environ une heure pour que la fermentation se
déclare; elle devient alors si vive que la plus grande partie de l'acide carbonique s'échappe et que par suite la

pâte s'affaisse, jusqu'à ce qu'une nouvelle provision de
gaz se soit amassée pour la faire monter de nouveau.
Un second affaissement se produit, après lequel on considère la première pâte comme suffisamment fermentée ;
il n'est pas nécessaire d'attendre ce moment, surtout
dans la saison chaude ; dès que la pâte a levé on peut
la considérer comme prête à servir de levain. Lorsqu'on opère ainsi, le pain est bien plus savoureux, car
les fermentations secondaires n'ont pas eu le temps de
se produire.

L'opération suivante consiste à délayer la première
pâte dans de l'eau additionnée de la quantité nécessaire
de sel ; on forme ainsi une bouillie fluide, qui doit être
très homogène, à laquelle on ajoute peu à peu de la
farine, de façon à former une pâte ferme.

Il ne reste plus qu'à laisser lever la masse pendant
une demi-heure, et à la partager en pains. Ces derniers
sont portés dans un four chauffé vers 300° et y restent
une heure.

Dans la boulangerie anglaise, on emploie de la levure
provenant de brasseries d'ale, ou de la levure pressée
de provenance allemande ou hollandaise. Cette dernière,
qui est mélangée d'une grande quantité de farine, ajoutée, comme nous l'avons vu, pour en assurer la conservation, agit beaucoup moins rapidement que la levure
des brasseries.

Méthode viennoise du maître boulanger S. Th. Frank[1].
— Lorsqu'on veut préparer une bonne pâte avec de la
farine de froment ou avec de la farine de seigle, la

[1] Muspratt, *Dictionnaire de chimie industrielle*, Brunswick,
1889.

matière nécessaire est versée dans le pétrin, et, en hiver, abandonnée à elle-même pendant quelques heures, pour qu'elle prenne la température du fournil. Puis, avec une partie de la farine bien tamisée, on pétrit une pâte fluide, en été avec 10 kilogrammes de farine et 6 litres d'eau, en hiver avec la même quantité de farine et environ 4 litres d'eau. Les farines pauvres en gluten exigent moins d'eau que les farines riches, et la pâte doit être maintenue plus sèche. Les quantités d'eau et de ferment ne peuvent pas être fixées d'une manière absolue ; suivant la nature des matières premières employées, des modifications peuvent paraître nécessaires : ainsi, par exemple, une farine sèche nécessite plus d'eau qu'une farine un peu humide et une farine de bonne qualité exige plus de levure qu'une farine médiocre. On peut cependant admettre les chiffres suivants comme une bonne moyenne : 125 grammes de levure sont nécessaires pour 10 kilogrammes de pâte, ou 750 grammes de levain pour la quantité de pâte nécessaire à la préparation de 20 kilogrammes de pain.

L'eau, comme la farine, doit être légèrement chauffée : la température la plus favorable est comprise entre 20 et 30° ; de cette façon on assure le départ de la fermentation et le ferment se développe normalement. En été, on se sert de l'eau à la température ordinaire.

Pour préparer la première pâte, le boulanger réunit la farine dans un angle du pétrin et en forme un tas, au milieu duquel il fait un trou, la *fontaine*, dans lequel il verse une partie de l'eau qui lui est nécessaire. Il laisse l'eau imbiber la masse aussi longtemps que possible, et facilite cette première opération en faisant tomber la farine des parois de la fontaine, dans l'eau. Le ferment a été préalablement délayé avec soin dans celle-ci.

Dès que le mélange est fait, on commence le pétrissage, que l'on continue jusqu'à ce que la pâte soit bien homogène.

La préparation de cette première pâte a pour but d'incorporer le ferment dans toute la masse, pour ensuite propager la fermentation dans la totalité de la pâte. Pour obtenir ce résultat, on abandonne la première pâte à elle-même pendant quelques heures, dans un lieu chaud, après l'avoir enfermée dans le pétrin. La fermentation doit se continuer jusqu'à ce que la pâte ait parfaitement levé et qu'elle n'augmente plus de volume.

Suivant la plus ou moins grande quantité de pain que le boulanger a à préparer, on ajoute à la première pâte le reste de la farine en une ou deux portions. Cette dernière manière de faire est indispensable pour les grosses fournées ; c'est de cette façon seulement qu'on peut assurer l'égale répartition du ferment dans toute la masse, et par conséquent une fermentation régulière. La pâte est mélangée alternativement avec de petites quantités de farine et d'eau, jusqu'à ce qu'on ait pétri la moitié de la farine. On laisse alors la fermentation se produire fortement, puis on pétrit enfin le reste de la farine, avec l'eau dans laquelle on a fait dissoudre la quantité de sel nécessaire pour donner du goût au pain.

Dès que la fermentation se manifeste, on partage la pâte en pâtons de la grosseur d'un pain. Ceux-ci sont placés sur des planches ou dans des formes en tôle, dans le voisinage du four ou dans un lieu chaud. La fermentation principale se produit, et lorsqu'elle a doublé le volume des pâtons, on l'arrête en les mettant au four. Là, la chaleur produisant l'expansion des gaz et des vapeurs en fait encore augmenter le volume.

La durée de la cuisson est très variable et se règle d'après la grosseur des pains. L'opération est terminée aussitôt qu'une croûte, d'une belle couleur jaune brun clair, s'est formée à la surface des pains. Pour les petits pains, on obtient ce résultat au bout de quinze à vingt minutes, pour les gros en deux ou trois heures.

Panification de la farine de seigle, d'après Prechtl. — Si, par exemple, on veut préparer 20 kilogrammes de pain, on délaye 750 grammes de levain, formé d'une partie de la pâte préparée dans une précédente opération, dans 375 centimètres cubes d'eau tiède, puis avec ce mélange on pétrit 625 grammes de farine, en trois portions. On obtient de cette façon 1^{ks},75 de pâte, que l'on saupoudre de farine et que l'on abandonne au repos jusqu'au lendemain matin, soit environ huit heures, dans un endroit modérément chaud. Cette première pâte est alors complètement transformée en levain : on la pétrit avec 1^{ks},250 de farine et 1 litre d'eau : le produit de cette opération, dont le poids s'élève à 4^{ks},500 est recouvert d'une mince couche de farine, abrité dans un drap, puis laissé au chaud pendant quatre heures. La pâte est ensuite pétrie en trois fois avec 4^{ks},500 de farine et 2^{lit},500 d'eau tiède, ce qui porte le poids de la masse à 11^{ks},250. Sur celle-ci on prélève un pâton de 750 grammes, qui fournira le levain pour la panification suivante.

Après deux heures de repos, on verse dans le pétrin 8^{ks},500 de farine, après avoir réuni la pâte en fermentation dans un coin, et 4^{lit},25 d'eau contenant en dissolution 125 grammes de sel. On forme une pâte bien homogène avec la première pâte et les nouveaux matériaux apportés. Cette opération terminée : lorsque les parois du pétrin ont été bien débarrassées de la pâte adhérente on ajoute encore 1ᵘᵗ,25 d'eau et le reste de la farine et on pétrit le tout en le fractionnant en plusieurs portions que l'on travaille isolément, pour les réunir ensuite. Cette opération que l'on renouvelle plusieurs fois a pour but de rendre la pâte parfaitement homogène.

Dans les différentes manipulations que nous venons d'indiquer, on a employé 15 kilogrammes de farine et 10 litres d'eau, ce qui donnera, nous l'avons dit, 20 kilogrammes de pain.

Pour terminer la panification, il reste : à laisser lever la pâte dans un lieu chaud, cela nécessite une demi-heure en été, une heure et demie en hiver ; à fractionner la masse en pâtons, que l'on façonne généralement en *miches*, et à mettre celles-ci au four, après un repos d'une demi-heure à une heure.

Lorsque, à la place de levain, on se sert de levure, on suit les règles que nous avons indiquées pour la préparation du pain blanc. Le ferment peut être immédiatement pétri avec toute la masse, ou bien servir à la préparation d'une première pâte, qui, en suivant les prescriptions que nous venons de donner, sera peu à peu mélangée au reste de la farine.

CHAPITRE IV

LA CUISSON ET LES FOURS

I. LA CUISSON

La pâte est enfin prête à subir la cuisson. Cette opération, qui se fait dans des appareils spéciaux, les fours de boulanger, a pour but de faire dilater les grains d'amidon, de telle façon qu'ils se déchirent, puis ensuite de les transformer en empois, forme dans laquelle ils sont beaucoup plus assimilables. D'autre part, la coction chasse une grande partie de l'eau et les gaz, ceux-ci en se frayant un chemin dans la pâte, la rendent complètement poreuse ; le travail commencé par la fermentation est ainsi achevé. Enfin la température élevée à laquelle sont soumis les pâtons détruit les ferments, dont l'action est maintenant inutile, sinon nuisible.

La cuisson doit se faire dans un four chauffé bien uniformément et d'une façon modérée. La pâte soumise trop brusquement à une forte chaleur donnerait un pain plat, indigeste ; car l'eau et les gaz s'échapperaient trop vite, au lieu de creuser des cavités dans la masse et d'en augmenter la surface. Dans le cas coutraire, si la cuisson avait lieu trop lentement et à une température basse, le pain ne se déshydraterait pas suffisamment.

La température limite généralement adoptée pour le chauffage des fours est, pour le pain bis de ménage, 250 à 270 degrés ; pour le pain blanc, on ne doit pas dépasser 200 degrés. Le temps nécessaire à la cuisson est de soixante à quatre-vingts minutes pour les pains de 4 kilogrammes ; soixante minutes pour les pains de 3 kilogrammes ; cinquante minutes pour les pains de 1^k,500, et, pour les pains de fantaisie, un temps plus ou moins long, suivant leur poids, en se basant sur les chiffres que nous venons de donner.

II. LES FOURS

Fours simples à chauffage direct. — Le four le plus simple pour la cuisson du pain est celui que nous voyons employé dans les campagnes. Il est généralement construit en brique et présente assez souvent la forme d'un œuf aplati. Cet appareil est constitué par une sole, sur laquelle on place le pain, recouverte par une voûte plus ou moins plate ; en avant, il est muni d'une ouverture garnie d'une porte, qui permet d'introduire d'abord le feu et ensuite les pains (fig. 22).

Le chauffage se fait d'une façon très simple : à l'ouverture du four, on allume un feu de fagots et de bois, et on l'entretient jusqu'à ce qu'on ait produit la chaleur convenable pour la cuisson du pain. Dès qu'on est arrivé à ce résultat, on retire le feu, et on enlève aussi

complètement que possible les charbons et les cendres
qui recouvrent la sole. Ceci fait, on place les pains sur
la sole, on enfourne. Il est assez facile de se rendre
compte du degré de chauffage atteint par le four, en

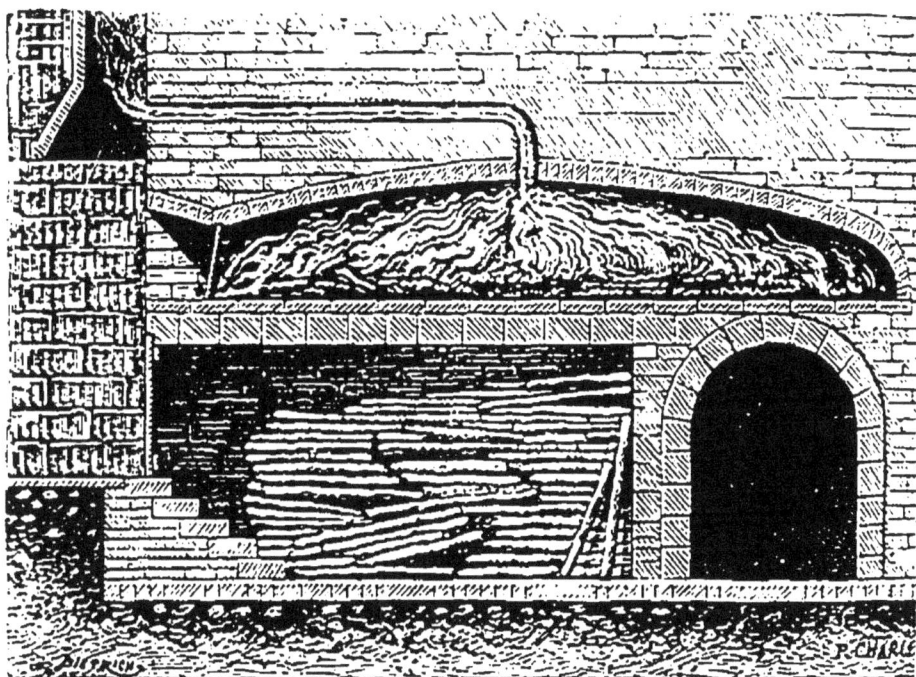

FIG. 22. — Four ordinaire de boulanger à chauffage direct.

plaçant sur la sole un petit échantillon de pâte pendant
quelques instants; si la température est convenable, la
pâte brunira, mais ne brûlera pas.

La cuisson terminée, on procède au défournement et
le four reste inoccupé jusqu'à une prochaine cuisson,
qui, dans les campagnes, se fera après un intervalle de
huit à dix jours, quand la provision de pain sera
épuisée.

Le chauffage d'un four, pour une seule opération, est très dispendieux, car il exige une dépense de combustible qui n'est pas en rapport avec le but à atteindre. En effet, toute la maçonnerie du four doit être chauffée à un degré tel, que par conductibilité et par rayonnement elle donne la chaleur nécessaire à la cuisson du pain; c'est-à-dire au delà du degré voulu; l'opération terminée, l'appareil conservera un excès de chaleur qui ne sera pas utilisé si l'on ne s'en sert pas immédiatement. Aussi fait-on une sensible économie de bois, si, après une première opération, le four étant encore chaud, on le ramène à la température par un feu très faible, et si l'on fait une deuxième cuisson. Cela se pratique dans les boulangeries, où jamais on ne laisse le four se refroidir; mais, dans les campagnes, la chose ne serait possible que si plusieurs ménages se réunissaient pour utiliser le même four, ou mieux encore en établissant des fours banaux, comme il en existe encore dans certains pays.

Le four simple laisse beaucoup à désirer, sous le rapport de l'économie, de la facilité des manipulations et de la régularité des opérations; aussi a-t-on cherché depuis longtemps à le perfectionner; de nombreux systèmes ont été essayés: nous allons examiner les principaux.

Four Rolland (fig. 23). — Le four Rolland se compose d'un foyer à grille sur lequel brûle le combustible et d'un espace circulaire couvert à la partie supérieure d'une plaque en fonte, sur laquelle s'opère la cuisson. Les produits de la combustion et l'air chaud qui a traversé le foyer pénètrent dans quatre conduits en tôle, qui, rayonnant en patte d'oie de la partie supérieure du

foyer, passent directement au-dessus de la sole du four
et débouchent dans quatre conduits verticaux creusés
dans la maçonnerie. Ces conduits se bifurquent et
viennent déboucher dans un espace vide, qui se trouve
ménagé au-dessus de la plaque du four. Les gaz chauds,

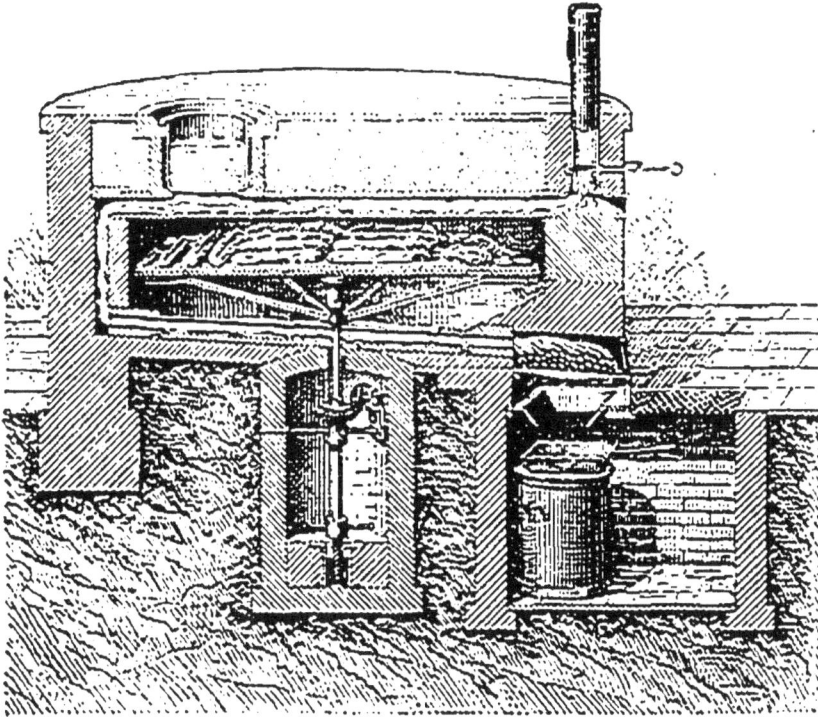

Fig. 23. — Coupe du four de M. Rolland.

après avoir circulé dans cet espace, se rendent à la
cheminée d'appel. Le four peut être ainsi chauffé rapidement et régulièrement à la température voulue,
marquée par un thermomètre. Les pains sont placés
sur un plateau formé de tringles en fer, couvertes de
briquettes en argile cuite, vernies ou non. Ce plateau
peut recevoir un mouvement régulier de rotation, par

l'intermédiaire de l'axe vertical qui le supporte et des engrenages. Cette disposition est très favorable au défournement et à la cuisson régulière des pains, qui passent successivement dans les diverses parties du four, dont la température peut varier. Le four Rolland peut être chauffé au bois, au coke ou à la houille. La cuisson dure environ vingt-cinq minutes. Cet appareil permet de réaliser une économie de 50 pour 100 de combustible sur le four ordinaire.

Four Jamelet et Lamare — Ce système, destiné plus spécialement aux grandes boulangeries, est à chauffage indirect. On envoie, dans l'espace réservé aux pains, un courant d'air chaud, exempt des produits de la combustion. En voici la description [1] :

Le coke est placé sur une grille, ou directement sur le fond de l'espace voûté, lorsqu'on n'en fait pas usage, et, lorsqu'il est en pleine combustion, on ferme complètement la porte d'entrée de l'air. La combustion n'est plus alors alimentée que par l'air qui pénètre par les pores du foyer. La fumée sort du foyer par deux conduits verticaux et se rend dans deux canaux rectangulaires, situés à droite et à gauche, à l'intérieur desquels on a établi des cloisons destinées à régulariser le courant d'air chaud et à lécher uniformément toute la surface de la sole; les produits de la combustion se réunissent dans une cheminée commune, qui les envoie au dehors. La chaleur rayonnée par le foyer, échauffe l'air d'un grand espace vide, ménagé sur les deux parois latérales et derrière le foyer, et divisé en deux conduits voûtés, concentriques. Cet air chaud

---

[1] *Dictionnaire de chimie pure et appliquée*, par A. Wurtz.

s'élève par des conduits spéciaux et pénètre dans un espace vide, aplati, situé au-dessus des canaux rectangulaires. Un grand nombre de languettes gênent et ralentissent la circulation, ce qui augmente l'échauffement. De l'espace vide aplati, l'air chaud entre dans le four, par les conduits, et en ressort par les portes, pour rentrer dans un autre vide, après s'être refroidi et s'être chargé de l'humidité des pains. L'espace qui reçoit ainsi l'air chaud, est directement en communication avec le four par une prise d'air. Des registres, permettent de régler la température et de la maintenir à 300°.

On peut cuire trois cents pains de 1 kilogramme en vingt-sept minutes, avec le four Jamelet et Lamare. Chaque enfournement nécessitant dix minutes, on peut cuire en vingt-quatre heures 6240 kilogrammes de pain, avec une dépense de combustible relativement très faible.

Four de Perkin. — Le four de Perkin est le type des fours chauffés par un courant d'eau surchauffée. Il consiste essentiellement en deux parties : un foyer destiné au chauffage de l'eau, formé par un fort bâti en briques qui entoure un serpentin en fer forgé, au-dessous duquel on fait le feu; et du four proprement dit. Le long des parois de celui-ci et sous la sole circule un serpentin communiquant avec celui du foyer. Tout ce système de tubes est rempli d'eau et constitue un thermosiphon, analogue à celui en usage dans les habitations, pour le chauffage à l'eau chaude.

Le courant d'eau chaude du serpentin du foyer s'élève dans le tuyau qui la met en communication avec le serpentin de la paroi supérieure du four; de là, après avoir perdu une partie de sa chaleur, elle descend dans les tubes situés au-dessous de la sole ; enfin, elle rentre dans le premier serpentin par la partie inférieure, pour s'échauffer de nouveau. On atteint en moyenne dans le four de Perkin une température de 288 degrés, et la pression supportée par les tubes est de 180 atmosphères.

Fours chauffés par la vapeur. — On arrive à ce résultat par deux moyens :

1° Par la vapeur à haute pression ;

2° Par la vapeur surchauffée.

Le premier système, appliqué par Wieghorst et par J. Haag, consiste essentiellement en un jeu de tubes, souvent très nombreux, n'ayant aucune communication entre eux et formant chacun une petite chaudière à vapeur ; ils se terminent d'un côté dans l'intérieur du four : de l'autre dans un foyer spécial. L'eau occupe 1/7 du volume des tubes, les 6/7 restants sont laissés à la vapeur.

Les appareils servant au chauffage des fours par la vapeur surchauffée, sont très semblables à celui de Perkin, quant à la disposition des tubes ; ils en diffèrent en ceci que ce n'est plus de l'eau surchauffée ou de la vapeur à une haute tension qui circule dans les serpentins, mais de la vapeur maintenue à une pression à peine supérieure à la pression normale et portée à une haute température. L'avantage de ce système est que l'on peut employer des tubes beaucoup plus faibles. De plus, les dangers d'explosion sont moins à redouter.

Four Dathis. — Pour terminer ce qui concerne les fours, nous avons à signaler un modèle qui ne date que de quelques années. Il se recommande par sa grande simplicité et sa manœuvre facile : c'est le four Dathis.

Le four système Dathis (fig. 24) se compose de trois parties :

1° La partie inférieure, formant socle et comprenant le foyer et la cheminée ; 2° le four proprement dit ; 3° le couvercle avec son mouvement d'enlevage.

La partie inférieure est portée par quatre pieds en fer pour les fours de 0^m,50 à 1 mètre de diamètre et par quatre colonnes en fonte pour les fours de 2 mètres de diamètre ; elle est formée d'un fond circulaire en plaques réfractaires disposées sur une plaque de tôle ; ce fond porte une bordure cylindrique à double paroi, composée de plaques réfractaires et de plaques en céra - mique assemblées par un fer cornière ; une des plaques réfractaires entourées d'une enveloppe de tôle, ou encore de deux enveloppes métalliques renfermant une couche d'un isolant quelconque : sable, charbon, etc.

Le foyer se trouve en avant du centre de ce fond cir- culaire, et au-dessous de lui ; il se compose d'un autel, d'une voûte réfractaire avec canaux latéraux, et d'une grille ordinaire, horizontale avec cendrier.

Le four proprement dit vient s'appliquer sur cette partie inférieure ; il est formé par un cylindre en tôle convexe à double paroi formant lentille métallique. Cette tôle reçoit directement la chaleur du foyer, dont l'autel vient sensiblement s'appliquer contre la double paroi, de façon à obliger la flamme à former une double couronne de feu embrassant toute la surface de la tôle. Les gaz chauds s'échappent par la cheminée, en suivant un conduit spécial.

Au-dessus de la tôle est disposé un autre diaphragme

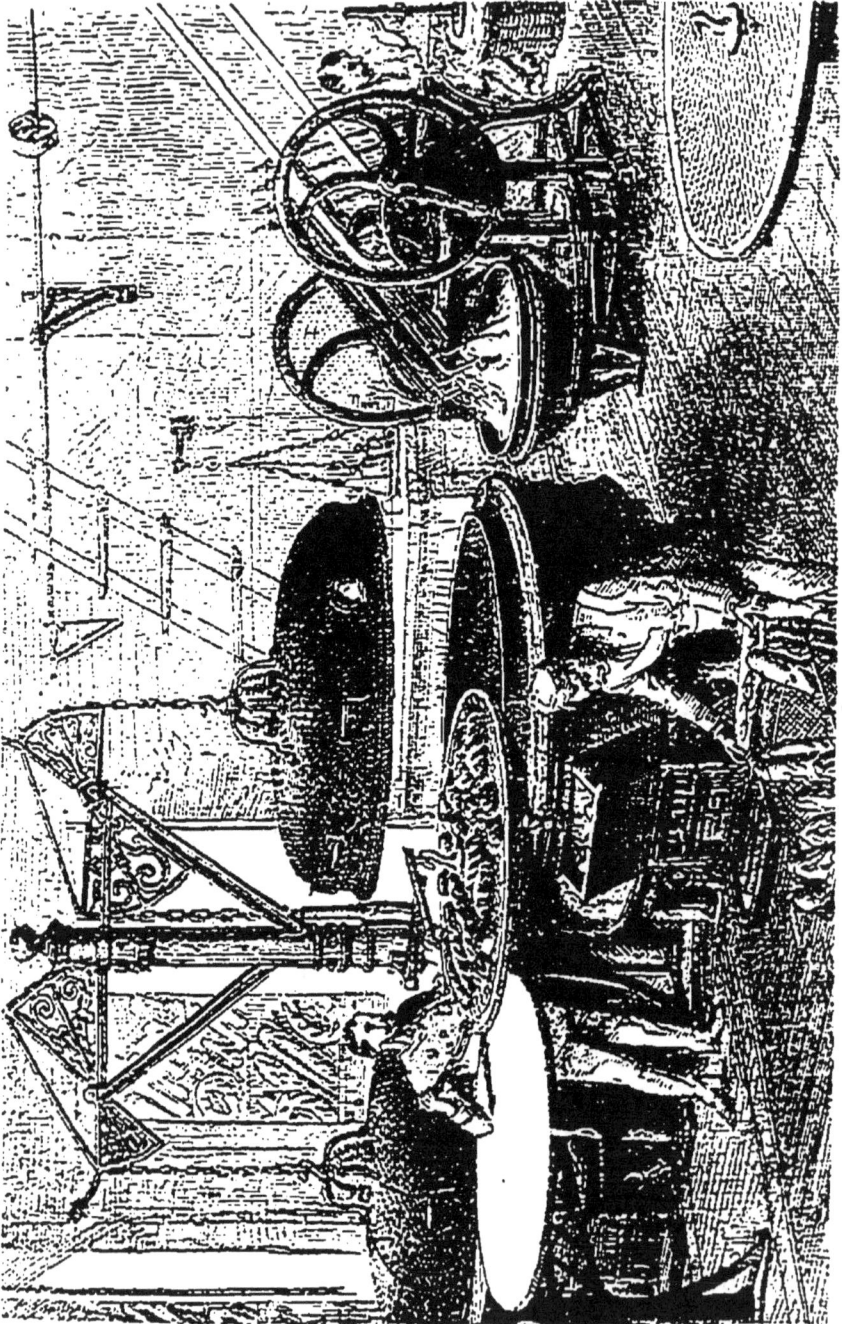

Fig. 24. — Panification nouvelle. Système Dathis.

creux, ouvert en son milieu, et destiné à répartir la chaleur dans toute la masse du four.

Un godet ou un robinet, muni d'un tuyau, permet d'introduire de l'eau dans une cuvette en tôle placée sur trois pieds reposant sur la lentille métallique du fond du four. L'introduction de cette eau, au moment de l'enfournement, produit de la vapeur qui se condense en buée sur la pâte, ce qui a pour effet de dorer le pain et de faciliter sa dilatation.

Au-dessus de ce diaphragme, se trouve le plateau supérieur formé d'une tôle concave et d'une tôle plate, renfermant entre elles une couche d'air, ayant pour but d'égaliser la chaleur sur toute la surface de la paroi, et d'opposer au passage de cette chaleur une résistance plus ou moins forte, selon que l'espace entre les deux parois sera plus ou moins grand ; cette disposition permet d'arriver à établir l'équilibre entre la chaleur directe et la chaleur qui provient de la réverbération. Au-dessous de la paroi plane vient se placer la claie métallique, destinée à recevoir les pains. Cette claie repose sur des galets fixés à la tôle.

L'emploi de cette claie permet de faire l'enfournement et le défournement en une fois, elle permet aussi à la buée d'atteindre le dessous du pain et enfin elle supprime le fleurage. Le pain étant complètement isolé de la sole du four, n'est pas souillé par les impuretés qui s'y trouvent généralement.

Le couvercle en tôle a la forme d'une calotte ellipsoïdale aplatie ; il est garni sur toute la surface extérieure d'une enveloppe isolante ; il a pour effet de réfléchir la chaleur sur la surface extérieure des pains ; ce couvercle se soulève et s'abaisse au moyen d'un balancier à contrepoids équilibré, porté par une colonne. Le couvercle est muni de poignées, de regards en verre, pour surveiller l'intérieur du four, ainsi que d'un thermomètre. Dans certains cas, on peut disposer, sur le couvercle, une lampe électrique, permettant d'éclairer l'intérieur du four et de suivre facilement la cuisson.

Pour les fours de petite dimension, la manœuvre de la claie, portant le pain, se fait à la main. Pour ceux de 2 mètres de diamètre, on emploie une table tournante sur laquelle se place la claie tenue au centre par un crochet; l'ouvrier dispose sur cette dernière tous les pains de la fournée; puis, au moyen d'un appareil d'enlevage à charnières, terminé par un anneau, il accroche la claie et la place dans le four ; après la cuisson, le défournement se fait de la même manière.

IV. LA BOULANGERIE CENTRALE DES HOPITAUX DE PARIS.

Nous citerons comme exemple d'installation perfectionnée, la boulangerie des hôpitaux de Paris, qui réunit les derniers modèles des appareils en usage. Les figures 25 et 26 représentent la coupe du bâtiment affecté à la panification et a été exécutée d'après les plans de l'établissement que M. le Directeur de l'Assistance publique a bien voulu mettre à notre disposition.

La boulangerie centrale des hôpitaux, située place Scipion, à Paris, reçoit les blés tels qu'on les livre sur le marché; elle les transforme dans son moulin en farine, et celle-ci est mise en œuvre par le service de la panification qui est chargé d'alimenter tous les établissements hospitaliers ressortissant à l'administration de l'Assistance publique.

Bien que nous n'ayons pas à insister sur les détails de la mouture, que nous avons déjà donnés ; quelques mots, cependant, sur les procédés suivis à la boulangerie des hôpitaux, nous semblent nécessaires.

Le service de la meunerie a conservé le procédé de la mouture et l'ancien matériel de broyage. Les perfectionnements de l'outillage n'ont porté que sur les appareils de nettoyage et sur le blutage de la farine. Nous trouvons d'abord, dans le moulin un émotteur aspirateur chargé du premier nettoyage des grains ; puis, en suivant l'ordre des opérations, un épierreur et un appareil magnétique. Le premier élimine par un criblage les graviers mélangés au blé ; le second, les parcelles de fer et les clous, qui proviennent de l'usure des machines à battre. Le triage vient ensuite ; dans un premier trieur on sépare du bon grain les graines longues : avoine, etc., dans un second, les graines rondes et les menus grains : graines de crucifères, grains de blés défectueux, etc.

Le nettoyage n'est pas suffisant, une certaine quantité de poussière adhère encore fortement après le grain : pour l'en débarrasser, le secours d'une colonne épointeuse est nécessaire, et pour le rendre plus parfait encore, à la boulangerie des hôpitaux, on fend le grain suivant le sillon, pour le débarrasser de la poussière qui s'y est fixée, et enlever le germe. L'opération se fait au moyen du *fendeur dégermeur*. La farine noire qui s'y est formée est éliminée par un blutage.

Le grain est maintenant prêt pour la mouture ; il ne reste plus qu'à lui rendre une quantité d'eau suffisante pour que le broyage s'effectue bien, lorsqu'il est trop sec, on se sert d'un mouilleur spécial. Au sortir de cet appareil, le blé se rend dans les boisseaux qui alimentent les meules.

De celles-ci, nous n'avons rien de particulier à dire ; elles sont du système ancien et actionnées par un moteur à vapeur.

Au sortir es meules, la boulange est montée par des norias dans les blutoirs. Un certain nombre de ces appareils sont du type ancien; d'autres, bien préférables, opèrent le tamisage de la farine sous l'action de la force centrifuge. Ces blutoirs consistent en un octaèdre dont les côtés sont formés d'une fine gaze de soie; à l'intérieur tourne très rapidement un batteur, sorte de tambour formé de deux disques pleins, assujettis sur l'arbre de transmission, et réunis par des lattes en bois qui projettent la farine contre les parois et la forcent à passer à travers le tissu.

Les sons, au sortir des blutoirs, vont dans les sasseurs qui les classent par grosseur. Les plus gros, qui retiennent encore une quantité notable de farine, sont soumis à une épuration mécanique dans un blutoir de moindres dimensions, à l'intérieur duquel se meut un jeu de brosses.

La farine blutée est envoyée dans les chambres de refroidissement. Celles-ci sont cylindriques et munies à l'intérieur d'un râteau mécanique en bois, qui renouvelle sans cesse la surface de la farine.

Tous les appareils où se font les diverses manipulations de la farine sont munis de puissants aspirateurs qui suppriment presque complètement la *folle farine*.

La farine est prête pour la panification, on la livre à la boulangerie qui d'abord fait un mélange des différentes espèces, de façon à obtenir une farine moyenne

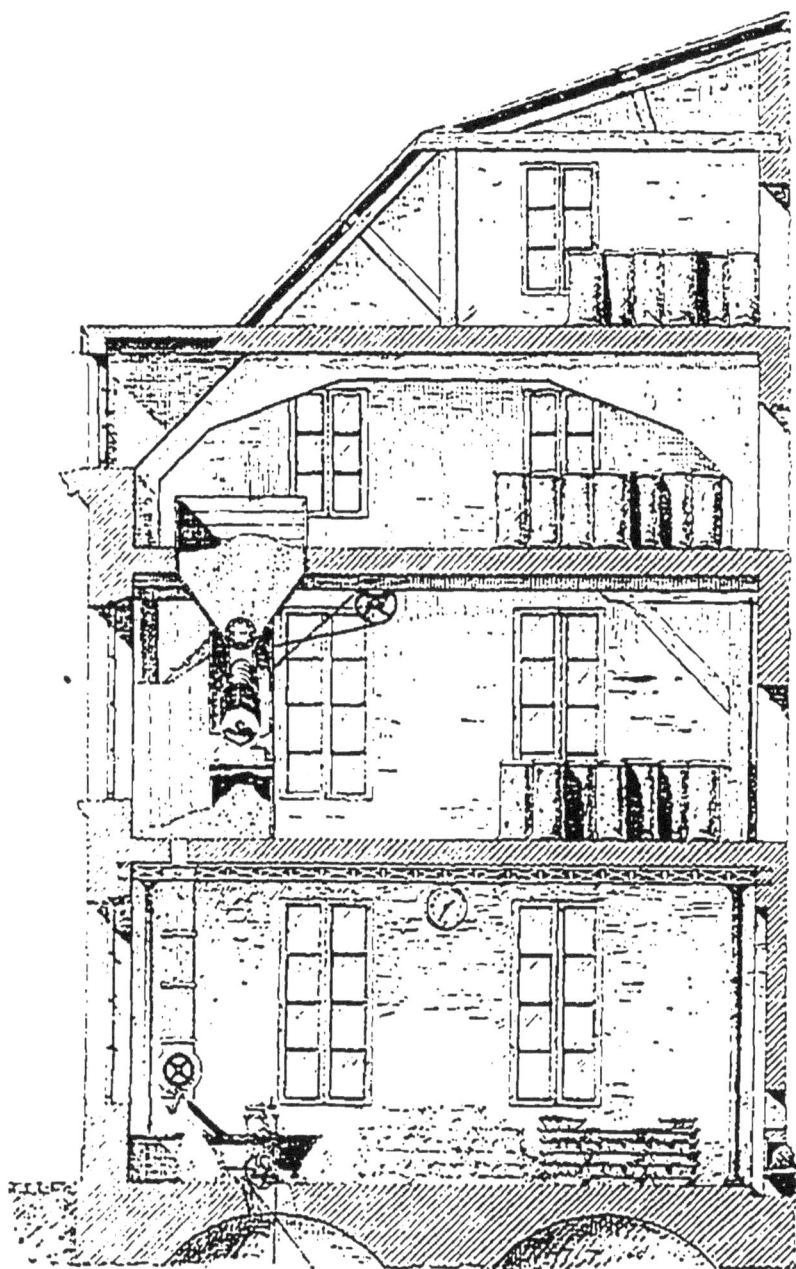

Fig. 25 et 26. — Boulangerie

des Hôpitaux de Paris.

de composition constante; puis on la fait tomber par de grandes trémies dans les distributeurs chargés d'alimenter les pétrins (fig. 25).

Nous arrivons à la boulangerie proprement dite, située au rez-de-chaussée du bâtiment (fig. 25 et 26). Là sont installés, en face des fours, des pétrins mécaniques du système Deliry, dont nous avons déjà donné la description et le fonctionnement.

La cuisson du pain se fait dans des fours à chauffage direct, au charbon de terre, du système Lamoureux modifié (fig. 16). Ils sont de forme elliptique, à double paroi. Le foyer est placé en avant du four, au-dessous de la porte, et communique avec lui par des ouvreaux que l'on ferme au moment de l'enfournement. Les gaz de la combustion se rendent dans la cheminée en passant par l'espace compris entre les deux voûtes. Cette disposition permet d'obtenir un chauffage uniforme et de réaliser une notable économie de combustible.

Le pain, au sortir des fours, est emmagasiné dans de vastes locaux où il se refroidit avant d'être livré à la consommation. Nous avons constaté par nous-même qu'il est d'excellente qualité et que les critiques, faites au sujet de l'emploi du pétrin mécanique et du chauffage des fours au charbon de terre, ne sont pas justifiées.

V. LA BOULANGERIE MILITAIRE EN CAMPAGNE

Le pain distribué aux troupes en campagne est, autant que possible, fabriqué dans les manutentions ordinaires, fonctionnant dans les places de guerre ; à leur défaut dans celles que l'administration fait établir en arrière des armées. Ce système est applicable, lorsque la base des opérations militaires n'est pas éloignée des centres de ravitaillement ; il devient au contraire peu praticable, lorsque cette base s'éloigne beaucoup, que les transports sont difficiles et nécessitent un temps assez long.

Depuis longtemps on a songé à créer un matériel de boulangerie mobile[1] ; dans l'armée française, il a été représenté d'abord par *le four portatif Espinasse*, introduit en 1844 dans notre matériel militaire. Ce four était en tôle et en fer, et pouvait se démonter. Dans les expériences sur le terrain d'exercice, avec des hommes habitués à sa manœuvre, on parvient à l'installer en trois quarts d'heure et à commencer le chauffage ; ce temps est nécessaire, au minimum, pour la préparation du levain. Le four Espinasse a fonctionné en Algérie, au Mexique et pendant la campagne de 1870-71.

L'administration de la guerre l'a remplacé par un four démontable construit par MM. Geneste, Herscher et Somasco (fig. 27).

Ce four se compose de travées juxtaposées, permettant d'établir des fours de grandeur variable, il peut être monté de façon à produire des quantités de pain variant de 25 à 80 kilogrammes par fournée, suivant que l'on emploie deux, trois, quatre ou cinq travées pour sa construction. Le point particulier du système est que le four est toujours prêt à fonctionner et ne nécessite aucun préparatif pour être mis en œuvre ; il n'est pas nécessaire de le couvrir de terre ; il suffit de le poser sur le sol, de l'assujettir par ses chaînes de serrage et il peut en quelques minutes être prêt à recevoir le combustible.

---

[1] Morache, *Traité d'hygiène militaire*, 2ᵉ édition. Paris, 1885.

Le seul travail nécessaire pour la mise en service consiste à établir une fosse dite *trou du brigadier*, en
avant de la bouche d'enfournement.

Le four démontable peut être transporté dans des

FOUR DÉMONTABLE

Vue du Four assemblé

Fig. 27. — Four démontable de campagne, adopté pour l'armée
française (système Geneste, Herscher et Somasco). Appareil
monté sur un sol quelconque et prêt à fonctionner.

voitures spéciales, disposées de façon à transporter un
four, les boulangers, le matériel, et permettant la fabrication du levain pendant la marche, ou sur des voitures
légères portant deux fours et le matériel de fabrication.

On dispose également son chargement pour le voyage à dos de mulet, en vue de certaines expéditions. Enfin, il peut être transporté à dos d'homme, si l'on admet sa

Fig. 28. — Four locomobile de campagne, en usage dans l'armée française, coupe longitudinale (système Geneste, Herscher et Somasco).

Fig. 29. — Four locomobile de campagne (coupe transversale).

division en un nombre de travées suffisantes pour que le poids de chacune d'elles n'excède pas 20 à 25 kilogrammes.

L'administration de la guerre a adopté, en 1882, un autre modèle de fours de campagne, le *four locomobile*, également construit par MM. Geneste, Herscher et Somasco ; d'après la décision rendue à cet effet, chaque corps d'armée doit être muni de 18 appareils de ce genre.

Le *four locomobile* (fig. 28 et 29) se compose de deux fours superposés enveloppés dans un coffre métallique, formant le corps d'une voiture. Ce coffre, suspendu en ressorts, est monté sur deux essieux et quatre roues appartenant au modèle adopté pour l'armée.

Les deux fours ont leur bouche d'enfournement à l'arrière de la voiture ; l'intérieur de chaque four se compose d'une sole en carrelage fait de briques spéciales et d'une voûte métallique en sole. Le dessus de chaque voûle est garni de matières isolantes incombustibles. Les deux fours sont chauffés à la façon ordinaire, au moyen de bois introduit sur la sole même et chauffant directement la voûte. La braise est retirée et le pain prend la place qu'occupait le combustible. Les voûtes et la sole restituent au pain la chaleur qu'elles avaient enmagasinée, et la cuisson s'accomplit. Deux cheminées indépendantes enlèvent la fumée de chaque four.

Le service du four est fait par quatre hommes, un brigadier pour le chauffage, l'enfournement et le défournement, deux pétrisseurs et un servant.

Les résultats obtenus avec le *four locomobile* sont très satisfaisants.

CHAPITRE V

COMPOSITION DU PAIN

On retrouve dans le pain les mêmes éléments que dans la farine, mais plus ou moins transformés. Une partie de l'amidon est devenue soluble dans l'eau, une autre s'est saccharifiée et a donné lieu à la formation de dextrine, de sucre et d'autres produits moins importants.

Les matières azotées ne sont pas non plus restées intactes ; on isole encore facilement la fibrine végétale et la caséine, l'albumine est coagulée par la cuisson et par conséquent, est devenue insoluble. Quant au gluten, il est si intimement uni à l'amidon gonflé, qu'il n'est plus possible de l'en séparer.

La composition du pain est assez fixe, quelle que soit la manière dont la pâte a été préparée, comme le montrent les analyses suivantes :

ANALYSE DU DOCTEUR J. KÖNIG

Eau.	35,59 pour 100.	
Matières azotées.	7,06	—
Matières grasses.	0,46	—

7.

Sucre.	4,02 pour 100
Amidon.	51,46 —
Cellulose.	0,32 —
Cendres..	1,09 —

ANALYSE DE WANKLYN ET COOPER

Eau.	34,00 pour 100.
Cendres..	2,00 —
Gluten.	9.50 —
Amidon..	54,50 —

Stahmann a trouvé que le pain de froment renfermait 65,25 pour 100 de matière sèche et 34,75 d'eau, le pain de seigle 61,68 pour 100 de matière sèche et et 38,82 d'eau. La teneur en eau varie d'ailleurs dans des limites assez considérables, elle dépend de la quantité employée pour le pétrissage, mais aussi beaucoup de la qualité de la farine. En effet une farine riche en gluten exige une fois plus d'eau qu'une farine pauvre, et l'hydratation de la matière azotée est si complète, qu'il n'est pas possible de la déceler. Tout autre est l'effet produit dans une farine médiocre, par la même quantité d'eau : quelque soin qu'on apporte à la panification, on n'obtiendra qu'un pain humide et lourd.

Croûte et Mie. — La croûte se distingue de la mie, par sa moins grande teneur en eau ; elle renferme par contre plus de dextrine et d'amidon soluble que la mie. D'après Barral, on trouve dans la croûte une grande quantité d'une matière azotée soluble dans l'eau, provenant sans doute de la transformation de l'albumine sous l'influence de la haute température du four.

Le rapport de la mie à la croûte est variable suivant l'espèce du pain ; Rivot a trouvé les chiffres suivants :

Pains de 2 kg. dits de maçons. . . . . 0,43 à 0,33
— dits de fantaisie. . . . . . . 0,70 à 0,60
— dits de marchands de vins. . . . 0,45
Pains rondins. . . . . 0,60 à 0,50
— de 1/2 kg. 0,45
Miches de 2 kg. 0,50

Un bon pain doit présenter les conditions que nous venons d'indiquer ; mais encore avoir une bonne structure, c'est-à-dire qu'il doit être ni mou, ni sec, ni floconneux. Lorsqu'il sort du four, son usage n'est pas sans inconvénient, car il a une consistance gommeuse qui rend sa mastication, et, par suite, sa digestion difficiles ; il est bon de le laisser complètement refroidir et se rassir partiellement.

Le pain de froment est la variété de pain préférée, comme étant le meilleur au goût et le plus nourrissant.

Pain de fantaisie. — Outre le pain ordinaire de diverses qualités, on fabrique plusieurs sortes de pains, dits de fantaisie ou de luxe, dont les principales sont :

Les *petits pains à café*, faits avec de belles farines ; la pâte bien travaillée est additionnée d'une plus grande quantité de levure, dans le but de rendre la mie légère et spongieuse.

Les *pains provençaux*, fabriqués avec des farines de gruaux blancs ; ils renferment plus de gluten, mais moins de matières minérales. La mie est très blanche à très petites cavités, de formes irrégulières.

Les *pains viennois*, préparés avec des farines très blanches, pétries avec un mélange de 5 parties d'eau pour 4 parties d'eau.

Les *pains anglais* ou *pains de mie*, que l'on façonne généralement en cubes, sont préparés avec une

pâte additionnée de pommes de terre cuites écrasées et
de beurre.

Pain de munition. — Le pain de munition est fabriqué avec des farines contenant l'intégralité des fleurs et
celle des gruaux repassés sous la meule ; elles sont
blutées à 18 ou 20 pour 100 lorsqu'on emploie les blés
tendres indigènes, à 12 pour 100 pour les blés tendres.
Dans les manutentions de France, ces deux espèces de
farine sont mélangées, soit par moitié, soit à raison de
deux tiers de farine de blé tendre, et un tiers de farine
de blé dur.

Sa composition chimique est la suivante :

	blé tendre	blé dur
Eau (dessiccation à 110°). . . .	36,0	40,0
Albuminoïdes.	8,0	10,9
Amidon, dextrine, glucose. . .	53,8	45,7
Matières grasses.	0,6	0,8
Matières minérales.	1,0	1,5
Cellulose.	0,6	1,1
	100,0	100,0
Proportions de matières azotées pour 100 gr. de pain desséché à 110°. . .	12,5	18,2

[1] *Formulaire des hôpitaux militaires*, 1884.

CHAPITRE VI

LA BISCUITERIE ET LA PATISSERIE

I. LE BISCUIT

On donne le nom de *biscuit* à une sorte de pain pouvant se conserver presque indéfiniment, et destiné à l'approvisionnement des navires et des troupes en campagne.

Préparation. — Pour la préparation du biscuit, on emploie de la farine complètement débarrassée du son. Dans le procédé autrefois usité, on préparait la pâte comme celle du pain, par un délayage de la farine avec de l'eau contenant du levain en suspension, mais sans addition de sel. Après le frasage, la masse était foulée au pied sur une table, puis divisée en pâtons, qui, à leur tour, subissaient la même opération. Ces pâtons étaient ensuite découpés et roulés en boules, et enfin aplatis au rouleau pour former des galettes que l'on perçait de trous avec un outil spécial portant cinq ou six dents, de manière à faciliter l'échappement de la vapeur pendant la cuisson. Les galettes étaient portées au four après trente minutes de repos. La cuisson durait deux heures ; cette opération terminée, on achevait la dessiccation du biscuit sur des étagères placées au-dessus des fours.

Plus tard on supprima le levain qui présente l'inconvénient d'introduire dans la pâte des causes d'altération.

On fabrique actuellement le biscuit mécaniquement ; l'un des procédés les plus usités est le suivant :

On procède au délayage et au pétrissage comme à l'ordinaire, le plus habituellement avec un pétrin système Deliry, seulement la pâte doit être obtenue plus ferme que celle du pain. Lorsque la masse est bien homogène, on fait passer la pâte, sans la replier, dans un laminoir, inventé par M. Deliry, et composé de cinq cylindres en fonte : le premier cylindre sert à amener la pâte entre les deux suivants, qui lui donnent l'épaisseur voulue. L'un des deux derniers cylindres porte des lames et des pointes qui découpent la pâte et la percent ; l'autre est lisse.

Au sortir du laminoir, les biscuits tombent sur une toile sans fin, d'où ils sont enlevés pour être placés sur des châssis grillés qui servent à les mettre au four. Les fours en usage sont les mêmes que pour le pain ; il est bon cependant d'en surbaisser un peu la voûte.

Cuisson. — La cuisson dure environ vingt-cinq minutes ; la dessiccation est achevée dans des étuves.

100 kilogrammes de farine donnent, en moyenne, 90 à 92 kilogrammes de biscuit.

Valeur alimentaire. — Le biscuit est un aliment d'une digestion très difficile, qu'il doit surtout à son manque de porosité. Il cause fréquemment des indigestions et des diarrhées. On cherche depuis longtemps à le remplacer par une préparation meilleure, ayant toutes les qualités du pain ; jusqu'à présent on n'est pas arrivé à un résultat satisfaisant.

Biscuits de viande. — On prépare, en Allemagne et dans quelques autres pays, des biscuits de viande, obtenus avec une pâte faite avec de la *farine de viande* (viande séchée et moulue) et de la farine de froment. Ce genre de préparation n'a jamais eu grand succès en France.

II. LA PATISSERIE

Sous le nom de *pâtisserie* on comprend un nombre très considérable de préparations qui, pour la plupart, sont des objets de luxe et non des aliments proprement dits. Toutes ont pour base une pâte faite avec une farine de céréale, le plus souvent de la pâte à pain.

Préparation. — Cette pâte est diversement travaillée suivant le résultat que l'on veut obtenir ; additionnée généralement de beurre dans la pâtisserie fine, ou de graisse, dans la pâtisserie commune, et d'œufs ; sucrée ou salée et aromatisée souvent.

Cette pâte est cuite et mangée seule, comme c'est le cas pour la brioche, les gâteaux secs, les biscuits et le pain d'épices ; ou bien elle sert d'enveloppe à des compotes de fruits, à des crèmes, etc.

Nous n'entreprendrons pas ici de donner les recettes des innombrables gâteaux que les pâtissiers offrent à notre gourmandise, ce serait d'un faible intérêt ; nous renvoyons le lecteur aux ouvrages spéciaux, ils sont nombreux et satisferont amplement sa curiosité.

Valeur alimentaire. — Celle-ci varie nécessairement avec les éléments qui forment le mélange. Les pâtisseries sont généralement plus nutritives que le pain, car un grand nombre de celles-ci est fait avec des œufs qui y introduisent une quantité assez considérable de matières azotées ; la graisse, le sucre, le lait, etc., l'enrichissent encore. Mais cette concentration des éléments nutritifs rend souvent ce genre d'aliments lourd et d'une digestion difficile, aussi est-il toujours prudent de n'en pas abuser [1].

Emploi de la vaseline. — Il y a quelques années, on a pensé à employer pour la pâtisserie, comme succédané du beurre, la *vaseline*, matière obtenue dans l'épuration des pétroles et très employée pour la préparation des pommades à cause de son inaltérabilité. Les petits-fours ainsi préparés n'avaient aucune saveur désagréable, mais, de l'avis des hygiénistes, l'emploi de la vaseline a été interdit dans la pâtisserie, cette substance n'étant pas digestible.

Altérations. — Les altérations que subit la pâtisserie sont les mêmes que celles du pain ; elle rancit et s'aigrit facilement. Comme dans le pain, on peut y rencontrer des matières minérales étrangères, des métaux toxiques, etc., qui s'y trouvent pour les mêmes causes, accidentellement ou par fraude. Nous en parlerons bientôt en détail [2].

Levains artificiels. — Bien souvent dans la pâtisserie on substitue à la levure de bière, employée pour

---

[1] Voy. Fonssagrives, *Hygiène alimentaire*, 3e édit., Paris, 1881.

[2] Voy. chap. VIII, *Altérations et falsifications des farines et du pain*.

faire lever la pâte, certaines substances chimiques capables de se décomposer dans les conditions spéciales où se trouve la pâte, dans le cours de ses manipulations, et donnant naissance à un abondant dégagement de gaz pouvant remplacer celui produit par la fermentation panaire.

Parmi ces levains artificiels nous citerons :

Le mélange de bicarbonate de soude et de crème de tartre, qui, sous l'influence de l'humidité de la pâte, donne lieu à un abondant dégagement d'acide carbonique.

Le bicarbonate d'ammoniaque qui se décompose à la chaleur du four, et fournit une quantité suffisante de gaz ammoniac pour faire lever la pâte.

Ces produits sont inoffensifs ou sans action sensible sur l'économie, lorsqu'on les emploie à très faibles doses.

CHAPITRE VII

ALTÉRATIONS ET FALSIFICATIONS
DES FARINES ET DU PAIN

I. ALTÉRATIONS DES FARINES

Les farines sont sujettes à un assez grand nombre d'altérations. Les unes proviennent d'un criblage insuffisant des céréales, qui laisse passer une quantité plus ou moins grande de graines étrangères. Les autres sont dues à des végétations cryptogamiques, qui se produisent sur les graines ou dans la farine conservées dans de mauvaises conditions.

Présence de graines étrangères. — La première catégorie d'altérations nous intéresse tout particulièrement, au point de vue de l'hygiène ; en effet, dans les champs croissent souvent, en même temps que les céréales, un certain nombre de plantes vénéneuses, qui mûrissent à la même époque qu'elles, et qui, par conséquent, peuvent être une cause d'intoxication, lorsque leurs graines sont mélangées à la farine.

Parmi ces plantes nous citerons :

L'ivraie *(Lolium temulentum* L.), dont l'ingestion

dans l'estomac détermine des vomissements et des vertiges ;

La nielle *(Agrostemma githago)*, dont la graine communique à la farine une saveur âcre ;

La mélampyre *(Melampyrum arvense)*.

Végétations cryptogamiques. — Parmi les cryptogames qui attaquent les céréales, le plus dangereux est l'ergot du seigle *(Claviceps purpurea)*, dont les propriétés vénéneuses sont bien connues. Il convient de le rechercher avec soin, lorsqu'on croit pouvoir en soupçonner la présence dans une farine. Le microscope permet assez facilement de le déceler.

Fig. 30. — Spores de l'*Ustilago carbo*.   Fig. 31. — Spores du *Tilletia caries*.   Fig. 32. — *Puccinia graminis*.

On trouve très souvent, dans les farines, les spores de certains champignons, qui causent de grands dommages aux cultures ; tels sont :

Le charbon *(Ustilago carbo)* (fig. 30), la carie *(Tilletia caries)* (fig. 31), la rouille *(Puccinia graminis)* (fig. 32).

Humidité de la farine. — Indépendamment de ces

causes d'altération, la farine peut devenir impropre à la consommation, lorsqu'elle est trop humide. Dans ce cas, elle fermente, s'échauffe et ne tarde pas à s'aigrir et à moisir; l'examen microscopique permet alors d'y déceler des bactéries et diverses sortes de mucorinées.

Matières minérales. — Enfin, la farine peut renfermer accidentellement du sable ou de la terre; ces impuretés proviennent des meules ou d'un nettoyage insuffisant des graines.

II. ALTÉRATIONS DU PAIN

Les altérations du pain ont généralement pour causes la mauvaise qualité de la farine employée pour sa préparation, la cuisson incomplète, ou l'addition d'un excès d'eau à la pâte.

Fig. 33. — *Penicillium glaucum*

Les farines avariées, en effet, donnent un pain mal levé et d'un goût peu agréable, qui est rapidement envahi par des végétations cryptogamiques, souvent dangereuses. Parmi les plus communes nous citerons:

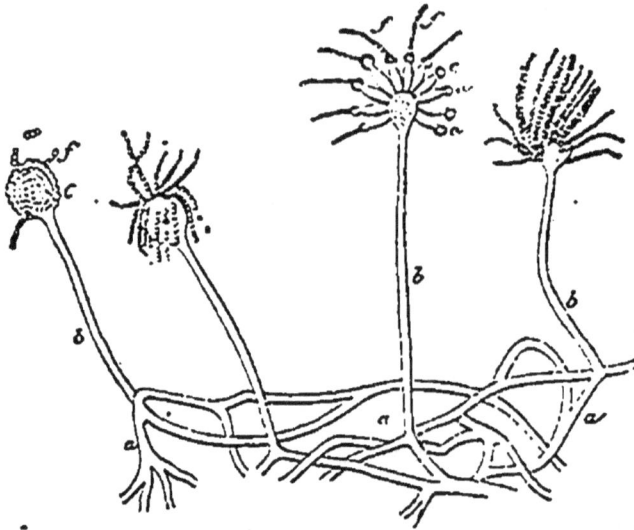

FIG. 34. — *Aspergillus glaucus.*

a, mycélium; *b*, tiges; *c*, support des spores; *f*, spores en chapelet.

FIG. 35. — *Rhizopus nigricans.*

a, mycélium; *b*, tiges; *c*. columelle; *i*, sporanges; *f*, zygospores.

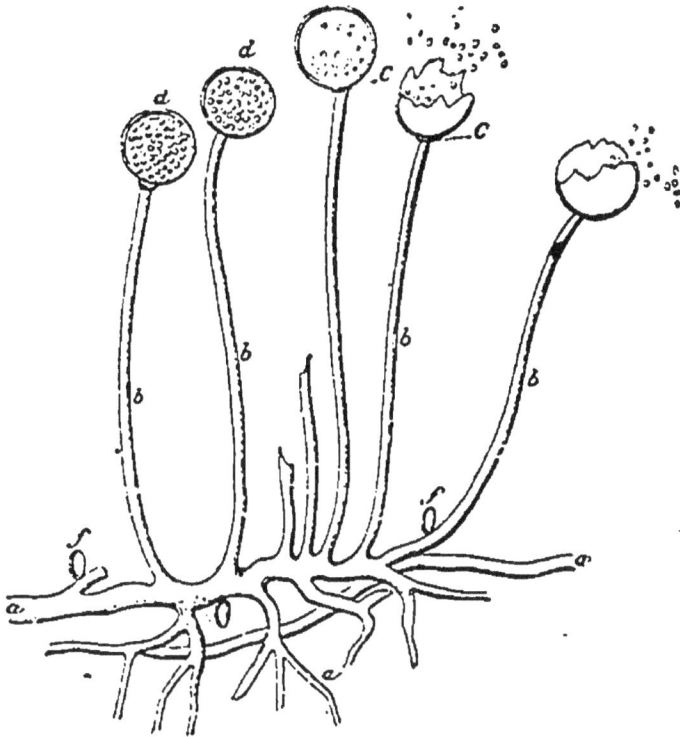

Fɪɢ. 36. — *Mucor mucedo*.

a, mycélium; *b*, tiges; *c*, columelle; *d*, sporanges.

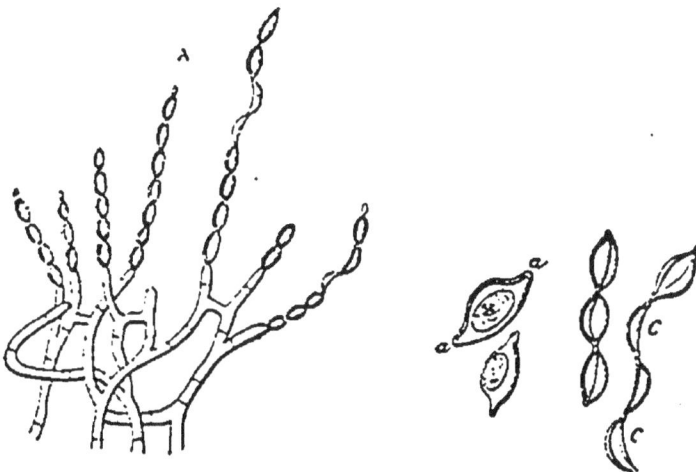

Fɪɢ. 37. — *Oidium aureum*, avec spores grossies.

le *Penicillium glaucum* (fig. 33), l'*Aspergillus glaucus* (fig. 34), le *Rhizopus nigricans* (fig. 35), le *Mucor mucedo* (fig. 36), l'*Oïdium aureum* (fig. 37).

III. FALSIFICATIONS DES FARINES

Les farines sont falsifiées d'une façon générale par addition d'autres farines d'un prix moins élevé, de matières minérales ou d'une certaine quantité d'eau, si la vente doit en être faite au poids [1].

L'examen microscopique et l'analyse chimique, dont nous parlerons dans un instant, permettent de déceler facilement ces fraudes.

IV. FALSIFICATIONS DU PAIN

Elles sont de trois sortes :

Addition d'eau à la pâte. — La plus importante est l'addition d'un excès d'eau à la pâte, ce qui rend le pain lourd et d'une digestion difficile, et peut amener, nous venons de le voir, le développement de végétations cryptogamiques nocives.

Addition de farines étrangères. — L'addition de farines étrangères, à celle qui doit être normalement et loyalement employée pour la préparation du pain, est assez commune dans certains pays. C'est ainsi que l'on retrouve dans le pain qui doit être fait avec de la farine de froment pure, de la farine de légumineuses ou de la fécule de pommes de terre [2].

[1] Voyez Cauvet, *Procédés pratiques pour l'essai des farines*, Paris, 1886.

[2] Voyez Valère Bonnet, *Précis d'analyse microscopique des denrées alimentaires*, Paris, 1890. — Macé, *Les Substances alimentaires étudiées au microscope*, Paris, 1891.

Emploi de matières minérales. — Elles sont destinées à rendre le pain plus blanc ou plus pesant.

Parmi les premières, nous citerons :

L'*alun*, dont l'addition à la pâte a pour effet de rendre le pain très blanc. Mais comme ce sel durcit le gluten, le boulanger doit atténuer cet inconvénient par l'adjonction à la farine de froment, d'une certaine quantité de farine de légumineuses, de riz, de fécule de pommes de terre. Il y a donc le plus souvent, dans ce cas, une double falsification.

Le *sulfate de cuivre* permet également d'obtenir, avec des farines médiocres, un pain de belle apparence il facilite la panification et comme il retient une assez grande quantité d'eau, il a pour le fraudeur le triple avantage, de lui faciliter l'écoulement des marchandises inférieures, d'économiser la main-d'œuvre et d'obtenir un produit plus pesant. Le préjudice causé au consommateur est déjà très grand ; mais, à cette perte causée à sa bourse, vient s'ajouter une autre considération : le sulfate de cuivre n'est pas sans action sur l'organisme, il cause souvent de graves accidents, bien que sa nocivité soit contestée. La chose est difficile à résoudre, on se trouve certainement ici en présence d'une question d'individualité.

Parmi les substances employées frauduleusement pour donner du poids au pain, nous trouvons : le *borax*, employé en raison de sa faculté de retenir de l'eau ; le *plâtre*, la *craie* et la *terre de pipe*.

En dehors de ces *falsifications commerciales*, de nombreux faits ont montré que ce ne sont pas les seules adultérations que le pain peut subir.

Emploi d'eaux de mauvaise qualité. — L'une des plus

fréquentes est l'emploi d'eaux de mauvaise qualité, généralement souillées par des matières organiques en décomposition. Cette pratique dangereuse vient d'un préjugé ou, ce qui serait l'expression la plus juste, de la *routine*; un certain nombre de boulangers sont persuadés que l'usage de tels liquides pour pétrir leur farine, permet d'obtenir une pâte levant toujours bien, et que, de cette façon, ils ne peuvent pas manquer leurs fournées ; ce qui n'aurait pas lieu, disent-ils toujours, s'ils se servaient d'eau potable. C'est là une pratique fort dangereuse, car bien des éléments nocifs peuvent être ingérés de cette façon ; nous ne pouvons jamais, en effet, garantir que la cuisson les a complètement détruits.

Chauffage du four avec des bois peints. — Enfin, de nombreux cas d'intoxication produits par le pain, il y a une quinzaine d'années, ont fait découvrir que certains boulangers, dans un but d'économie, chauffaient leurs fours avec des bois de démolitions, recouverts souvent de couleurs à base de plomb ou de zinc. La grande chaleur des fours volatilisant ces métaux, donnaient lieu à la formation d'oxydes qui se déposaient sur la voûte, pour de là, lorsque la croûte se détachait, tomber sur le pain au moment de l'enfournement, et s'y fixer. Les pains cuits, dans ces conditions, devenaient vénéneux. L'autorité a dû intervenir et prohiber complètement l'emploi de pareils matériaux [1].

[1] Ducamp, *Épidémie d'intoxication saturnine ayant pour cause l'usage par les boulangers de vieux bois de démolitions* (*Ann. d'Hyg.*, 1877, 2e série, tome XLVIII, p. 307).

CHAPITRE VIII

ANALYSE DES FARINES ET DU PAIN

I. ANALYSE DES FARINES

Pour connaître la valeur exacte d'une farine, il est nécessaire de procéder aux essais suivants :

1° Détermination de l'humidité ;

2° Dosage des cendres ;

3° Dosage du gluten ; détermination de son pouvoir de dilatation ;

4° Examen microscopique.

Dans certains cas, il est utile de doser aussi l'extrait aqueux, l'azote total et l'amidon et d'examiner les substances minérales qui se trouvent dans les cendres.

Dosage de l'humidité. — Pour déterminer la quantité d'eau que renferme toujours la farine, on en prend 5 grammes, que l'on place dans une capsule à fond plat, en porcelaine ou mieux en platine ; on les dessèche dans une étuve à 100 degrés, jusqu'à ce que le poids ne varie plus.

Une bonne farine ne doit pas renfermer plus de 13 à 15 pour 100 d'humidité.

Dosage des cendres. — On incinère à basse température les 5 grammes de farine qui ont servi à la détermination du degré d'humidité, et on pèse les matières minérales qui restent dans la capsule.

Les farines qui proviennent de la mouture par les meules en pierre contiennent toujours une petite quantité de silice, de chaux et d'alumine provenant de l'usure des meules.

Dosage du gluten. — On pèse 30 à 35 grammes de farine que l'on triture dans un mortier avec 15 à 17 centimètres cubes d'eau, de façon à former une pâte bien homogène. Celle-ci est placée dans un nouet de linge fin et malaxée sous un filet d'eau jusqu'à ce que le liquide s'écoule parfaitement clair. L'eau qui entraîne l'amidon est recueillie dans une terrine, et, après le dépôt de cette substance, on pourra l'utiliser pour l'examen microscopique. Le gluten est ensuite retiré du nouet et malaxé de nouveau dans une grande quantité d'eau, en le plaçant dans le creux de la main. Le but de cette opération est d'enlever les dernières traces d'amidon et de son.

On continue à pétrir le gluten dans la main, jusqu'à ce qu'il commence à adhérer aux doigts ; il ne contient plus alors que l'eau qui lui est combinée. On le pèse, et, du poids trouvé, on déduit le taux pour cent de gluten que contient la farine.

Si l'on veut avoir le rendement de la farine en gluten sec, on dessèche le gluten humide à une température de 110 à 120 degrés, jusqu'à ce que le poids reste constant et on le pèse.

Quelques précautions sont nécessaires pour obtenir le poids réel du gluten que contient une farine. Lorsque toute la farine est réduite en pâte, il faut, avant de la malaxer, laisser le nouet en contact avec l'eau pendant au moins une heure, sans quoi, le gluten n'absorbe pas toute la quantité d'eau qu'il peut prendre, et on trouve un poids trop faible.

Le gluten d'une farine de bonne qualité est blond jaunâtre, homogène, plastique, sa consistance et son léasticité augmentent très vite après sa dessiccation.

Pouvoir de dilatation du gluten. — Cette opération, qui peut donner de très bonnes indications sur la qua-

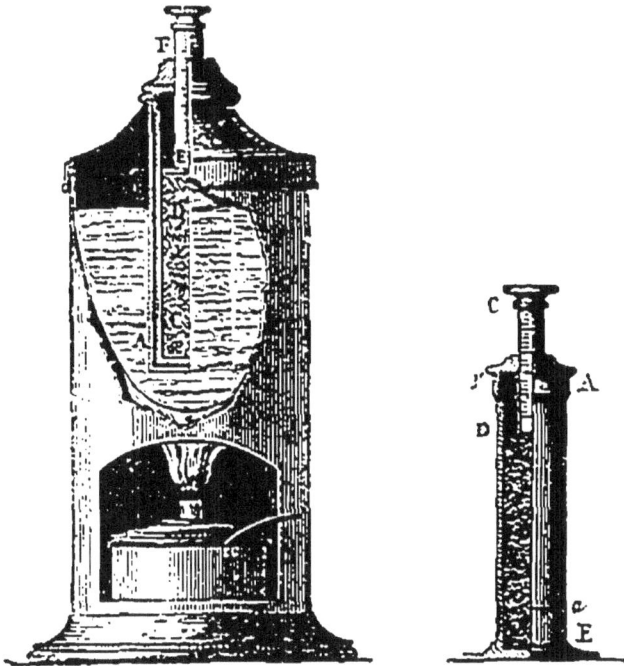

Fig. 38. — Aleuromètre de Boland.

lité d'une farine, se fait au moyen de l'aleuromètre de Boland.

Cet instrument (fig. 38) se compose d'un cylindre de cuivre long de 15 centimètres, et large de 2 à 3 centi-

mètres, dont le fond peut être enlevé, et qui est muni
d'un couvercle percé, à travers lequel passe la tige d'un
piston formé par une petite rondelle de cuivre exactement du diamètre du cylindre. La tige a 5 centimètres
de hauteur; elle est divisée en vingt-cinq parties égales,
graduées de 25 à 50 degrés.

Entre la plaque du piston et le fond du cylindre se
trouve un espace vide de la même hauteur que l'échelle
et destiné à recevoir le gluten. On introduit cet appareil dans un tube plongeant dans un bain d'huile que
l'on chauffe au moyen d'une lampe à alcool.

Pour faire l'essai, on prend 7 grammes du gluten
humide obtenu dans l'opération précédente, que l'on
place à la partie inférieure du cylindre de l'appareil
que l'on a préalablement graissé avec de l'huile. On
chauffe le bain d'huile à 150 degrés, puis on met en
place le cylindre de cuivre. On chauffe dix minutes, et,
au bout de dix autres minutes, on lit sur la tige de combien de divisions celle-ci s'est élevée au-dessus du
couvercle de l'appareil. A la température à laquelle le
gluten est soumis dans l'appareil, il se gonfle en augmen-
tant de volume; il s'élève dans le cylindre et atteint
bientôt la tige graduée qu'il soulève plus ou moins. La
hauteur à laquelle s'est élevée la tige indique le développement que prend le gluten par la cuisson et donne
la mesure de sa qualité.

Examen microscopique. — L'examen microscopique se fait sur la farine, directement ou sur l'amidon
qui provient de la préparation du gluten.

Dosage de l'azote. — Le dosage de l'azote, qui permet d'apprécier la quantité de gluten que renferme une
farine, lorsque celle-ci n'est pas mélangée de farine de

légumineuses, se fait par la méthode de Will et Warentrapp, modifiée par Péligot, ou par la méthode de
Kjeldahl, sur 0^{gr},5 de farine.

Dosage de l'amidon. — L'amidon peut se doser en
recueillant sur un filtre le résidu de la préparation du
gluten, que l'on sèche et que l'on pèse ensuite. Ce
procédé n'est qu'approximatif, car l'amidon est toujours
mélangé d'une petite quantité de gluten qui passe à
travers le linge.

On peut opérer plus exactement par l'un des deux
procédés suivants :

On prend 2 grammes de matière, que l'on introduit
dans un flacon en verre épais de 150 centimètres cubes
de capacité, avec 80 centimètres cubes d'eau contenant
2 grammes pour 100 d'acide sulfurique. On chauffe
quelques instants le flacon au bain-marie pour en
chasser l'air, on le bouche, on ficelle le bouchon et on
chauffe le mélange au bain de sel à 108 à 110 degrés, pendant deux heures, de façon à transformer l'amidon en
sucre. Cette opération terminée, on verse le contenu du
flacon dans un ballon jaugé de 200 centimètres cubes; on
l'amène à ce volume par addition d'eau distillée; lorsqu'il
est froid et on dose le glucose par la liqueur de Fehling;
par le calcul, on transforme la quantité de glucose
trouvée, en amidon, en se basant sur ce fait que
1 gramme de glucose équivaut à 0^{gr},43 d'amidon.

Ce procédé n'est pas rigoureux, car l'acide sulfurique saccharifie une petite quantité de cellulose, qui
sera comptée comme amidon ; aussi vaut-il mieux, pour
les recherches d'une plus grande précision, utiliser
la propriété que possède la diastase de solubiliser
l'amidon.

On prend 5 grammes de farine sèche, préalablement débarrassée des matières grasses par l'éther, on les verse dans un flacon de 125 centimètres cubes, avec 30 centimètres cubes d'une solution de diastase pré - parée au moyen de l'orge germée, et 20 centimètres cubes d'eau. Comme la solution de diastase peut ren- fermer de l'amidon, on en fera préalablement le dosage. Le flacon est chauffé au bain-marie à 68 degrés, jusqu'à ce que tout l'amidon soit dissous. Ce résultat obtenu, on filtre la solution, on l'additionne d'acide sulfurique et on la chauffe pendant cinq heures au bain-marie pour achever la saccharification. On termine le dosage comme nous l'avons indiqué plus haut.

II. CARACTÈRES MICROGRAPHIQUES DES FARINES

Amidon de blé. — Examiné au microscope, l'amidon de blé se distingue par des grains nombreux, les uns

FIG. 39. — Amidon de blé.

gros les autres très petits, avec très peu de granules d'une grosseur intermédiaire,

Les gros grains ont une forme lenticulaire (fig. 39);

vus de face, ils paraissent discoïdes; leur diamètre varie de $0^{mm},0352$ à $0^{mm},0369$. Les petits grains sont globuleux et ont à peine $0^{mm},0088$ de diamètre.

Dans les préparations micrographiques faites avec l'eau, on distingue rarement le hile des grains d'amidon, et les couches superposées; quelques grains présentent seuls ces caractères.

Amidon d'orge et de seigle (fig. 40 et 41). — Les amidons provenant de ces céréales ressemblent beaucoup à celui du froment; les grains de celui du seigle

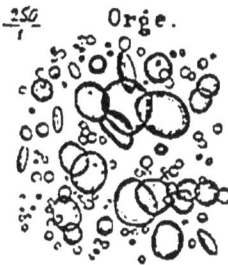

FIG. 40. — Amidon d'orge.   FIG. 41. — Amidon de seigle.

(fig. 41) sont plus gros, leur diamètre est de $0^{mm},0396$ à $0^{mm},0528$; tandis que les grains de l'amidon d'orge sont beaucoup plus petits ($0^{mm},0264$ de diamètre): en outre, on trouve parmi les premiers des grains ayant un hile étoilé ou en croix.

Amidon d'avoine. — L'amidon d'avoine (fig. 42) est constitué par des grains composés, présentant l'aspect de masses globuleuses ou ovales, de $0^{mm},0180$ à $0^{mm},0440$ de diamètre, dans lesquelles on distingue de 2 à 80 grains anguleux ou en partie arrondis, sans hile, ayant à peine $0^{mm},0044$ de diamètre et de grains simples, arrondis ou ovales, d'une grosseur semblable à celle des précédents.

Amidon de riz. — L'amidon de riz (fig. 43) se com ·
pose également de grains simples et de grains composés.

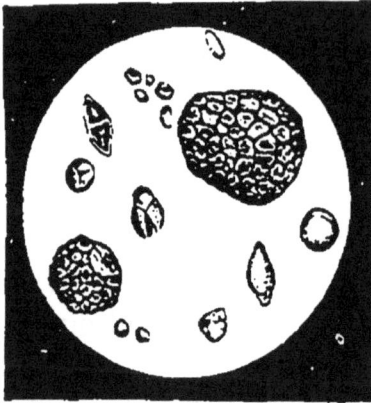

FIG. 42. — Amidon d'avoine.

FIG. 43. — Amidon de riz.

Les granules qui forment les premiers ont environ
$0^{mm},0066$ de diamètre; ils sont anguleux et présentent
au hile une cavité nucléale bien apparente.

Les grains simples sont aussi très anguleux.

Amidon de maïs. — L'amidon de maïs (fig. 44) n'est
composé que de grains simples isolés; les uns à angles

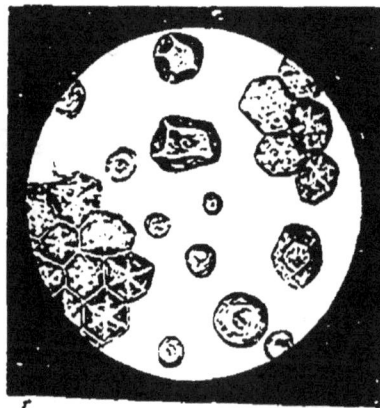

FIG. 44. — Amidon de maïs.

nombreux, aigus ou arrondis, les autres de forme

arrondie. Le diamètre varie de 0^{mm},0132 à 0^{mm},0220. Le hile présente une cavité disposée en étoile; les couches superposées ne se distinguent pas.

Amidon de millet. — L'amidon de millet (fig. 45) est formé de grains simples, de 0^{mm},0044 à 0^{mm},0088, sans hile, ni couches superposées, d'une forme presque symétriquement polyédrique.

FIG. 45. — Amidon de millet.    FIG. 46. — Amidon de sarrazin.

Amidon de sarrasin. — L'amidon de sarrasin (fig. 46) présente des grains simples de formes variables; les uns sont à angles nombreux et émoussés; les autres sont à angles aigus ou à contours arrondis. Le diamètre varie entre 0^{mm},0132 et 0^{mm},0220. Au hile on trouve un nucléus translucide, ou une cavité généralement ronde très visible. On trouve aussi, dans la masse, des agglomérations formées d'un nombre très variable de granules.

Amidon des légumineuses. — L'amidon des graines de pois (fig. 47), de haricots (fig. 48), de lentilles, de fèves, etc., est formé par des grains simples, ovales. ellipsoïdaux, ovoïdes, allongés ou réniformes. Leur grand diamètre varie de 0^{mm},0320 à 0^{mm},0790; ils ont un hile central, ayant souvent l'aspect d'une fente

crevassée, entourée de couches concentriques très nettes.
Cet aspect est surtout visible à la lumière polarisée
(fig. 49).

FIG. 47. — Amidon de pois.   FIG. 48. — Amidou de haricot.

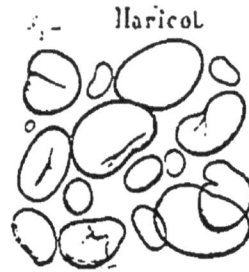

FIG. 49. — Examen à la lumière polarisée du tissu réticulé des
légumineuses et des enveloppes du blé. L, tissu réticulé des
légumineuses; B, quatrième enveloppe du blé. (Moitessier.)

Fécule de pommes de terre. — La fécule de pommes
de terre (fig. 50) est caractérisée par ses grains très
gros, inégaux, ovales ou ovoïdes, ellipsoïdes, aplatis,
conchoïdes, ou à trois angles arrondis. Leur grand dia-

mètre varie de $0^{mm},00600$ à $0^{mm},01000$; ils ont un hile, un nucléus situé généralement vers l'extrémité amincie du grain de fécule. Les couches concentriques

Fig. 50. — Fécule de pomme de terre.

sont très visibles. Les plus petits grains sont générale-ment globuleux, isolés en groupes par deux ou par quatre.

III. ANALYSE DU PAIN

L'analyse du pain comprend les opérations sui-vantes : 1° le dosage de l'humidité; 2° le dosage de l'amidon; 3° le dosage de la cellulose ; 4° le dosage des matières grasses; 5° le dosage des matières azotées; 6° le dosage des cendres; 7° l'examen microscopique; 8° la recherche des métaux toxiques et des matières minérales ajoutées.

Dosage de l'humidité. — La détermination du degré d'hydratation d'un pain est l'opération la plus impor-tante. Sur le pain à analyser, on prélève un échan-tillon moyen d'environ 50 grammes que l'on dessèche jusqu'à ce que le poids reste constant, dans une étuve chauffée à 100 à 110 degrés. Du poids trouvé à la fin de l'expérience, on déduit la teneur en eau pour 100 grammes du pain soumis à l'expertise.

Dosage de l'amidon. — Ce dosage se fait par l'un des procédés indiqués pour la farine.

Dosage de la cellulose. — La détermination de la cellulose brute a une certaine importance dans l'analyse des pains de basse qualité, particulièrement des pains bis; elle permet d'apprécier la quantité de son qui est restée avec la farine ou qui lui a été ajoutée.

Pour ce dosage, après avoir préalablement traité le pain comme nous l'avons indiqué pour le dosage de l'amidon, par la saccharification au moyen des acides, on introduit de nouveau le résidu insoluble resté sur le filtre, dans le flacon qui a servi à la première opération, et on le chauffe à 108 à 110 degrés, au bain de sel, avec 80 centimètres cubes d'eau contenant 2 pour 100 d'une lessive concentrée de potasse caustique. Après deux heures de chauffage, on filtre le liquide du flacon sur un filtre taré, on lave le résidu insoluble qu'il retient, de manière à enlever tout le liquide alcalin; on dessèche le filtre et son contenu à 100 degrés, on le pèse, puis on le calcine et on pèse de nouveau les cendres. Du premier résultat trouvé on retranche le poids de celles-ci; la différence donne la quantité de cellulose brute que renferme l'échantillon analysé.

Le dosage des matières grasses, des matières azotées et des cendres se fait comme nous l'avons indiqué pour les farines. Dans les cendres, on recherche les matières salines et les métaux toxiques qui peuvent se trouver dans le pain.

Examen microscopique. — On ne peut que rarement

se servir du microscope pour rechercher l'espèce de la
farine qui a servi à la préparation du pain car la cuisson altère complètement les formes des grains d'amidon.
Cependant on peut rencontrer dans la masse des grains
plus ou moins gros, formés par de la farine qui a
échappé à l'hydratation. Ils serviront à l'examen
microscopique.

L'addition de farine de légumineuses au pain peut
être décelée par une réaction chimique.

On saupoudre les parois d'une capsule légèrement
mouillée avec du pain sec pulvérisé; puis on place, au
fond de la première capsule, une autre plus petite contenant de l'acide nitrique; on recouvre le tout d'une
plaque de verre et on chauffe légèrement au bain-
marie, pendant une demi heure. On remplace alors la
capsule contenant l'acide, par une autre pleine d'ammoniaque. On recouvre de nouveau la grande capsule et
on la chauffe. Si le pain renferme de la farine de légumineuses, il se produira dans la masse une coloration
rose violacé caractéristique.

CHAPITRE IX

STATISTIQUE AGRICOLE ET COMMERCIALE

I. PRODUCTION DES CÉRÉALES EN FRANCE

La plupart des céréales sont cultivées et fructifient en France ; mais la culture la plus importante est celle du froment, de l'orge, de l'avoine et du seigle. Le maïs ne peut venir à maturité que dans le Languedoc, la Guyenne, le pays Basque, le Quercy, le Périgord, une partie de la Bourgogne, la Franche-Comté et le Dauphiné. Quant au riz, sa culture est limitée à quelques régions du littoral de la Méditerranée.

En 1888, la superficie de terrain consacrée à la culture des céréales était en France de 14.723.700 hectares, se répartissant ainsi :

Froment	6.978.134 hectares.
Méteil.	306.388 —
Seigle.	1.628.842 —
Orge	893.700 —
Sarrazin	607.888 —
Avoine.	3.734.277 —.
Maïs.	571.471 —

et la production moyenne a été de 245.812.475 hectolitres, représentant une valeur de 3.300.197.160 francs ;
ce qui correspond pour chaque céréale à :

	Production Hectolitres	Valeur Francs
Froment	98.740.728	1.855.601.655
Méteil.	4.385 764	68.104.002
Seigle.	22.187.822	265.259.428
Orge	15.801.136	172.281.826
Sarrazin	9.869.838	105.865.652
Avoine.	84.957.775	719.296.642
Maïs	7.869.412	113.787.955

La production générale étant indiquée, voyons maintenant quelles sont les régions où l'on cultive plus spécialement chaque céréale en France.

Froment. — D'après la statistique agricole publiée
par le ministère de l'Agriculture, les départements qui
ont produit le plus de blé en France en 1888 sont :

	Production Hectolitres	Surface cultivée Hectares
Pas-de-Calais	3.045.162	154.206
Nord.	2.760.457	135.853
Loire-Inférieure	2.720.008	160.000
Maine-et-Loire	2 560.000	160.000
Aisne.	2.506.248	134.287
Vendée	2.462.550	157.234
Lot-et-Garonne	2.239.798	167.092
Somme	2.222.515	124.685
Charente-Inférieure . . .	2.161.742	159.237
Ille-et-Villaine.	2.138.404	139.596
Haute-Garonne.	2.054.280	120.840
Seine-et-Marne.	2.036.315	106.058

Méteil. — Le méteil, qui est un mélange de froment et de seigle, a eu son rendement maximum dans

les départements de la Sarthe, qui en a produit 319.771 hectolitres, pour une surface de 24.731 hectares, et de la Somme, où la récolte s'est élevée à 339.000 hectolitres, pour une surface de 19.254 hectares.

Seigle. — Les départements qui produisent le plus de seigle sont :

	Production Hectolitres	Surface cultivée Hectares
Puy-de-Dôme	2.021.201	106.379
Morbihan	1.089.600	68.100
Creuse	1.044.429	77.563
Haute-Loire	974.229	76.112
Haute-Marne	879.944	74.012

Orge. — La production de l'orge a considérablement augmenté depuis vingt ans en France, principalement à cause de la grande extension que prend la fabrication de la bière et de l'alcool de grain ; elle a atteint son maximum, en 1888, dans les départements de :

	Production Hectolitres	Surface cultivée Hectares
Mayenne.	795.808	49.738
Ille-et-Vilaine.	728.703	34.601
Pas-de-Calais	647.703	23.232
Sarthe	643.997	44.019
Calvados	633.950	31.000
Manche	596.310	39.754
Marne	540.694	34.243
Aube.	524.205	26.171
Eure-et-Loir	521.506	23.543

Avoine, Sarrasin, Maïs. — Les autres céréales, l'avoine, le sarrasin et le maïs, entrent bien rarement, en France, dans la fabrication du pain.

II. IMPORTATION

La France consomme plus de céréales qu'elle n'en produit actuellement et doit, par conséquent, demander à l'étranger la quantité qui lui est nécessaire pour combler le déficit.

En 1888, il a été importé 11.350.873 quintaux métriques de froment, épeautre et méteil, représentant une valeur de 225.505.417 francs, et se répartissant entre les différents pays exportateurs, comme il suit[1] :

Angleterre.	18.831	quint. métr.
Belgique.	609.271	—
Russie (mer Noire)	4.048.322	—
Allemagne.	50.146	—
Italie..	53	—
Roumanie.	1.037.514	—
Turquie..	463.490	—
Indes Anglaises.	970.726	—
Australie.	978.859	—
États-Unis, océan Atlantique. .	1.115.167	—
— océan Pacifique.. .	643.867	—
Algérie.	775.956	—
Autres pays.	639.371	—

Pendant la même année, on a importé :

	Quint. métr.	Valeur en francs
Seigle.	477.325	5.965.438
Maïs.	3.187.392	41.754.875
Orge.	1.578.481	24.340.177
Sarrasin.	5.070	81.120

[1] Documents statistiques du ministère de l'Agriculture.

Sous forme de farine, la France a reçu :

	Poids	Valeur
	quint métr.	fr.
Farine de froment, épeautre et méteil.	277.614	7.353.995
Farine de seigle.	210.239	6.096.931

III. EXPORTATION

Pendant la même période, l'exportation s'est élevée à :

	Poids	Valeur
	quint. métr.	fr.
Froment, épeautre et méteil . . .	13.436	319.105
Seigle	20.186	284.623
Maïs.	59.373	816.379
Orge.	383.376	6.709.030
Sarrasin.	116.850	1.928.025

expédiés principalement en Allemagne, en Angleterre, en Belgique, dans les Pays-Bas et en Suisse.

Les mêmes contrées ont pris sur nos marchés :

	Poids	Valeur
	quint. métr.	fr.
Farines de froment, épeautre et méteil.	92.410	3.060.619
Farine de seigle.	4.859	143.341

IV. TARIF GÉNÉRAL DES DOUANES

	DROITS (DÉCIMES COMPRIS[1])	
TABLEAU A	Tarif général	Tarif minimum
Farineux alimentaires.	fr.	fr.
Nº 68. Froment, épeautre et méteil en grains, les 100 kilogrammes. . . .	5 »	—
— en grains concassés et boulanges contenant plus de 10 pour 100 de farine, les 100 kilogr. .	8 »	—
— en farine, aux taux d'extraction de 70 pour 100 et au-dessus, les 100 kilogrammes. . . .	8 »	—
— en farine, aux taux d'extraction compris entre 70 et 60 pour 100, les 100 kilogrammes. .	10 »	—
— en farine, aux taux d'extraction de 60 pour 100 et au-dessous les 100 kilogrammes. . .	12 »	—
Nº 69. Avoine en grains, les 100 kilogrammes	3 »	—
— en farine, — . . .	5 »	—
Nº 70. Orge en grains, — . . .	3 »	—
— en farine, — . . .	5 »	—
Nº 71. Seigle en grains, — . . .	3 »	—
— en farine, — . . .	5 »	—
Nº 72. Maïs en grains, — . . .	3 »	—
— en farine, — . . .	5 »	—
Nº 73. Sarrasin en grains, — . . .	2,50	—
— en farine, — . . .	4 »	—
Nº 74. Malt (orge germé), — . . .	4 »	—
Nº 75. Biscuit de mer et pain, — . . .	5 »	—
Nº 76. Gruau et semoules en gruaux (grosse farine, grains perlés ou mondés, les 100 kilogrammes. . . .	12 »	—
Nº 79. Riz en paille, les 100 kilogrammes.	3 »	—
Brisures de riz.	6 »	—
Riz entier, farine et semoule. . .	8 »	—

[1] En vigueur à partir du 1er février 1892.

V. PRIX DE LA FARINE ET DU PAIN EN FRANCE

Pendant l'année 1888, le prix moyen du quintal de farine a été de 35 fr. 33 et celui des différentes qualités de pain de :

	fr.	
Pain blanc.	0,34	le kilogramme
— bis blanc.	0,30	—
— bis.	0,26	—

Le prix de la farine a été supérieur à la moyenne, dans les seize départements suivants :

	Prix de la farine	Prix du pain, le kgr.		
	Quintal fr.	Blanc fr.	Bis blanc fr.	Bis fr.
Hautes-Alpes	42,00	0,37	0,31	0,27
Hérault	40,37	0,41	0,35	0,32
Ardèche	40,32	0,39	0,33	0,28
Loire	39,52	»	»	»
Alpes-Maritimes	39,50	0,39	0,38	0,25
Côte-d'Or	39,37	0,36	0,33	0,29
Pyrénées-Orientales	39,30	0,42	0,37	0,32
Gard	37,40	0,41	0,35	0,31
Basses-Pyrénées	37,21	0,33	0,28	0,23
Doubs.	37,07	0,41	0,35	0,31
Seine	36,72	0,35	»	»
Haute-Saône.	36,47	0,33	0,29	0,25
Cantal.	36,37	0,36	0,29	0,25
Bouches-du-Rhône.	36,27	0,37	0,32	0,28
Aude	36,26	0,34	0,32	0,28
Aisne.	36,00	0,36	0,32	0,30

La farine est descendue à son prix minimum dans le département de Saône-et-Loire, où elle a été payée

32 fr. 40 le quintal; le prix du pain était 36 centimes, 32 centimes, 26 centimes le kilogramme suivant la qualité.

Dans les chefs-lieux des départements, le prix du kilogramme de pain de première qualité à été le plus élevé à :

	fr.
Ajaccio, Nîmes.	0,45
Saint-Etienne, Pau	0,44
Lyon, Blois.	0,43
Nice, Nantes	0,42
Toulouse, Montpellier.	»
Perpignan, Avignon	0,41
Angoulême, Auch, Laval.	»
Mâcon, Tarbes, Valence, Le Puy.	0,40

Le minimum a été constaté à :

Saint-Brieuc, La Roche-sur-Yon	0,31
Foix, Evreux, Chartres, Rennes	0,32

Et la moyenne, 0,34, à :

Laon, Digne, Mézières, Auriliac, La Rochelle, Cahors, Chaumont, Bar-le-Duc, Arras et Niort,

A Paris, le prix moyen a été de 0,36

Les variations du pain de deuxième qualité et du pain de troisième qualité sont à peu près les mêmes :

	Maximum fr.	Minimum fr.
Pain de 2ᵉ qualité.	0,37	0,24
Pain de 3ᵉ —	0,35	0,21

En moyenne, 100 kilogrammes de blé donnent 100 à 102 kilogrammes de pain; 100 kilogrammes de farine donnent 166 à 167 kilogrammes de pâte et 130 à 132 kilogrammes de pain.

Néanmoins le prix du pain n'est pas toujours exactement correspondant au prix du blé, comme le montre
le diagramme suivant (fig. 51).

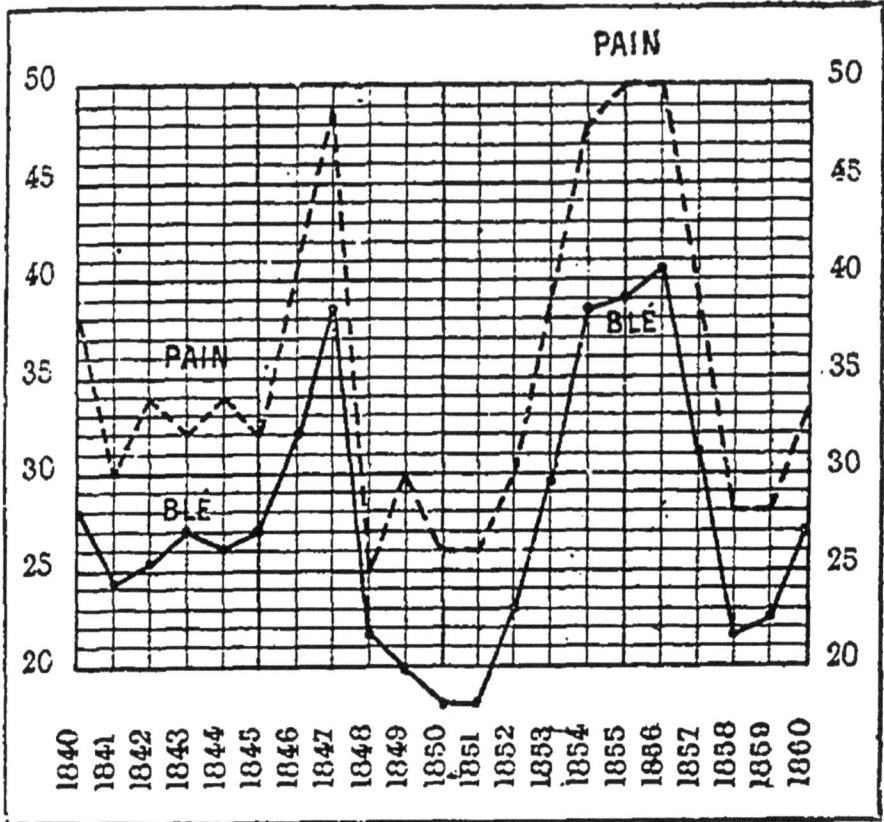

FIG. 51. — Prix moyens annuels à Paris du kilogramme de blé
et du kilogramme de pain de 1840 à 1860.

VI. PRODUCTION DES CÉRÉALES EN EUROPE

Suède. — Le froment n'est cultivé en Suède que dans
la région méridionale et dans la région moyenne, et,
dans cette dernière, ne peut-on encore semer que les
blés de mars. Dans toute l'étendue du pays, on cultive.

jusqu'au 69ᵉ degré de latitude nord, le seigle et l'orge ; l'avoine ne vient bien que dans les deux premières régions.

La superficie cultivée en céréales est de 1.329.000 hectares ; elle produit en moyenne :

Froment	1.180.000	hectolitres.
Seigle	7.000 000	—
Orge	5.700.000	—
Méteil	1.800.000	—
Avoine	1.700.000	—

Norvège. — La surface labourée est, en Norvège, de 213.600 hectares, ensemencés principalement d'orge ; le blé, dont la limite extrême est le 74ᵉ degré de latitude, est semé à la fin d'août et récolté l'année suivante en septembre ou en octobre.

Danemark. — Toutes les céréales sont cultivées en Danemark, à l'exception cependant du maïs, sur une surface de :

Froment	56.866	hectares.
Seigle	247.837	—
Orge	331.378	—
Avoine	370.827	—
Sarrasin	19.939	—

Pays-Bas. — La production des céréales dans les Pays-Bas, a été en 1883, de :

	Superficie		Rendement	
Froment	86.910	hectares.	1.984.236	hectolitres.
Seigle	197.000	—	3.825.475	—
Orge	45.000	—	1.800.012	—
Avoine	104.000	—	4.030.160	—
Sarrasin	56.000	—	»	—

Belgique. — La Belgique est un pays d'importation qui ne cultive les céréales que sur une surface de 967.100 hectares.

Angleterre, Écosse et Irlande. — La Grande-Bretagne n'est pas un pays où la culture des céréales est très développée; depuis longtemps, on s'est attaché à faire des herbages, pour l'élevage du bétail. La plus grande partie des grains nécessaires à l'alimentation est donc importée.

La surface de terrain cultivée en céréales est de :

	Froment	Orge	Avoine
Angleterre. . .	132.800 hect.	1.060.000 hect.	1.095.000 hect.
Écosse	32.500 —	107.400 —	413.000 —
Irlande	48.000 —	88.000 —	600.000 —

Allemagne. — Toutes les céréales sont cultivées en Allemagne, le maïs cependant n'arrive à maturité qu'en Saxe et en Alsace.

	Surface cultivée		Rendement	
Seigle	65.000.000	hectares.	90.000.000	hectolitres.
Épeautre . . .	10.000.000	—	15.000.000	—
Froment . . .	34.000.000	—	40.000.000	—
Orge	23.000.000	—	30.000.000	—
Avoine. . . .	65.000.000	—	85.000.000	—
Maïs	800.000	—	1.000.000	—

La production ne suffit pas à la consommation ; l'Allemagne est donc tributaire de centres de production plus importants.

Autriche-Hongrie. — L'empire Austro-Hongrois est assez favorisé au point de vue de la production des céréales; on y trouve 11.035.651 hectares de terres labourées, et les meilleures sont situées dans la vallée du Danube, la province de Salzbourg, en Styrie; dans la vallée de l'Elbe, dans la Bukowine, le nord-est de la Galicie, en Hongrie, en Slavonie, dans le Bannat et dans l'Esclavonie. Le maïs est une plante très importante en Hongrie, particulièrement dans la Transylvanie.

L'empire Austro-Hongrois produit en moyenne et annuellement 209.800.000 hectolitres de grains, se répartissant ainsi :

Froment	41.000.000	hectolitres.
Seigle	55.000.000	—
Orge	30.000.000	—
Maïs	33.000.000	—
Avoine	45.000.000	—

Cette production permet à la Hongrie d'exporter du froment et du maïs.

Russie. — La Russie est actuellement avec les États-Unis, le pays qui produit le plus de blé. Cela vient de ce qu'il existe encore dans cette partie de l'Europe de grandes étendues de terres vierges, très fertiles qui peuvent produire du blé en abondance et à peu de frais ; ce qui n'est plus possible dans le reste de l'Europe.

Les régions qui fournissent plus spécialement des céréales sont : le littoral de la Baltique, les terres noires *(tchernotzen)* formées par un dépôt limoneux que l'on rencontre entre le Pruth et l'Oural.

La production annuelle totale de l'empire de Russie est :

Froment	83.000.000	hectolitres.
Seigle	202.200.000	—
Maïs	29.000.000	—
Orge	32.000.000	—

La Finlande exporte une grande quantité de seigle.

Italie. — Le climat de l'Italie est favorable à la culture de toutes les céréales sans exception. Le froment vient principalement de la Toscane, de la Vénétie, de la Lombardie, du Piémont, de l'Émilie, des Abruzzes, de la Pouille, de la Sicile et de la Sardaigne.

Le Piémont, la Lombardie, la Vénétie, la Sicile produisent du riz.

	Surface cultivée	Rendement
Froment	4.737.000 hectares.	50.800.000 hectolitres.
Maïs.	1.716.100 —	31.100.000 —
Seigle et orge. . .	506.000 —	580.000 —
Avoine	880.000 —	6.716.000 —
Riz	202.300 —	7.358.000 —

Espagne. — La production des céréales en Espagne n'est pas très considérable. On cultive le blé principalement en Galice, dans les Castilles, l'Aragon, l'Estramadure, les Asturies, la Catalogne et l'Andalousie.

Portugal. — La superficie du terrain consacré aux céréales est en Portugal de :

Froment	260.000 hectares.
Seigle	270.000 —
Orge	40.000 —
Avoine	12.000 —
Maïs	520.000 —
Riz.	7.000 —

Grèce. — La surface consacrée à la culture des céréales est de :

Froment	160.150 hectares.
Seigle	850 —
Orge	67.900 —

Méteil	57.750 hectares.
Avoine.	41.000 —
Maïs	61.800 —
Sorgho	5.850 —

VII. LES GRANDS CENTRES DE PRODUCTION
DES CÉRÉALES HORS D'EUROPE

La production des céréales s'est considérablement développée, depuis une vingtaine d'années, dans un grand nombre de colonies ou d'anciennes colonies européennes ; parmi ces contrées nous citerons :

Algérie. — En Algérie, la production, en 1883, a été d'après la statistique officielle de :

	Rendement		Surface cultivée
Blé tendre. . . .	1.179.613 quint. mét.		1.292.352 hect.
Blé dur	5.256.824	—	1.140.177 —
Seigle	4.370	—	491 —
Orge	1.429.871	—	7.322.515 —
Avoine	344.433	—	33.018 —
Maïs	11.352	—	67.545 —

En 1887, la moyenne de la récolte a été de :

Blé.	5.774.032 quintaux métriques.
Orge	384.281 —
Avoine	573.034 —
Sorgho	122.245 —

Pendant la même année, l'exportation s'est élevée à :

Blé	1.006.887 quintaux mét.		23.722.257 fr.
Seigle	»	—	»
Orge.	616.681	—	10.181.778 »
Avoine	331.274	—	6.195.702 »
Farines de toutes sortes.	35.615	—	1.167.599 »

Égypte. — Elle produit en moyenne :

Froment	4.020.000 quint. mét.
Orge.	3.500.000 —
Maïs et sorgho	3.350.000 —
Riz	134.000 —

et exporte pour 55 millions de francs de céréales.

Cap de Bonne-Espérance. — Cette colonie anglaise fournit les plus beaux blés barbus du monde ; sa production en céréales est de :

Froment.	71.000 hectolitres.
Seigle	16.000 —
Orge	11.000 —
Maïs	44.000 —

Inde Anglaise. — En Asie, le plus grand centre de production du blé est l'Inde anglaise, particulièrement les environs de Delhy. Cette région a récolté en 1884, 140.000.000 de quintaux métriques de froment et en a exporté pour une somme de 20.000.000 de francs.

Asie Mineure et Perse. — Elles produisent certainement beaucoup de céréales, mais sur les quantités récoltées, nous ne possédons aucun renseignement, la statistique étant encore une science inconnue et peu applicable dans ces régions.

Amérique et Océanie. — Nous avons constaté, à notre grand étonnement, qu'il en était de même en Amérique et en Océanie. Nous espérions trouver à l'Exposition universelle de 1889 d'intéressants documents sur l'importante question qui nous occupe ; on ne nous a donné que des notices fort vagues, desquelles nous n'avons pu tirer aucun renseignement précis. Nous adressons tout particulièrement cette critique aux États-Unis, à la République Argentine et à l'Australie.

Nous ne pouvons donc donner ici que des moyennes un peu anciennes.

États-Unis. — La production du froment a été aux États-Unis, en 1884, de 512.764.000 hectolitres, pour une surface de 394.766.000 hectares.

L'exportation s'est élevée à :

Froment.	25.531.000	hectolitres.
Avoine	618.000	—
Orge.	265.000	—
Maïs	16.447.000	—
Farine de blé . . .	13.300.000	quintaux.
— d'avoine. . .	24.724.000	—
— de maïs. . .	704.000	—

Australie. — Cette colonie anglaise produit de très beaux blés, dont la quantité récoltée en 1884 est estimée de 13 à 16.000.000 d'hectolitres.

DEUXIÈME PARTIE

LA VIANDE

Sous le nom de *viande*, on désigne habituellement la portion rouge des muscles, qui est la partie la plus nutritive des tissus animaux ; mais il est d'usage de réserver cette dénomination à la chair musculaire des mammifères et des oiseaux, et dans notre étude nous prendrons pour base cette dernière définition ; nous nous bornerons à examiner les animaux domestiques, dans ce qu'ils présentent d'intéressant pour l'alimentation humaine.

CHAPITRE PREMIER

COMPOSITION DE LA VIANDE

I. COMPOSITION ANATOMIQUE

La viande, telle que nous venons de la définir, se compose du tissu musculaire proprement dit, d'une quantité plus ou moins grande de graisse qui s'y trouve infiltrée, de membranes, de tendons et de cartilages.

Muscles. — Le tissu musculaire est formé de faisceaux prismatiques, que l'on peut diviser et subdiviser en plusieurs autres faisceaux de plus en plus petits, jusqu'à ce qu'on soit arrivé à la *fibre musculaire*. Celle-ci est un cylindre irrégulier, invisible à l'œil nu, ses dimensions en diamètre étant de $0^{mm},010$ à $0^{mm},008$.

Les fibres musculaires sont réunies entre elles par le tissu conjonctif, pour former les faisceaux ; entre celui-ci et les premières se dépose de la graisse.

La fibre simple se compose d'une enveloppe et d'un contenu.

L'enveloppe ou *sarcolemme* est une membrane très délicate, élastique, parsemée à sa face interne de noyaux aplatis et ovales plus ou moins nombreux, formée par une matière azotée. Elle peut, sous l'action de certains réactifs, être transformée en *syntonine* ou *fibrine musculaire*, substance très voisine de l'albumine, elle diffère en cela du tissu conjonctif, formé également par une matière azotée, qui au contraire appartient aux tissus gélatineux, c'est-à-dire que, dans les mêmes conditions, il se transforme en gélatine.

Le contenu ou la *substance musculaire* se décompose facilement en *fibrilles* parallèles sous l'influence de réactifs appropriés. Ces fibrilles sont imbibées d'un liquide qui assure leur nutrition ; il participe par conséquent à la circulation sanguine.

Chez les animaux très jeunes, le sarcolemme et le tissu conjonctif sont très minces; avec l'âge, ou si l'animal a été mal nourri, ils s'épaississent et deviennent plus durs. Le suc renfermé par les fibres, diminue au contraire, et comme c'est à lui que la viande doit presque toutes ses propriétés nutritives et sa saveur, ce fait montre quelle est la raison pour laquelle la chair des animaux jeunes et bien nourris est la plus recherchée.

L'alimentation et l'état d'engraissement des animaux ont une grande influence sur les qualités de la viande, comme le montrent les chiffres suivants trouvés par W. Henneberg, E. Kern, et H. Wattenberg, dans une série de recherches faites sur cette question. Leurs essais ont porté sur des morceaux de viande débarrassés de la graisse et provenant de moutons semblables. La chair était prélevée dans le cou, la poitrine, le carré, etc.

	Mouton maigre	Mouton gras
Eau	79,41	79,02
Fibre musculaire.	15,85	15,73
Matières extractives, substance sèche totale. .	4,74	5,25
— — albumine.	1,29	1,39
— — matières non albumin. .	2,18	2,17
Cendres.	1,27	1,15

Sous l'influence d'une abondante nourriture, une augmentation du suc de la viande se produit et correspond à une augmentation de l'albumine soluble, tandis que les autres produits restent stationnaires.

La qualité et la saveur de la viande dépendent beaucoup aussi de la nature de la nourriture ; on sait en effet que la chair du lapin domestique, nourri au choux, prend un goût *sui generis* peu apprécié ; que celle du veau nourri d'œufs et de lait est beaucoup plus délicate que celle du veau nourri simplement au lait, ou qui a commencé à manger de l'herbe. Enfin, les animaux qui reçoivent du sel dans leur ration, donnent une viande meilleure que ceux qui n'en mangent pas.

La même remarque peut se faire au sujet du mode de vie et d'habitation des animaux. La chair des animaux sauvages perd son fumet, lorsque ceux-ci ont été élevés en domesticité ; celles des volailles tenues dans un milieu malsain est fade et a souvent une odeur désagréable.

II. COMPOSITION CHIMIQUE

Les éléments chimiques de la viande sont : l'*eau*, les *matières azotées*, la *graisse*, quelques *matières non azotées* et des *sels*.

Lorsque la graisse infiltrée entre le tissu conjonctif et la fibre musculaire est complètement enlevée, on peut admettre que la viande a la composition chimique suivante :

Eau	76,0 pour 100.
Matières azotées	21,5 —
Graisse	1,5 —
Sels	1,0 —

Eau. — L'eau qui imbibe les muscles sert à dissoudre les différentes matières nécessaires à leur vie et à favoriser les réactions chimiques. La teneur en eau varie sensiblement avec la quantité de graisse déposée dans les tissus, plus celle-ci est grande, moins il y a d'eau.

Siegert a trouvé, pour la viande d'un bœuf gras, les résultats suivants :

	Cou gr.		Reins gr.		Épaules gr.	
Eau	73,5	p. 100	63,4	p. 100	50,5	p. 100
Matières azotées .	19,5	—	18,8	—	14,5	—
Graisse	5,8	—	16,7	—	34,0	—
Sels	1,2	—	1,1	—	1,0	—

Avec un mouton gras, pesant 67^{kg},700, nous avons obtenu [1] :

	6ᵉ Côte gr.		Épaule gr.		Filet
Eau.	70,18	p. 100	70,59	p. 100	72,05
Matière sèche. . . .	29,82	—	29,41	—	27,95
Matières azotées. . .	23,78	—	24,38	—	22,33
Graisse.	6,04	—	5°03	—	5,62

Matières azotées. — Les matières azotées des muscles sont : 1° dans le suc de la viande : l'*albumine*, la *créatine*, la *créatinine*, la *sarkine*, la *xanthine*, l'*acide inosique,* l'*acide urique* et l'*urée ;* 2° les composés insolubles : la *fibrine musculaire* et le *tissu conjonctif.*

La quantité d'albumine soluble dans l'eau varie, dans

---

[1] J. de Brevans, *De l'influence de l'engraissement sur le rendement des moutons, la constitution de la laine, du tissu musculaire et de la graisse* (Annales de l'Institut national agronomique, 1878-1879).

la viande, de 0,6 à 4,56 pour 100 ; Liebig a admis comme moyenne 2,96 pour 100.

La créatine a une certaine importance dans la viande : on admet que sa teneur est en moyenne de 0,07 à 0,32 pour 100. Différents chimistes, parmi lesquels Voit, ont trouvé que

La viande de cheval renferme.	0,072 à 0,220 de créatinine p. 100		
— porc —	.	0,117 »	—	—
— bœuf —	.	0,186 à 0,280	—	—
— pigeon —	.	0,197 »	—	—
— canard —	.	0,200 »	—	—
— poulet —	.	0,209 à 0,326	—	—
— lapin —	.	0,214 à 0,340	—	—

Bien que cette quantité soit très faible, son rôle n'est pas sans importance dans la nutrition, car la créatinine comme toutes les bases de la viande, possède une action excitante sur le système nerveux [1].

La créatinine et la sarkine sont encore en proportions plus faibles. On a trouvé pour la créatinine les chiffres suivants :

Viande de bœuf	0,016 à 0,022 p. 100	
— de cheval	0,013 à 0,014	—
— de lapin	0,026	—
— de poulet	0,025	—

La xanthine et la carnine, l'acide inosique, l'acide urique et l'urée, bien qu'ils soient normalement renfermés par les muscles, se trouvent en quantités négligeables, et n'ont aucun rôle dans l'alimentation.

La quantité de fibrine musculaire renfermée dans la viande débarrassée de graisse est de :

---

[1] Dr J. König, *Die menschliche Nahrungs-und Genussmittel.*

Mammifères. . . . . 15,0 à 18,0 p. 100
Oiseaux. . . . . 12,8 à 17,8 —
Poisson. . . . . 11,0 à 13,0 —

Sous l'influence du suc gastrique ou de l'acide chlorhydrique, la fibre musculaire est dissoute et transformée, après neutralisation, en une bouillie gélatineuse, soluble dans les alcalis. Celle-ci se comporte à la cuisson, comme le blanc d'œuf. Sous cette forme, elle porte le nom de *syntonine*.

La teneur en tissu conjonctif de la viande est de 5,6 pour 100 d'après Liebig et de 2 pour 100 d'après von Bibra. Cette substance se dissout dans l'eau bouillante ; la solution donne par l'évaporation un extrait gélatineux ayant la composition suivante :

Carbone . . . . 49,6 pour 100
Hydrogène . . . . . 6,6 —
Azote . . . . 18,3 —
Oxygène . . . . 25,4 —

Quel que soit l'état d'engraissement de l'animal, la quantité de matières azotées renfermées par ses tissus varie dans des limites peu éloignées ; la nature des aliments consommés ne paraît pas non plus avoir beaucoup d'influence. Le tableau suivant, qui résume quelques expériences, que nous avons faites à ce sujet, le montre ; les analyses ont porté sur un morceau maigre, le filet : [1]

[1] J. de Brevans, *loc. cit.*

	Eau	Matière sèche	Matières azotées	Matière grasse
	pour 100	pour 100	pour 100	pour 100
Mouton ordinaire (49kr,550).	73,44	26,56	22,40	4,16
Mouton engraissé au maïs (61kg,700).	72,05	27,95	22,33	5,62
Mout. engr. au son (56kg,500).	74,55	25,45	20,38	5,07
Mouton engraissé aux tourteaux (55kg,500). . .	73,43	26,57	21,67	5,40
Mouton maigre (26kg,128). .	77,76	22,24	21,54	0,70

Graisse et matières non azotées de la viande. — Les muscles débarrassés de la graisse qui s'est déposée entre le tissu coujonctif et sur leurs fibres, renferment toujours une petite quantité de matières grasses, 0,5 à 2,5 pour 100 de même composition que la première. Elle est formée d'oléine, de palmitine et de stéarine.

Parmi les substances non azotées, on peut citer comme élément constant de la viande, l'acide lactique, que l'on trouve combiné aux bases ou à l'état libre. C'est à cet acide, dont la teneur varie entre 0,05 et 0,07 pour 100 que le suc de la viande doit sa réaction légèrement acide.

D'autre part, on trouve dans la viande des traces d'acide butyrique, d'acide acétique et d'acide formique. Dans quelques muscles, par exemple dans ceux du cœur, se rencontrent des sucres infermentescibles et de l'inosite.

La chair du lapin et celle de la grenouille renferment de 0,3 à 0,5 pour 100 de glycogène; il est probable que ce n'est pas un fait isolé, et que cette substance se trouve encore dans la chair d'autres animaux.

Éléments minéraux de la viande. — Les éléments minéraux de la chair fraîche s'élèvent à 0,8 ou 1,8 pour 100. Ces sels sont principalement formés de phosphates de chaux et de potasse et de chlorure de sodium.

Pour la viande des différents animaux, on peut admettre que les éléments minéraux ont la composition suivante :

	Minimum	Maximum	Moyenne
Potasse.	34,4	48,9	41,27
Soude	2,4	7,9	3,62
Chaux	0,9	7,5	2,82
Magnésie	1,4	4,8	3,21
Oxyde de fer	0,3	1,0	0,70
Acide phosphorique . .	36,0	48,1	42,54
Acide sulfurique . . .	0,3	3,8	1,56
Chlore	0,6	6,5	3,85

Un certain nombre d'éléments de la viande se dissolvent dans l'eau, et ces matières extractives se composent : d'albumine, des bases, des acides non azotés, et de presque tous les sels.

Dans l'eau bouillante, l'albumine change de nature et devient insoluble ; à sa place, nous trouvons en dissolution du tissu conjonctif, qui s'est transformé en gélatine.

La graisse, liquéfiée par la chaleur, passe dans le bouillon. La viande peut céder à l'eau de 6 à 8 pour 100 de son poids.

CHAPITRE II

LES ANIMAUX DE BOUCHERIE

Les peuples civilisés demandent la plus grande partie de la viande nécessaire à leur consommation, à une classe d'animaux domestiques, désignés généralement sous le nom d'*animaux de boucherie*. Cette classe comprend les races *bovine*, *ovine*, *caprine* et *porcine;* dans ce nombre, on peut faire rentrer, mais encore bien exceptionnellement, la race chevaline et la race asine; un préjugé, qui ne repose sur aucune raison de quelque valeur, les faisant repousser par le plus grand nombre des consommateurs.

Les autres animaux domestiques, que nous nommons *animaux de basse-cour*, les lapins et les volailles, bien qu'ils soient d'une très grande utilité pour l'alimentation, ne peuvent être considérés que comme source accessoire de la viande; dans les grands centres, ce ne sont que des comestibles de luxe, comme le gibier; dans les campagnes au contraire, ils sont une nécessité.

I. LES RACES BOVINES

Toutes les races bovines sont aptes à produire des animaux de boucherie, et toutes en produisent, car nulle part le bœuf n'est exploité uniquement pour le travail qu'il peut fournir, comme le cheval; c'est un animal à deux fins, qui doit, lorsqu'il est employé comme moteur, payer par son travail sa nourriture, et lorsqu'il a atteint son maximum de développement être livré au boucher. Agir autrement et le laisser vieillir à l'étable serait un très mauvais calcul, absolument contraire aux données de la science économique.

1. Étude des races bovines[1].

Les principales races bovines sont :

I. Race des Pays-Bas. — Cette race présente les caractères généraux suivants : les cornes sont courtes, très arquées en avant; la face est anguleuse, tranchante et pointue. La taille du bœuf varie entre 1^m,20 et 1^m,45; la robe présente toutes les nuances, mais particulièrement le blanc mélangé au noir et au rouge, la teinte gris souris clair ou gris jaunâtre.

Cette race, particulièrement propre à l'engraissement, est répandue en Hollande, en Belgique, en Allemagne, dans le nord de la France. Elle a donné naissance à un grand nombre de variétés, dont les principales sont : la variété Durham, la variété hollandaise, la variété flamande, la variété ardennoise et la variété du Morvan.

Variété Durham. — La plus célèbre est la variété de Durham, qui, en ce temps d'anglomanie, marche de pair, dans la faveur publique avec le pur sang anglais; comme lui, elle a l'insigne honneur de posséder un livre généalogique, le Herdbook; nous n'avons pas ici

---

[1] Nous avons adopté la classification et les dénominations que M. A. Sanson indique dans son Traité de Zootechnie. — Consultez aussi Cornevin, Traité de Zootechnie générale, Paris, 1892.

à discuter ses mérites ou ses désavantages, mais nous devons dire que si elle a de zélés défenseurs, elle a aussi des adversaires déclarés, des plus sérieux. L'expérience, dans un avenir prochain, tranchera sans doute, définitivement la question controversée de l'utilité de l'expansion illimitée de la variété *des courtes cornes de Durham*.

Néanmoins, nous ne pouvons nous dispenser de donner l'histoire de cette race si connue surtout de nom. Ce paragraphe nous tiendra lieu de chapitre, sur la sélection zootechnique; le cas qui nous occupe étant un des meilleurs exemples que nous connaissions, de l'amélioration d'une race par cette méthode.

La variété Durham (fig. 52) a pour origine les variétés connues en Angleterre, sous les noms de races de Teeswater, du Yorkshire, de Lincoln, de Holderness. Le bétail de ces régions reçut, vers le milieu du XVIIᵉ siècle, un commencement d'amélioration qui amena la création d'un certain nombre de troupeaux de choix : mais ce ne fut qu'un siècle plus tard, en 1770, que les deux frères Charles et Robert Colling entreprirent la transformation méthodique de la région.

Charles Colling est le plus célèbre ; bien conseillé dans ses débuts d'éleveur par le grand agronome anglais Backwell, il sut trouver un reproducteur qui assura sa fortune et sa gloire, ce fut le fameux taureau Hubback ; avec lui, il entreprit de perfectionner la race locale par elle-même, par la méthode dite de sélection, en éloignant les animaux défectueux et en concentrant la reproduction dans les types qui se rapprochaient le plus de son idéal, qui était de réduire aux limites les plus faibles tout ce qui n'est pas viande, et de produire des animaux aussi précoces que possible.

Telle que nous la rencontrons actuellement, cette

FIG. 52. — Vache Durham, à courtes cornes.

variété de la race des Pays-Bas, présente les caractères suivants :

Le volume relatif du squelette est faible, la tête est très fine ainsi que les extrémités ; la poitrine présente une grande ampleur et une grande profondeur, ce qui détermine la brièveté relative des membres antérieurs ; le développement des masses adipeuses sous-cutanées, se fait remarquer surtout chez les vaches à la base de la queue et à la pointe des ischions, où il est souvent exagéré.

Aucune autre variété n'a les lombes plus larges et plus planes et les hanches plus écartées ; mais aucune non plus n'a ordinairement une moindre distance entre la hanche et la pointe de la fesse ; aucune n'a les masses musculaires de la croupe et de la cuisse relativement moins développées.

Les éleveurs anglais n'ont rien fait pour corriger ce défaut, parce que, contrairement au goût dominant chez nous, ils estiment moins la viande de la région dont il s'agit. Ils se sont appliqués seulement à développer la poitrine et les lombes, où se trouve celle qui a leurs préférences.

Les pelages formés des couleurs rouge et blanche diversement combinées, qui se rencontrent seuls, ne sont point particuliers à la variété Durham dans la race des Pays-Bas. On les trouve, comme nous le verrons sur toute l'étendue de l'aire géographique de cette race, chez les autres variétés, en proportions diverses ; mais ils sont en outre de même exclusifs à deux au moins d'entre elles. Il n'en faut pas moins remarquer que la couleur noire ne s'y montre jamais, ni aux poils, ni aux cornes, ni au mufle, ni aux paupières. On l'a soigneusement éliminée par sélection.

Variété flamande. — La couleur des animaux

appartenant à cette variété est d'un rouge brun, avec quelques taches blanches à la tète ou aux extrémités ; très souvent, ils n'ont aucune marque de cette couleur. La taille varie de 1 ,30 à 1ᵐ,45, mesurée au garrot, avec une longueur d'environ 2 mètres et des hanches larges de 50 à 60 centimètres.

La variété flamande, bien qu'excellente laitière, est remarquable par sa facilité d'engraissement et sa précocité. On la rencontre dans toutes les Flandres belges et françaises.

II. **Race Germanique**. — Les caractères spécifiques de cette race sont : des cornes courtes et arquées en avant. La face est déprimée ; le pelage présente les quatre couleurs : blanche, noire, rouge et jaune; le rouge prédomine le plus souvent. Parfois le noir forme des bandes verticales, à contours peu réguliers, ce que l'on appelle le *pelage bringe*, que l'on rencontre très souvent dans la variété normande.

On trouve actuellement des représentants de la race germanique, dans l'Allemagne du Nord, sur les côtes de la Baltique, dans le Holstein, dans le Schleswig et dans les îles Danoises ; en Angleterre, dans les comtés de Glocester, de Hereford et autres régions du centre ; en France, dans les cinq départements qui se sont formés de l'ancienne province de Normandie. Les principales variétés qui en sont issues, sont : les variétés allemandes et danoises ; les variétés normandes (variété augeronnes, variété cotentine) ; la variété de Hereford.

Les seules intéressantes pour nous sont les variétés normandes.

La *variété cotentine* (fig. 53) est de grande taille ; elle atteint, chez le bœuf, jusqu'à 1ᵐ,80, très exception-

nellement 2 mètres ; les vaches jusqu'à 1ᵐ,35. La tête est
forte, souvent courte, avec un mufle large et une bouche
largement fendue ; des oreilles épaisses et larges, des
cornes lisses quelquefois très courtes et arquées en avant.

FIG. 53. — Vache cotentine.

le plus souvent relevées sur la pointe. Le squelette est
très volumineux ; la poitrine est étroite et peu profonde,
le dos un peu tranchant. Le pelage bringé prédomine,
et il est très rare de rencontrer des sujets d'une seule
couleur.

La variété cotentine est principalement exploitée
comme laitière. Son ossature grossière la rend défec-
tueuse pour la boucherie.

La *variété augeronne*, quoique plus rustique et plus grossière, est cependant mieux conformée pour la boucherie. Sa taille est un peu moins élevée que celle de la variété précédente, elle est moins lourde. Le pelage prédominant est le rouge et blanc.

Les mâles des deux variétés que nous venons de décrire, ne sont pas en général vendus à la boucherie à l'état adulte, par suite de leur conformation défectueuses; ils sont livrés au commerce de Paris à l'état de veaux de lait.

III. Race Irlandaise. — Elle se distingue par sa face allongée, ses cornes effilées, arquées, en dedans d'abord, puis en arrière, et sa petite taille.

La race irlandaise a une aire géographique limitée au pays de Galles, à l'Irlande, à l'ancienne Armorique et aux îles de la Manche, Jersey, Guernesey et Aurigny. Elle a donné naissance à un certain nombre de variétés dont les seules ayant un intérêt, d'ailleurs assez faible, pour nous, sont les variétés bretonnes et celles des îles de la Manche.

Elles sont toutes deux exploitées spécialement pour le lait, cependant elles fournissent des bœufs qui s'engraissent facilement et donnent une viande d'excellente qualité, très recherchée en Angleterre.

IV. Race Britannique. — Cette race ne compte qu'un nombre très restreint de représentants en France, entretenus dans les grandes exploitations, beaucoup plus par curiosité que dans un but d'utilité ; les animaux de la race britannique se distinguent en effet des autres bovidés, par l'absence de cornes.

En Angleterre, on les exploite spécialement comme animaux de boucherie.

V. Race des Alpes (fig. 54). — La race des Alpes
comprend des animaux à face large et aplatie ; dont

Fig. 54. — Vache de la race des Alpes, variété de Schwitz.

les cornes sont courbées en avant et légèrement relevées à la pointe ; elles sont blanches à la base, noires à

l'extrémité. Le pelage prédominant varie du brun foncé au brun clair. Les nombreuses variétés de cette race sont répandues dans les cantons de la Suisse allemande, dans le Valais et dans le Tessin, dans le Tyrol, dans les Alpes Savoisiennes, particulièrement dans la Tarantaise.

Elles sont toutes de taille moyenne, exploitées pour le lait, qui est d'excellente qualité. Les bœufs sont peu recherchés pour la boucherie, leur viande étant très grossière.

VI. Race d'Aquitaine. — La race d'Aquitaine, répandue dans tout le bassin de la Gironde, à l'exception du cours supérieur de la Garonne, donne des animaux de haute taille, très aptes au travail, excellents pour la boucherie.

Les bœufs de cette race ont le mufle et les paupières roses ; le pelage est toujours jaune ; la tête est forte ; le cou est très épais et pourvu d'un fanon très développé. La charpente osseuse est très forte et les extrémités sont en général grossières.

Les principales variétés à signaler sont : *la variété agenaise ; la variété garonnaise ; la variété limousine*, l'une des meilleures ; *la variété de Lourdes.*

VII. Race Ibérique. — Les bœufs de la race ibérique ont la tête relativement petite, à cornes fines et très pointues ; le profil est rentrant à la racine du nez, la face est large, courte, camuse. Le col court, épais et muni d'un fanon très développé. La taille moyenne est de 1^m,25 à 1^m,30. Le pelage présente toutes les nuances du jaune, les tons dominant étant les fauves.

La chair de ces animaux n'est pas très abondante, mais lorsqu'ils sont convenablement engraissés, elle a très bon goût.

La race ibérique disséminée en Espagne, dans les îles de la Méditerranée et en France dans le bassin de l'Adour, est la souche des variétés corse, sarde, napolitaine, sicilienne, espagnole et portugaise, pyrénéenne, landaise et charolaise.

VIII. Race Vendéenne. — A cette race appartiennent les plus grands bœufs de l'Europe, leur taille dépasse souvent 1^m,45 ; ils sont de construction massive, à corps ample et long ; à membres relativement courts et volumineux. La tête est généralement forte, pourvue de cornes longues. Les poils sont d'une seule couleur, mais d'un jaune plus ou moins foncé ; les paupières et le mufle sont généralement noirs.

Les bœufs fournissent une chair d'excellente qualité ; principalement ceux dits choletais. On les rencontre dans les départements de Maine-et-Loire, de la Vendée, des Deux-Sèvres, de la Charente-Inférieure, de la Charente, d'Indre-et-Loire, de l'Indre, de la Vienne, de Loir-et-Cher, ainsi que dans la Haute-Vienne, la Creuse, la Corrèze, le Lot, l'Aveyron, la Lozère et le Cantal. La population bovine de ces contrées peut se répartir en cinq variétés qui sont : *la variété maraîchine*, la *variété nantaise*, la *variété poitevine*[1], la *variété marchoise*, la *variété de l'Aubrac*.

IX. Race Auvergnate. — La race auvergnate est de grande taille et d'un poids vif très élevé. La hauteur moyenne chez le mâle dépasse 1^m,40 et va jusqu'à 1^m,50. Le squelette est volumineux, la tête forte et souvent les membres aussi. Le corps est ample, la poitrine est

---

[1] Les bœufs de cette variété sont connus dans la boucherie parisienne sous le nom de *choletais*.

profonde. Les membres sont relativement courts, à cuisses épaisses.

La race est pourvue des trois poils, rouge, blanc et noir ; la couleur rouge prédomine. Le mufle est rosé ainsi que les paupières ; les cornes plantées d'abord horizontalement et arquées en avant, se relèvent en décrivant un arc. Leur pointe est toujours noire.

Les bœufs auvergnats n'ont pas d'aptitudes prédominantes ; ils fournissent une chair d'excellente qualité. On les rencontre dans le Cantal et le Puy-de-Dôme ; les deux variétés issues de leur race portent les noms de ces deux départements.

X. **Race Jurassique.** — Les bovidés appartenant à la race Jurassique sont tous de grande taille, $1^m,45$ au garrot, et $2^m,25$ de longueur, de la nuque à la base de la queue. Le poids vif des mâles adultes dépasse souvent 1000 kilogrammes. Le profil est droit ; les cornes sont dirigées horizontalement en dehors, les pointes sont un peu relevées. Le pelage est variable, les quatre couleurs blanche, noire, rouge et jaune, sont présentes. On les rencontre en mélanges divers ou séparément ; mais le plus souvent le blanc, qui ne manque jamais et l'une des autres nuances. Le mufle et les paupières sont toujours de teinte rosée chez les sujets purs.

La race jurassique produit des bœufs très aptes à l'engraissement. On la rencontre en Suisse, dans les cantons de Neufchâtel, de Fribourg et de Berne ; en Alsace, dans le duché de Bade et dans le Palatinat bavarois ; en France, dans toute la Franche-Comté, dans les départements de l'Ain, de la Haute-Marne, de Saône-et-Loire, de la Nièvre ; dans une partie du Cher et de l'Allier.

Dans ces contrées, on l'exploite spécialement dans les

vallées propres aux herbages ; rarement dans les parties
élevées.

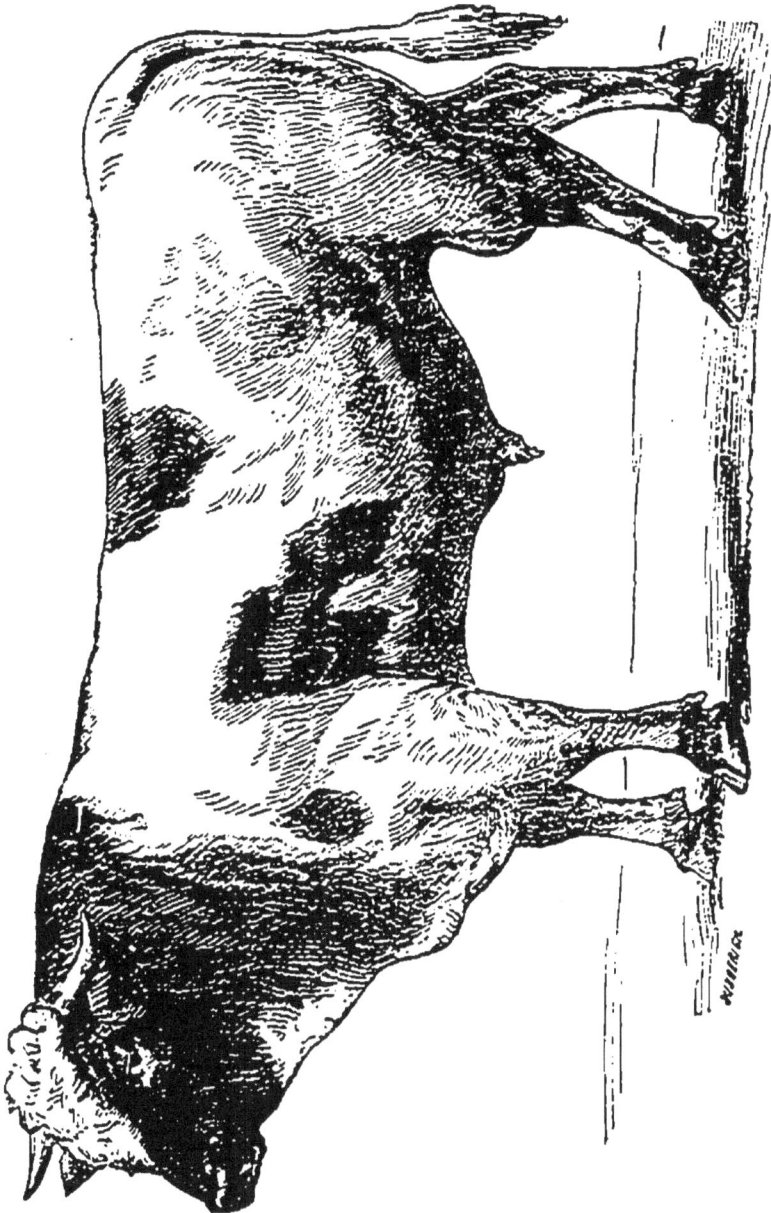

Fig. 55. — Taureau fribourgeois.

Les principales variétés sont : *la variété de Sim-
menthal, la variété Bernoise, la variété Fribour-*

geoise (fig. 55), *la variété Bressane, la variété Comtoise, la variété fémeline et les variétés Niver-*

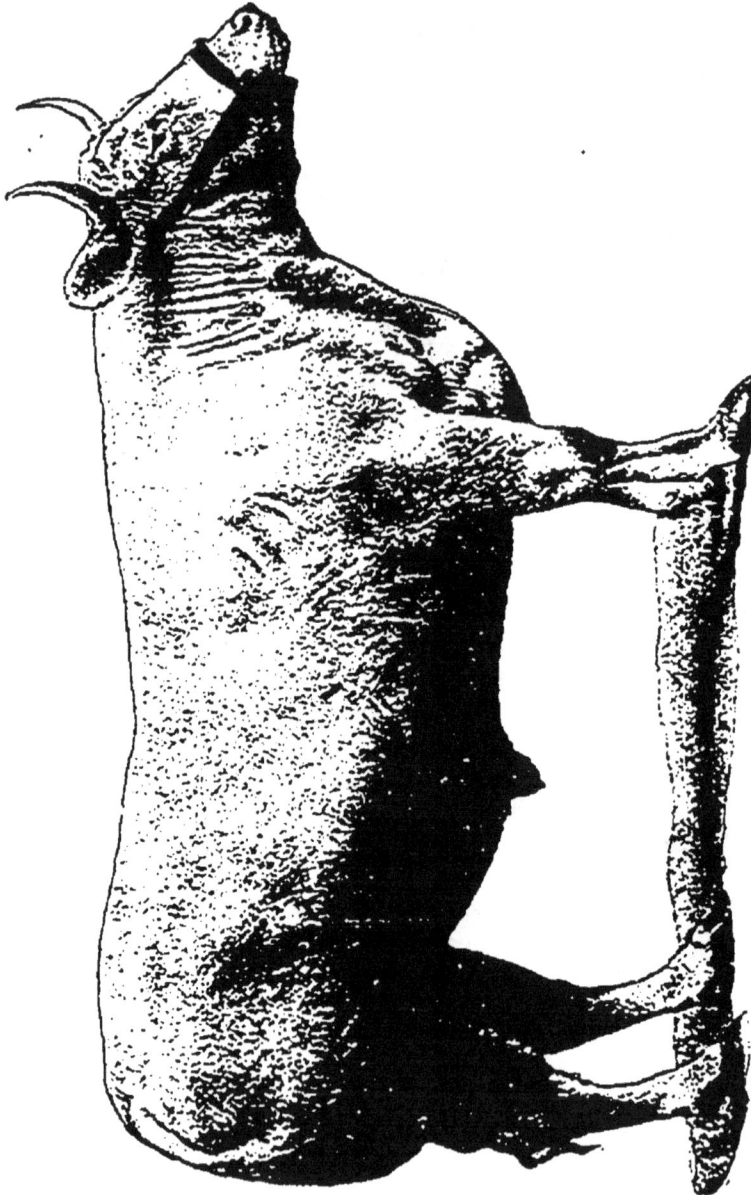

FIG. 56. — Bœuf charolais, Concours 1885, 1er prix.

naise et *Charolaise.* Ces deux dernières méritent toute notre attention.

La *variété charolaise* (fig. 56) fournit à la boucherie
ses meilleurs bœufs; c'est une des plus anciennes et
des plus belles de France. Son pelage blanc ou café au
lait clair la caractérise au premier coup d'œil. Elle est
grande et forte, rustique, énergique, par conséquent
très propre au travail. Les bœufs sont très précoces, et
à l'âge de quatre à six ans ils sont envoyés dans les
pâturages où on les engraisse. Ils atteignent facilement
le poids vif de 1200 à 1400 kilogrammes.

La *variété nivernaise* ressemble beaucoup à la
précédente dont elle est issue.

Race Asiatique. — Elle a fourni les variétés répandues dans la Camargue et une partie de l'Italie. Les
bœufs sont remarquables par leurs très longues cornes
et leur pelage gris et jaunâtre.

Race Écossaise. — Très peu connue en France, on
ne la rencontre guère que dans le West-Highland. Les
animaux de cette race sont caractérisés par leur faible
taille, et par des poils très longs, d'une couleur rouge
foncé ou brun.

Pour faciliter la reconnaissance de la race, nous
avons groupé les têtes des principales races qui se rencontrent sur le marché français. Il sera facile, quand
on aura bien présents à l'esprit les caractères que nous
figurons, de savoir si l'on se trouve en présence d'un
normand (fig. 57) ou d'un limousin (fig. 58), d'un
nivernais (fig. 59) ou d'un manceau (fig. 60), d'un
charolais (fig. 61) ou d'un salers (fig. 62).

Métis. — Nous venons de parler des races pures;
on obtient des métis par des croisements entres elles.
Pour nous conformer à l'usage le plus répandu, nous
leur conserverons le nom de *races*.

FIG. 57. — Bœuf normand.

FIG. 58. — Bœuf limousin.

FIG. 59. — Bœuf nivernais.

FIG. 60. — Bœuf manceau.

FIG. 61. — Bœuf charolais.

FIG. 62. — Bœuf Salers.

Les principales races métisses sont : *la race mancelle, la race Durham-mancelle, la race bazadaige,
la race du Mézenc.*

2 Composition de la viande.

Viande de bœuf. — Elle est la plus riche en suc, son
tissu est le plus dense, et par conséquent, à égal volume,
le plus nutritif: son goût peu prononcé est agréable.
aussi peut-on la consommer presque continuellement,
sans en être fatigué. D'ailleurs on peut, suivant les
désirs, l'accommoder de maintes façons.

D'après les analyses de Lawes et Gilbert, la composition de la viande du bœuf serait la suivante :

	Bœuf 1/2 gras	Bœuf gras
Eau	60,7 p. 100	51,5 p. 100
Matières albuminoïdes	16,5 —	13,1 —
Graisse	20,0 —	34,7 —
Sels	0,8 —	0,7 —

Viandes de vache grasse. — On a trouvé en
moyenne :

Eau	70,96 pour 100
Matières albuminoïdes	19,86 —
Graisse	7,70 —
Cendres	1,07 —

Les matières albuminoïdes sont formées d'albumine,
de fibrine musculaire, de substance gélatineuse et une
faible quantité de bases, dans les proportions moyennes
suivantes :

Albumine.	2,86 pour 100
Matière gélatineuse.	13.14 —
Fibrine musculaire.	3.04 —

Ces proportions varient avec le morceau que l'on a choisi pour l'analyser.

Viande de veau. — La viande de veau est moins facilement digestible que la viande de bœuf; cela tient à ce que les fibres de la première, étant très tendres, ne sont pas aussi complètement broyés par la mastication, qui ne fait que les amollir.

La valeur nutritive de la chair de veau dépend de l'âge auquel il est abattu. La viande des jeunes veaux est molle et très aqueuse, par conséquent peu nourrissante; il est donc préférable de ne pas les livrer trop tôt à la boucherie.

La manière dont on a pratiqué l'abatage a aussi une certaine influence; si la saignée a été très complète, la viande sera moins nourrissante que si on a laissé une certaine quantité de sang dans les tissus.

La composition moyenne de la viande de veau est la suivante :

Eau	67,0 pour 100
Matières albuminoïdes	15,8 —
Graisse	16,3 —
Sels	0,9 —

II. RACES OVINES

1. Étude des races ovines

Race Germanique. — Les animaux de cette race présentent les caractères suivants : les arcades orbitaires sont très saillantes, la tête est toujours chauve et les

cornes manquent généralement, elles sont remplacées
par de fortes dépressions des fronteaux. La toison est
grossières mais à brins très longs, à peine ondulés.
Ces moutons donnent beaucoup de viande, mais celle-ci
est de qualité médiocre.

On rencontre la race germanique dans l'Allemagne
centrale, surtout en Westphalie ; en Angleterre, dans
les comtés de Lincoln et de Leicester. Elle a donné
naissance aux variétés allemandes ; westphaliennes,
franconniennes, bavaroises et würtembergeoises ; à la
variété Leicester, dite *Dishley* et à la variété *Lincoln*.

La *variété Dishley* (fig. 63) est la plus célèbre ; son
aptitude à la production de la viande a été développée
à un très haut degré au siècle dernier, par l'illustre
agronome anglais Backwel, qui a fait pour elle ce que
Colling a fait pour la variété bovine de Durham. Ces
moutons sont remarquables par leur grande précocité,
ils se sont considérablement répandus en France et en
Allemagne.

La *variété Lincoln* fournit des animaux ayant
les mêmes caractères que la variété de Leicester, mais
ils sont de plus grande taille. Elle est surtout exploitée
pour la production de la viande.

II. **Race des Pays-Bas.** — Les moutons de cette
race ont le front large, les arcades sourcilières peu
saillantes, pas de cornes, point de dépression à la racine
du nez, le larmier est peu profond. Leur taille est de
$0^m,60$ à $0^m,70$, la chair est grossière et peu délicate.

On trouve actuellement des représentants de la race
des Pays-Bas, dans la Zélande hollandaise, dans l'île de
Texel ; en France, sur les côtes de Normandie. Les variétés
sont : la variété Hollandaise et la variété New-Kent.

FIG. 63. — Bélier et brebis Dishley.

III. **Race des dunes.** — Les moutons ont le front large et plat, à arcades orbitaires saillantes, pas de cornes le plus souvent. La peau est sur tout le corps, plus ou moins pigmentée, depuis la teinte ardoisée, jusqu'à la teinte noire ; elle l'est toujours sur la face et sur les membres. La taille est variable mais la moyenne est de 0^m,60.

La race des dunes s'accommode facilement des pâturages des sols maigres, mais elle ne supporte pas l'humidité. On la rencontre en Angleterre, dans les comtés de Sussex, de Hamp et de Dorset, où on l'élève dans les dunes du bord de la mer. Les animaux appartenant à cette race sont les plus aptes à l'engraissement. Leur chair est d'une grande finesse de goût et la graisse est d'excellente qualité.

Nous signalerons les variétés suivantes :

La variété Southdown (fig. 64), qui fournit des sujets de très petite taille, énergiques, agiles et rustiques, très améliorés, que l'on élève, ainsi que le nom l'indique, dans les dunes de la côte sud de l'Angleterre. Les moutons de cette variété sont assez répandus en France et sont élevés avec grand succès par un certain nombre d'agriculteurs ;

Les variétés *Hampshiredown*, *Oxfordshiredown*, *Shropshiredown* et *Black-faced*.

IV. **Race du Plateau-Central.** — Les moutons appartenant à la race du plateau central (fig. 65) ont le front bombé, les arcades orbitaires saillantes, les cornes contournées en spirale, toujours absentes chez la femelle. La laine courte et frisée est blanche, noire, brune ou rousse. Cette race s'engraisse parfaitement et donne une viande d'excellente qualité.

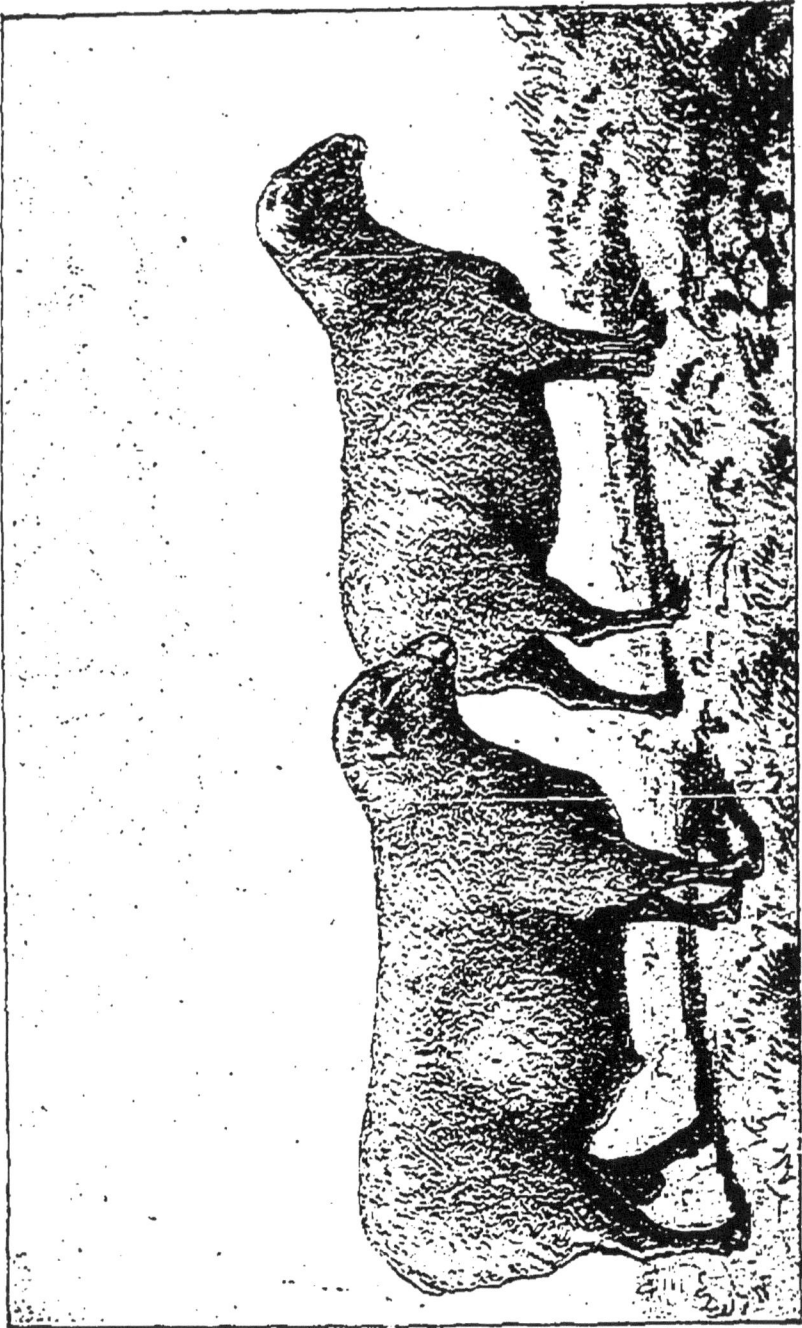

Fig. 64. — Bélier et brebis Southdown.

La race du Plateau-Central se rencontre dans les départements du Cantal, du Puy–de–Dôme, de la Corrèze, de la Creuse, de la Haute–Vienne, dans une partie de ceux de la Charente, de la Vienne et des Deux-Sèvres.

Fɪɢ. 65. — Tête de mouton. Race du Plateau-Central.

Elle a donné naissance aux variétés auvergnate, marchoise et limousine.

V. Race de Danemark. — Les moutons danois ont le front étroit, les arcades orbitaires saillantes, la tête forte, sans cornes. La laine est d'un blanc terne, longue et douce, la viande est de qualité médiocre.

La race danoise a donné naissance à un grand nombre de variétés qui peuplent le nord de l'Europe : la Russie, la Suède, la Norvège, l'Islande, la Jutland, le nord-ouest de l'Allemagne. On la rencontre en France dans les anciennes provinces de l'Artois, de la Flandre et du Poitou.

Les principales variétés sont : la *variété des Landes du nord*, répandue en Suède, en Danemark, en Hanovre, dans les Highlands d'Ecosse.

La *variété des Polders*, sur la côte nord-est des Pays-Bas.

Les *variétés flamande, artésienne, picarde* et *poitevine*.

VI. **Race britannique.** — Les moutons de cette race ont le front étroit, les arcades orbitaires saillantes, une forte dépression à la racine du nez. La tête est grosse, les oreilles longues et pendantes, la queue est courte. Les cornes manquent chez le mâle et la femelle. La laine est d'un blanc mat, longue et douce. La viande est médiocre.

La race britannique a donné naissance aux variétés suivantes : la *variété Cottswold*, la *variété du Buckinghamshire* et la *variété Cheviot*, qui peuplent les comtés de Glocester, de Willt, d'Hereford, d'Oxford, de Worcester, de Glamorgar, de Sommerset, de Buckingham, de Reus, de Norfolk et de Northumberland, en Angleterre.

VII. **Race du Bassin de la Loire.** — A cette race appartiennent des moutons à front étroit, à arcades orbitaires effacés ; sans cornes. La toison est courte et frisée. Ils s'engraissent bien et donnent une chair excellente.

La race du bassin de la Loire occupe les plaines du Berry et de la Sologne, où l'on trouve les variétés suivantes : la *variété berrichone*, la *variété de Crevant* et la *variété solognote*.

VIII. **Race des Pyrénées.** — Les moutons pyrénéens ont le front étroit. Les mâles ont toujours des cornes, les femelles en sont pourvues souvent aussi. Cette race se distingue par son aptitude laitière ; sa viande est d'excellente qualité. La laine est ordinairement blanche et rude.

Le berceau de la race des Pyrénées est situé dans les hautes vallées du versant espagnol ; elle s'est répandue de là dans le bassin de l'Adour et dans celui de la Garonne.

Les variétés françaisss sont : les *variétés basquaise* et *béarnaise, gasconne* et *landaise*, les *variétés albigeoise* et *du Larzac*, la *variété lauraguaise*.

IX. **Race mérinos.** — Cette race, célèbre pour sa laine, donne une viande de basse qualité.

X. **Race de Syrie.** — Les animaux appartenant à cette race se distinguent par la présence, de chaque côté de la queue, toujours peu longue, de masses adipeuses plus ou moins développées.

Cette race se rencontre en Europe, en Asie et en Afrique ; son aire géographique est très étendue.

XI. **Race du Soudan.** — Ce sont des moutons de très grande taille (1 mètre et au-dessus), leurs membres sont très longs et forts, la poitrine est peu profonde et mince, le corps est grêle. Ils ont des oreilles longues, larges et toujours pendantes de chaque côté de la tête. La queue est toujours courte et ne porte que des poils.

Cette race se rencontre dans le Soudan et dans l'Afrique centrale, chez les Touaregs, en Égypte, en Perse, en Asie Mineure et en Grèce ; en Italie, elle est connue sous le nom de *race de Bergame*.

Nous représentons les têtes des principales races ovines, pour mieux permettre de distinguer le mouton berrichon (fig. 66) du mouton mérinos (fig. 67) ou du mouton bergamasque (fig. 68).

2. *Composition de la viande de mouton.*

La viande de mouton a des fibres fines et un tissu plus lâche que la viande de bœuf ; elle est facilement digestible. Elle a une saveur particulière et souvent très prononcée, qui, dans ce dernier cas, est fort désagréable.

FIG. 66. — Mouton berrichon.

FIG. 67. — Mouton mérinos.

FIG. 68. — Mouton bergamasque.

Nous avons trouvé dans l'analyse de différents morceaux maigres, la composition moyenne suivante :

	Mouton gras	Mouton ordinaire	Mouton maigre
Eau.	72,00 0/0	73,25 0/0	78,06 0/0
Matière sèche. . .	28,00 —	26,75 —	21,94 —
Matière grasse . .	6,06 —	4,63 —	1,73 —
Matière azotée. . .	21,90 —	22,11 —	19,86 —

Les matières azotées renferment très peu de substances gélatineuses, leur composition est d'après Mine :

Albumine	Fibrine musculaire	Gélatine et pertes
3,60 pour 100	10,52 pour 100	0,21 pour 100

III. RACES CAPRINES.

L'espèce chèvre *(Ovis capra)*, au point de vue qui nous occupe, ne présente qu'une très faible importance ; en effet, ce n'est pas à proprement parler, du moins chez nous, un animal de boucherie.

1. *Etude des races.*

On connaît trois races de chèvres :

1° La **chèvre d'Europe**, caractérisée par un front déprimé, des arcades orbitaires très saillantes ; des poils toujours longs et rudes.

2° La **chèvre d'Asie**, qui se distingue par son poil long et soyeux, recherché pour la confection de certaines étoffes de luxe. Les variétés les plus connues sont celles du Thibet et d'Angora.

3° La **chèvre d'Afrique** à poil ras.

2. *Composition de la viande.*

La viande de chèvre est généralement impropre à l'alimentation à cause de son goût musqué très prononcé.

On consomme seulement la viande de chevreau, dont la chair a un fumet de venaison, qui la fait rechercher dans quelques contrées ; elle peut être considérée comme aliment de luxe, apprécié par certains amateurs.

IV. ESPÈCES EXOTIQUES.

Il nous reste, avant de terminer la nomenclature des ruminants domestiques, utilisés pour l'alimentation de l'homme, à parler de quelques espèces exotiques, qu'on a essayé d'acclimater en Europe, mais sans grand succès. Comme on les rencontre dans nos colonies, elles ont encore de l'intérêt pour nous : ce sont les *zébus*, les *buffles* et les *yacks*.

Zébus. — Le zébu *(Bos indicus)* ne se distingue du bœuf ordinaire que par la bosse qu'il porte sur le garrot. Sa taille est très variable, quelques variétés dépassent à peine la hauteur de la chèvre.

Les zébus sont utilisés dans l'Hindoustan, le nord et le centre de l'Afrique et dans la Malaisie.

Buffles. — On rencontre le buffle commun *(Bos bubalus)*, en Italie, sur les bords du Danube, dans l'Asie Mineure, dans l'Inde, dans une grande partie de l'Afrique. Cet animal, le plus souvent à demi-sauvage, vit dans les contrées humides et marécageuses.

Nous ne connaissons qu'accidentellement la chair de ces animaux, aussi n'ont-ils qu'un intérêt très secondaire pour nous : néanmoins nous ne pouvions pas nous dispenser de les mentionner, car un jour, avec les moyens de transports perfectionnés, peut-être verrons-nous leur viande figurer sur nos marchés.

Il en est de même de l'espèce suivante :

Yacks. — Le yack ou bœuf grognant *(Pœphagus gemmiens)* se distingue par son mufle nu dans toute sa longueur ; il porte des cornes minces, pointues, implantées

très haut et dirigées en dehors, en avant et en haut, en
forme de croissant. Ses poils sont très longs, tombants,
sa queue très fournie ressemble à celle du cheval. Sa
robe est généralement moirée de noir et de blanc.

Le yack vit à l'état sauvage dans les montagnes du
Thibet et de la Mongolie ; il a été domestiqué dans ces
contrées.

V. RACES PORCINES

La viande de porc a une très grande importance pour
l'alimentation des populations rurales et pour les ma-
rins ; cela tient beaucoup plus à la facilité avec laquelle
elle se conserve qu'à ses qualités nutritives et hygié-
niques.

A ce dernier point de vue, de grandes précautions
sanitaires sont nécessaires, car le porc est susceptible
de contracter un grand nombre de maladies, qui rendent sa chair impropre à l'alimentation. nous en repar-
lerons plus loin. C'est là le motif qui la fit proscrire
par Moïse et par Mahomet ; le danger était plus grand
encore en Asie Mineure et en Arabie qu'il ne l'est
dans les régions tempérées.

1. *Etude des races.*

M. Sanson distingue trois races dans l'espèce porcine :

1° **Race Asiatique.** — Les porcs appartenant à cette
race ont la tête relativement petite, les oreilles courtes,
étroites, aiguës et dressées ; le corps court et cylindrique, les membres courts et un peu grêles. On les

connait sous les noms de *cochons chinois, tonkins, etc.*

2° **Race Celtique.** — Cette race, qui est encore la plus répandue en Europe, présente les caractères spéci-fiques suivants : le front est plat et large, la face est

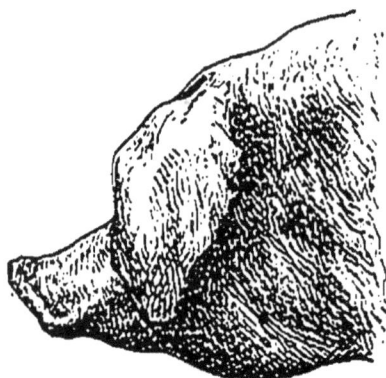

Fig. 69. — Porc manceau.   Fig. 70. — Porc normand.

Fig. 71. — Porc anglais (Yorkshire).

très allongée, le groin est large et épais, les oreilles grandes et tombantes. Le corps est très allongé, les membres sont volumineux. Les porcs de la race celtique

sont de très grande taille, leur couleur est le blanc jaunâtre.

Les principales variétés sont : les *variétés crao-
naise, mancelle* (fig. 69) et *normande* (fig. 70).

3° **Race Ibérique.** — A cette race appartiennent
des animaux qui ont le front étroit, légèrement déprimé,
la tête assez petite, les oreilles étroites, allongées, un
corps cylindrique, des membres courts, mais bien mus-
clés. Les porcs ibériques sont noirs.

La race ibérique a donné naissance à un certain
nombre de variétés, dont les principales sont : la *variété
du Quercy*, la *variété du Périgord*, la *variété du
Limousin* et la *variété du Béarn*.

Métis. — En Angleterre, on s'est appliqué à l'amélioration des variétés indigènes par des croisements avec
les races asiatique et ibérique, desquels sont. résultés
les porcs métis yorkshires et les porcs berkshires.

Les *yorkshires* ont été obtenus par le croisement des
truies indigènes avec des mâles métis d'asiatiques et
d'ibériques. Ce sont des animaux de forte taille, de
couleur blanche.

Les *berkshires* proviennent du mélange des variétés
indigènes et de la race asiatique. Leur robe est un
mélange de blanc et de noir.

Les caractères bien tranchés de la tête, permettront
de distinguer le porc manceau (fig. 69), le porc normand (fig. 70) et le porc anglais de Yorkshire (fig. 71).

2. *Composition de la viande de porc.*

D'après les analyses de MM. Lawes et Gilbert, la
composition de la chair de porc est la suivante :

	Porc maigre	Porc gras
Eau.	57,6 pour 100	38,5 pour 100
Matières albuminoïdes.	11,1 —	8,6 —
Graisse.	30,7 —	52,6 —
Sels.	0,6 —	0,3 —

VI. — LE CHEVAL

Historique. — L'usage de la viande de cheval remonte aux temps les plus reculés ; en se fondant sur les découvertes archéologiques, on serait même amené à penser qu'elle servit de nourriture aux peuples préhistoriques, bien avant le bœuf et le mouton. Elle fut toujours consommée d'une façon plus ou moins irrégulière, dans les moments de disette ou pendant les sièges.

Mais sa mise en vente régulière en France et la création d'abattoirs hippophagique ne remonte guère qu'à 1856, époque à laquelle Isidore Geoffroy–Saint–Hilaire recommandait l'utilisation de la chair des équidés et disait à juste raison : « N'est-il pas absurde de perdre chaque mois, par toute la France, des millions de kilogrammes de bonne viande, quand par toute la France aussi, il y a des millions d'hommes qui manquent de viande ? » Son enseignement porta ses fruits et fut continué par un certain nombre de savants, parmi lesquels M. Henri Bouley, et dès 1866 l'administration municipale dut réglementer la vente de la viande de cheval.

Les principales dispositions de l'ordonnance de police[1] rendue à ce sujet, sont les suivantes :

[1] Ordonnance de police du 9 juin 1866.

ART. 2. — Les chevaux ne seront abattus que dans les tueries spécialement autorisées à cet effet et situées dans la circonscription de la Préfecture de police.

ART. 3. — Le transport, la vente et la mise en vente, pour l'alimentation, de la viande de cheval provenant des clos d'équarrissage ou de tueries autres que celles indiquées en l'article précédent, sont prohibés dans Paris et les communes rurales placées sous notre juridiction.

ART. 4. — Il ne pourra être procédé à l'abatage des chevaux destinés à la consommation, qu'en présence d'un vétérinaire ou inspecteur commis à cet effet par le Préfet de police.

ART. 5. — Les chevaux seront soumis à l'inspection du préposé mentionné en l'article ci-dessus, tant avant l'abattage qu'après le dépeçage des viandes. Les viscères seront livrés au même examen, afin de permettre une appréciation complète de l'état de santé de l'animal abattu.

ART. 8. — Seront considérés comme impropres à la consommation : les chevaux morts naturellement ou abattus en état de fièvre par suite de blessures; ceux qui sont atteints d'une maladie quelconque, de plaies purulentes ou d'abcès, même au sabot.

Sont également exclus les chevaux dans un état d'extrême amaigrissement.

ART. 12. — Les étaux affectés au débit de la viande de cheval seront indiqués au public par une enseigne en gros caractère indiquant la spécialité.

ART. 13. — Le colportage de la viande de cheval est interdit.

Défense est faite de vendre cette viande partout ailleurs que dans les établissements admis pour ce genre de commerce.

ART. 14. — Les restaurateurs et tous les autres marchands de comestibles préparés, qui vendront de la viande de cheval cuite ou dénaturée, sans en indiquer clairement l'espèce, ou qui la mélangeront frauduleusement avec d'autres viandes, seront poursuivis correctionnellement par application de l'article 423 du Code pénal ou de la loi du 27 mars 1851, suivant la nature du délit.

Malgré ce règlement qui donne une grande sécurité aux consommateurs, l'hippophagie ne fit pas de grand progrès jusqu'en 1870. Le siège de Paris battit fortement en brèche le préjugé si peu fondé qui s'opposait à l'introduction de la chair du cheval dans l'économie domestique ; on fut obligé de gré ou de force d'admettre cet aliment sain et de bon goût, car nous n'avions guère le choix et les plus récalcitrants durent tôt ou tard se rendre devant la nécessité.

Cette douloureuse époque passée, le bœuf, le mouton, le porc, reprirent leurs droits, comme il convient à leur rôle économique, mais le cheval, bien qu'un peu délaissé, ne rencontra plus d'adversaires de parti pris.

Boucheries hippophagiques. — Actuellement les boucheries de cheval sont nombreuses à Paris, dans les quartiers pauvres, particulièrement à Clignancourt où j'ai pu constater à plusieurs reprises, il y a quelques années, que les marchandises vendues étaient d'une très bonne qualité. Le prix sans cesse croissant de la viande a, du reste, favorisé cette branche de la boucherie, et assuré son existence.

Il existe à Paris et dans le département de la Seine deux abattoirs spéciaux pour l'abatage des équidés, destinés à être livrés à la consommation, l'un connu sous le nom d'abattoir de Villejuif, est situé à Paris, 151, boulevard de l'Hôpital, l'autre se trouve à Pantin, rue des Moulibouts.

Les bouchers hippophagiques se procurent les chevaux hors de Paris ou au marché aux chevaux ; ils en trouvent encore un certain nombre chez les particuliers. Beaucoup sont livrés à la boucherie à la suite de blessures accidentelles et souvent ce ne sont pas les sujets les plus mauvais.

L'abatage se fait de la façon suivante : l'animal est assommé au moyen d'un merlin, et aussitôt saigné d'un coup de couteau dans le poitrail, dont on ouvre les gros vaisseaux. Cette opération terminée, le cheval est soulevé à une certaine hauteur au moyen d'une corde fixée au jarret qui s'enroule autour d'un treuil.

Lorsque tout le sang s'est écoulé on procède au dépouillement et à la coupe des morceaux : ces opérations se font de la même manière que pour le bœuf.

Statistique. — Avant 1870 on tuait mille chevaux par an à Paris, cette proportion tend à augmenter comme le montrent les chiffres suivants :

En 1874 (chevaux).		4.682
1885..		11.720
1886 chevaux	13.377	
— ânes	304	13.708
— mulets.	27	

Valeur alimentaire. — De l'avis de tous les chimistes et de tous les hygiénistes qui se sont occupés de cette question, la viande de cheval est un aliment parfaitement sain, et aussi nutritif que la viande de bœuf,

Les analyses suivantes de Leyder et de Pyro, de Bruxelles, le montrent :

CHEVAL MAIGRE

	Cou	Filet	Cuisse
Eau.	72,02 p. 100	76,00 p. 100	75,22
Substance fixe. . . .	24,08 —	24,00 —	24,78
Substances musculaires .	22,85 —	21,76 —	23,26
Graisse.	0,95 —	1,24 —	0,52
Cendres.	1,00 —	1,00 —	1,00

CHEVAL GRAS

	Cou	Filet	Cuisse
Eau	75,1 p. 100	77,3 p. 100	79,28
Substance fixe. . . .	24,9 —	22,7 —	20,72
Substances musculaires .	22,16 —	20,64 —	18,86
Graisse	1,74 —	1,06 —	0,86
Cendres	1,00 —	1,00 —	0,00

Les qualités nutritives de la viande de cheval, comme celles de tous les animaux, varient avec l'âge, l'état de l'animal, la région dont elle provient ; le sexe a aussi une certaine influence ; la chair des juments et des chevaux hongres est de meilleure qualité que celle des étalons.

Caractères de la viande de cheval. — Les signes extérieurs auxquels on peut reconnaître la viande de cheval, sont la couleur plus foncée que celle de la viande de bœuf, une odeur *sui generis* assez appréciable dans la viande fraîche. Les muscles présentent une ténacité plus grande que celle des autres animaux de boucherie. Les fibres se désagrègent facilement et se réduisent en bouillie lorsqu'on les malaxe entre les doigts.

La graisse de couverture fait souvent défaut ; la

graisse intérieure a l'aspect huileux, jaunâtre de la graisse d'oie.

En dehors de ces caractères qu'il ne faut considérer que comme très sommaires, les hommes de l'art ont à leur disposition les caractères ostéologiques et anato-miques qui leur permettent de baser leurs appréciations sur des faits certains. Il ne rentre pas dans notre cadre de les décrire, nous renvoyons le lecteur aux ouvrages spéciaux [1].

On a divisé la viande de cheval en trois catégories, d'une manière analogue à la classification adoptée pour les ruminants. La première donne des morceaux que l'on peut manger rôtis ou grillés, les deux dernières servent pour le pot-au-feu ou pour la préparation semblable du mets semblable au bœuf à la mode, mode de cuisson qui convient parfaitement à la viande de cheval. Une grande quantité de celle-ci sert également à préparer des saucissons.

VII. LE MULET ET L'ANE

Ce que nous venons de dire du cheval s'applique au mulet et à l'âne. Cependant la chair de ce dernier se rapproche beaucoup plus de celle du veau ou du porc que de celle du bœuf; elle est plus délicate que la viande de cheval et très appréciée dans quelques contrées où il est encore d'usage d'en consommer à certains jours de fête. Elle convient parfaitement pour la préparation des saucissons.

---

[1] Chauveau, *Anatomie comparée des animaux domestiques*, 4ᵉ édit. Paris, 1889. — L. Villain, *Manuel de l'Inspecteur des viandes*.

CHAPITRE III

ABATAGE DES ANIMAUX DE BOUCHERIE

I. ABATAGE DES GRANDS RUMINANTS

L'abatage des ruminants se fait généralement, en France, par deux procédés : l'*assommage* et l'*égorgement* ou *sacrification;* rarement par le procédé de l'*énervation* ou *section de la moelle épinière,* qui est assez usité en Angleterre et en Espagne.

Assommage. — Ce procédé consiste à tuer l'animal, dont la tête est maintenue attachée près du sol, par un ou plusieurs coups de masse appliqués sur la nuque ou sur le front. Ce mode d'abatage est très primitif; il présente de nombreux inconvénients dont les principaux sont les suivants : exécuté par un ouvrier inhabile, il prolonge l'agonie de l'animal pendant un temps souvent très long; en outre, certains animaux ont selon l'expression des bouchers, *la tête molle* et ne paraissent fort peu s'apercevoir des coups de masse. Enfin, l'assommage cause un épanchement sanguin dans le cerveau, qui en rend la vente difficile et en facilite l'altération.

Quelquefois, et afin d'abréger les souffrances de

12.

l'animal, des bouchers font suivre l'assommage de
l'énervation. Cette opération se fait au moyen d'un
stylet étroit et effilé que l'on introduit entre l'occipital
et la première vertèbre cervicale ; elle cause instan-
tanément la mort, si le stylet est manié par une main
habile.

Le mode d'abatage le plus expéditif et celui qui
demande le moins de dextérité, est l'abatage avec le
merlin anglais, instrument dont
on se sert presque exclusivement
aux abattoirs de la Villette.

Ce merlin (fig. 72) est une masse
en fer du poids de 2 kilogrammes,
emmanchée à une barre de fer ronde,
longue de 90 centimètres. Il présente d'un côté la forme d'un emporte-pièce, et de l'autre, il est
contourné en forme de crosse.

L'animal que l'on veut abattre
est maintenu par une corde passée
dans un anneau scellé en terre, la

FIG. 72. — Merlin
anglais.

tête un peu moins basse que pour l'assommage ordinaire ;
le boucher doit d'un seul coup enfoncer l'emporte-pièce
soit au milieu du front, soit dans la nuque ; on met fin
à l'agonie de la victime en détruisant le bulbe rachidien
au moyen d'une baguette en jonc introduite par le trou
pratiqué dans la tête.

Pour faciliter encore le travail et éviter les accidents
par défaut d'adresse, M. Bruneau a inventé un appareil
qui consiste en un masque en cuir que l'on met devant
les yeux du bœuf, et qui est maintenu par deux courroies,
l'une passant autour des cornes, l'autre sous la gorge.

Au milieu du masque, à hauteur du frontal, est encadré dans le cuir une plaque de fer dont le dessous s'applique parfaitement sur le front. Un trou cylindrique percé dans le milieu de la plaque, donne passage à un boulon terminé, soit par une pointe, soit par un emporte-pièce, dont l'intérieur est évidé de manière à former une chambre d'air.

Pour l'abatage, le masque étant en place, on introduit le boulon dans le trou de la plaque, puis on frappe avec un maillet en bois sur la tête du boulon, qui pénètre de 5 à 6 centimètres dans la cervelle de l'animal et y introduit quelques bulles d'air, ce qui hâte la mort. L'animal tombe foudroyé, et l'on fait disparaître les dernières contractions en détruisant la bulbe au moyen de la baguette en jonc, comme nous l'avons vu plus haut.

L'abatage du bœuf avec l'appareil de M. Bruneau demande environ 30 à 40 secondes ; ce procédé présente les avantages suivants : 1° la mort survient rapidement et sans souffrance; 2° la viande se conserve parfaitement; 3° l'ouvrier chargé de l'opération ne court aucun danger et ne manque jamais son coup.

Quel que soit le procédé employé, l'assommage est suivi de la saignée faite au moyen d'une large incision de la gorge qui ouvre l'aorte antérieure à son origine, ou la carotide primitive à sa base. Quelques bouchers saignent les bœufs au niveau du gros vaisseau formé de chaque côté, par la réunion des deux veines jugulaires. La sortie du sang est favorisée par le foulage ou pression exercée avec le pied sur les flancs de l'animal, et accompagnée d'un mouvement de va-et-vient imprimé au moyen d'une corde attachée au membre antérieur correspondant.

Procédé israélite. — L'animal que l'on veut sacrifier, selon les prescriptions de la religion juive, est garrotté fortement, puis jeté à terre où on le maintient les quatre pieds réunis. Un aide maintient la tête renversée en arrière, le cou fortement tendu, et le sacrificateur, armé d'une sorte de cimeterre ou damas, à manche très court, à lame longue et arrondie à son extrémité et à fil très tranchant, tranche la gorge du bœuf en évitant avec soin d'atteindre les vertèbres, car la viande serait alors réputée impure. Ce procédé est des plus barbares; l'agonie de l'animal se prolonge très longtemps [1] et tout son corps est secoué par des contractions effrayantes.

Abatage des veaux. — Le veau est simplement égorgé; jamais on ne l'assomme avant de le saigner.

L'opération se pratique de deux manières, verticalement ou horizontalement.

1° *Verticalement.* — On attache les pieds de l'animal à la corde du treuil de l'échaudoir; cette corde enroulée monte le veau à une certaine hauteur, la tête en bas. L'opérateur n'a plus alors qu'à faire une large incision dans la gorge.

2° *Horizontalement.* — Le veau est couché sur un étal, long établi à claire-voie, placé dans la cour de travail, les quatre membres réunis par des cordes, la tête seule libre. L'égorgement se fait alors comme nous venons de l'indiquer.

II. ABATAGE DES MOUTONS

Les moutons sont couchés sur l'étal.

Un ouvrier maintient par les pieds l'animal à abattre,

---

[1] Elle dure souvent 20 minutes et plus.

pendant qu'un deuxième tend le cou, appuie le genou droit sur le corps et, d'un coup de couteau, ouvre largement la gorge ; un mouvement brusque est imprimé à la tête pour ouvrir l'articulation occipito- atloïdienne et sectionner la moelle épinière. L'ouvrier fait cesser la contraction musculaire, en introduisant son fusil dans le canal rachidien.

III. ABATAGE DU PORC

A l'abattoir de la Villette, les porcs sont abattus dans le brûloir. Pour faciliter le travail et permettre qu'une seule personne le fasse, l'animal est assommé au moyen d'un maillet muni d'un manche assez long. Cette première opération faite, on le saigne. Le sang, qui a une grande valeur pour la confection du boudin, est recueilli dans une poêle, où on l'agite de manière à l'empêcher de se coaguler, en amenant la séparation de la fibrine.

IV. LES ABATTOIRS

Maintenant que nous connaissons les moyens en usage pour sacrifier les animaux de boucherie, il est nécessaire de parler de l'installation des locaux, où dans les centres un peu importants, doivent se faire ces opérations.

L'installation des abattoirs où les bouchers sont tenus d'abattre, dans la plupart des villes, les animaux nécessaires à leur commerce, est une chose moderne. Au siècle dernier, les bestiaux étaient sacrifiés dans des hangards contigus aux boucheries, ou même, le plus souvent, devant la porte de l'établissement.

L'un des premiers abattoirs construits à Paris fut celui

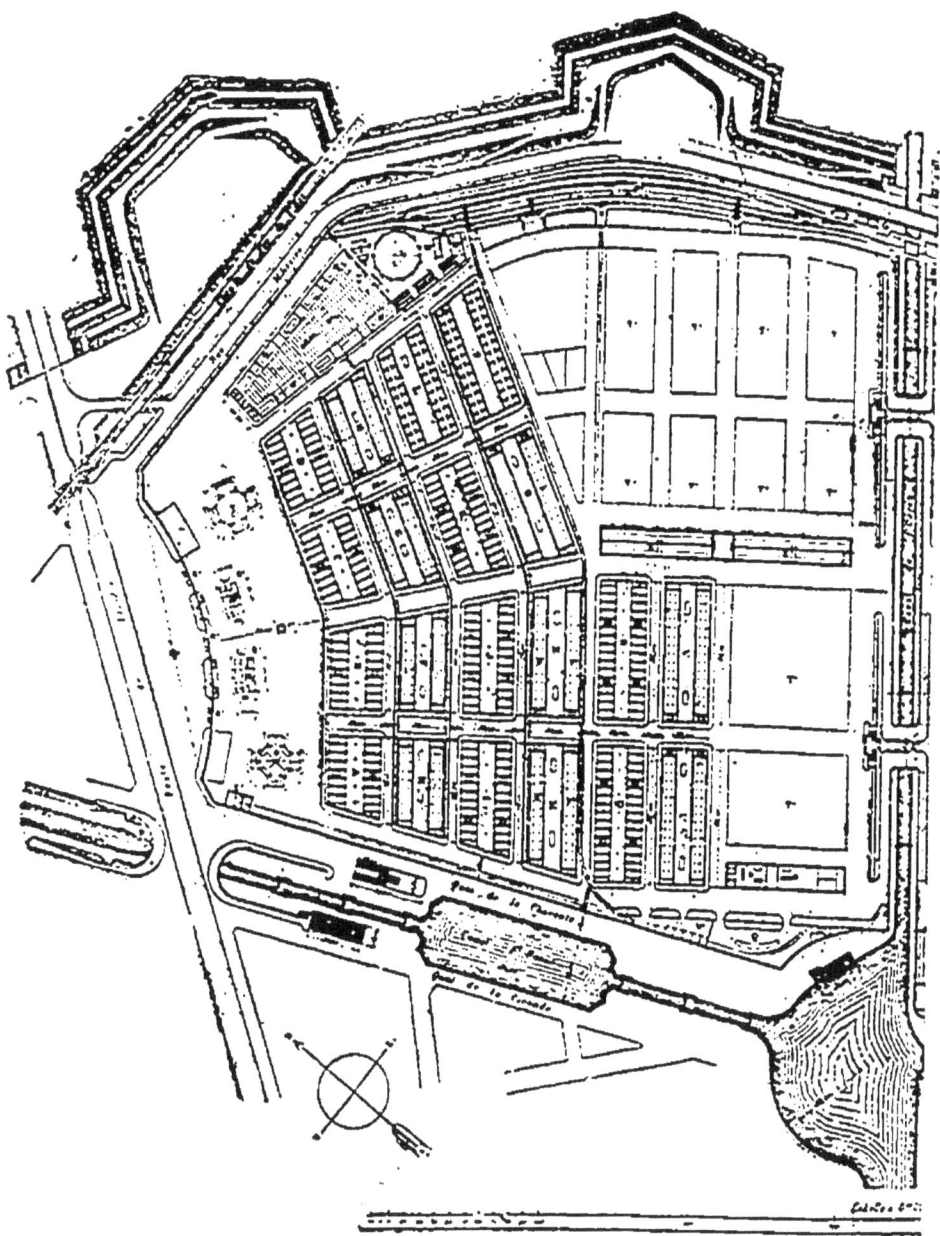

FIG. 73. — Plan des nouveaux Abattoirs de la Villette

A', grande cour sur la rue de Flandre et grille d'entrée; B', octroi et concierge:
C', vente à la criée; D, ancienne triperie et logement; E' poste de police et de
pompiers. F, bouveries; G, bergeries et étables à veaux; H, échaudoir; I', chemin
de fer de l'Est; F', pendoirs; K'. dégraissoirs; L', brûloirs; M', coche de la porcherie; N', boyauderies; O', porcheries; P, chemin de service des abattoirs; Q'.
coche général; R' Triperie; S, dépendances de la triperie; T, terrains libres pour
bâtiments à construire; U, horloge; V, ateliers de boyaudiers; X', bouveries provisoires.

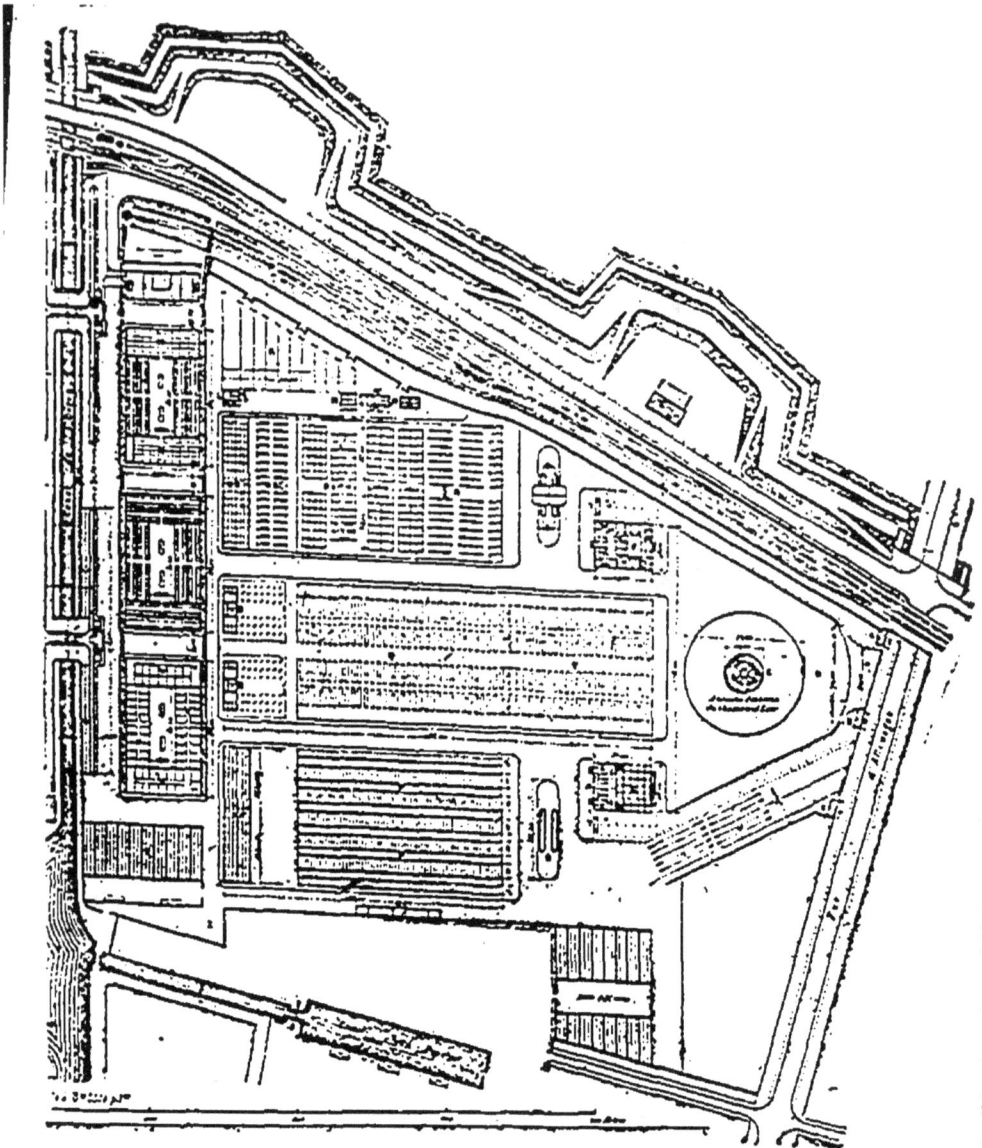

FIG. 74. — Plan du Marché aux bestiaux de la Villette.

A, concierge; B, octroi; C, régie; D, grande cour de la rue d'Allemagne, entrée des animaux venant en voiture; E, fontaine du Château-d'Eau; F, administration; G, bourse; H, bureau de la régie; I, parc de comptage des bœufs venant à pieds; J, parc de comptage des moutons venant à pieds; K, parc de comptage des animaux venant par le chemin de fer; L, régie; M. octroi; N, cabinets d'aisances; N', échaudage des porcs; N'', chauffage des fers (réservoirs au-dessus); O, abreuvoirs; P, abri pour moutons; Q, abri pour bœufs; R. abri pour porcs et veaux; S', resserres du matériel des veaux et porcs; T, bouveries; U, porcheries; V, bergeries; W. étables à veaux; X, écuries, remises et salles d'attente; Y, restaurants et buvettes; Z, dépôts du fumier; Z' ponts sur le canal de l'Ourcq; AA', bouveries provisoires; BB', porcheries provisoires; CC' cabinets d'aisances, magasins de claies, écuries, remises et ateliers de menuiserie et serrurerie; DD, abreuvage des porcs.

de Montmartre, vers 1810; ceux du Roule, de Gre-
nelle, de Villejuif et de Ménilmontant, furent ensuite
créés.

Le 20 janvier 1865, on décida la construction des
abattoirs généraux de la Villette, et nous allons en
donner la description détaillée ; nous ne saurions en effet
trouver un meilleur exemple.

Les abattoirs généraux (fig. 73), auxquels on a adjoint
le marché aux bestiaux (fig. 74), sont situés entre la
route de Flandre, la route militaire, le canal de l'Ourcq
et le canal Saint-Denis.

L'ensemble des constructions comprend :

Trois bâtiments occupés par l'administration ;

La boucherie comprenant deux bâtiments formant
neuf cours de travail ;

La charcuterie, qui occupe le grand bâtiment connu
sous le nom de *pendoir* ;

Un bâtiment pour la triperie ;

La criée de l'abattoir installée dans la rotonde de
gauche;

Le corps de garde occupe un bâtiment.

Le coche et la boyauderie se composent chacun d'un
bâtiment.

En outre, deux établissements particuliers occupent
deux bâtiments, l'un où se fait l'acidulation du sang,
l'autre est un entrepôt pour le cuir vert.

A ces treize grands bâtiments il faut ajouter 21 étables pour la boucherie et la porcherie.

187 échaudoirs sont actuellement ouverts au commerce.

Les cours où se fait une grande partie du travail ont
été couvertes depuis quelques années ; ce perfectionne-

ment était depuis longtemps réclamé par les ouvriers qui se trouvaient exposés à toutes les intempéries.

Échaudoirs. — Les échaudoirs sont d'assez vastes pièces rectangulaires, installées uniformément dans l'abattoir, et que l'administration loue aux bouchers en gros pour l'abatage de leur bétail.

Dans chacun de ces locaux sont disposées, dans le sens de la longueur, deux grandes poutres en fer ou *pentes,* auxquelles on suspend les gros animaux, au moyen d'un *tinel*, traverse en bois arrondie, que l'on monte au moyen de deux poulies et d'un treuil.

Le petit bétail est suspendu à des chevilles fixées sur les côtés de l'échaudoir.

Le sol des échaudoirs et des cours de travail est recouvert de ciment de Portland. On a disposé dans chaque cour un certain nombre de puisards destinés à recueillir le sang. On trouve dans chaque échaudoir une prise d'eau.

Les gros animaux sont abattus dans l'échaudoir ; les petits le sont généralement dans la cour.

L'abatage et le dépeçage terminés, l'échaudoir se transforme en salle de vente, où les bouchers étaliers viennent s'approvisionner.

Étables. — Les étables comprennent la bouverie la bergerie et la porcherie. La bouverie et ses dépendances peuvent recevoir 2947 têtes de gros bétail. Les taureaux sont placés dans une étable spéciale.

Les bergeries, divisées par cases, reçoivent les moutons et les veaux ; elles peuvent loger 12.700 têtes de ces deux espèces.

Les porcheries peuvent contenir 2200 porcs.

Bâtiment de la charcuterie. — Le bâtiment occupé

par la charcuterie, ou pendoir, est une vaste nef ; à l'intérieur sont disposées des rangées de colonnes de fonte qui supportent des tringles de fer servant à suspendre les animaux.

Des locaux nommés *dégraissoirs* sont situés sur les côtés de la nef et correspondent à chaque travée ; ils sont au nombre de dix.

A l'issue des extrémités du pendoir se trouve le brûloir ; ce bâtiment a la forme de l'hexagone régulier; il est divisé en six compartiments. Le toit du brûloir forme une vaste cheminée.

Le pendoir et les dégraissoirs sont munis d'un grand nombre de prises d'eau, qui permettent d'y assurer la plus grande propreté.

Triperie. — C'est dans ce local que sont traitées toutes les issues de l'abattoir.

La triperie comprend : des bureaux, des magasins pour les huiles, des salles où sont placés les étuves et les filtres ; un local pour l'échaudage, un local pour la cuisson, un local pour le grattage des pieds à la mécanique, un local pour le *bottelage*, un local pour la cuisson des panses de mouton, un local pour la fonte des détritus et l'extraction du suif, un local pour l'échaudage des têtes de veau, un local pour rafraîchir les têtes, un local pour le lavage et le nettoyage des panses.

CHAPITRE IV

PRÉPARATION DES ANIMAUX ABATTUS

I. HABILLAGE DES ANIMAUX

On nomme *habillage*, en terme de boucherie, les manipulations que l'on fait subir aux animaux après leur mort.

Voici comment se fait le travail[1].

Travail des bœufs. — Il faut, pour l'habillage des grands animaux, une équique de cinq garçons bouchers :

1° Un maître-garçon, dont le rôle est de fendre les bœufs, de les parer et de les approprier pour la vente.

2° Un second et un troisième, qui doivent placer les bœufs sur les pentes de l'échaudoir.

3° Un quatrième, qu'on appelle *le baladeur* et qui est employé un peu partout.

4° Un cinquième occupé à *la dégraisse* des intestins.

Dès que l'animal est abattu et saigné, un garçon muni d'un fendoir brise les cornes ; puis la tête est retournée, renversée à droite, pour servir à caler l'animal que l'on vient de fixer sur le dos ; une pièce de bois ou un pavé maintient le corps du côté gauche. Les autres

---

[1] Villain et Bascou, *Manuel de l'Inspecteur des viandes.*

ouvriers coupent les pieds ; les pieds antérieurs enlevés, ils passent aux pieds postérieurs, et, en incisant la peau jusqu'au jarret, mettent à nu les pieds.

On foule alors l'animal, pour que le sang s'écoule en entier de l'ouverture béante de la saignée.

Cette opération terminée, on procède au brochage qui consiste à introduire de l'air par une ouverture pratiquée dans la région sternale, et, au moyen d'un soufflet, dans le tissu cellulaire ; ce qui permet de dépouiller plus facilement l'animal, sans gâter ni la peau ni la viande. Pour que cet air soit également réparti dans toutes les parties du corps, un ouvrier en frappe fortement toutes la surface avec une baguette. Lorsque le soufflet est retiré, on procède au dépouillement de la bête.

La peau étant enlevée jusqu'au dos, on ouvre la paroi thoracique et l'abdomen, et après avoir élevé le bœuf à une certaine hauteur au-dessus du sol, on enlève les estomacs, les intestins et les organes respiratoires, le cœur, etc., puis on sépare complètement la peau du corps. L'animal est maintenant accroché aux pentes et le maître-garçon procède à la séparation des épaules, qui sont accrochées aux chevilles latérales de l'échaudoir (fig. 75).

Quand le travail est complètement terminé, l'échaudoir est nettoyé, et les bœufs dépouillés, placés sur deux rangs, sont disposés pour la vente.

Travail des veaux. — Les diverses manipulations nécessaires, pour préparer les veaux après l'abatage, sont très minutieuses.

Aussitôt que les veaux ont été saignés, on les insuffle, puis on les dépouille. Après les avoir blanchis, c'est-à-dire après avoir pratiqué sur les côtés une série de raies avec un couteau, à la surface du corps, on les suspend aux chevilles pour en terminer l'habillage. Le maître-garçon enlève les viscères et dispose tout pour la vente.

Travail des moutons. — L'opération commence par l'enlèvement des pieds et par le soufflage. On pratique ensuite les incisions qui sont nécessaires pour enlever la peau, on ne retire celle-ci de la partie supérieure du corps qu'après avoir suspendu l'animal aux chevilles, en même temps on enlève les intestins et les autres viscères.

Travail des porcs. — Une fois saigné, le porc est placé sur le ventre, pour faciliter l'enlèvement des soies. Ensuite on le brûle, d'abord sur un côté, en recouvrant l'animal de paille, à laquelle on met le feu. On procède de même pour l'autre côté.

Les porcs sont ensuite transportés sur un chariot au pendoir et suspendus à une cheville. On les arrose d'eau, et on enlève l'épiderme brûlé avec un couteau.

Après cette opération, on enlève les intestins par une incision pratiquée dans l'abdomen ou le sternum, qui permet en même temps séparer le cœur, les poumons et le foie. Enfin, on détache la tête par une incision circu- laire, faite au niveau de l'articulation occipito-atloï- dienne.

II. COUPE DE LA VIANDE

Coupe du bœuf. — Le bœuf, au point de vue de la boucherie, comprend les parties suivantes (fig. 76) :

ÉPAULE. — L'épaule forme : le paleron, le collier et la joue.

1° *Paleron.* — Il est constitué par le membre anté- rieur, depuis le bord supérieur du garrot, jusqu'à l'articulation carpo-métacarpienne. Il se subdivise en plusieurs parties, connues sous les noms : de crosse du

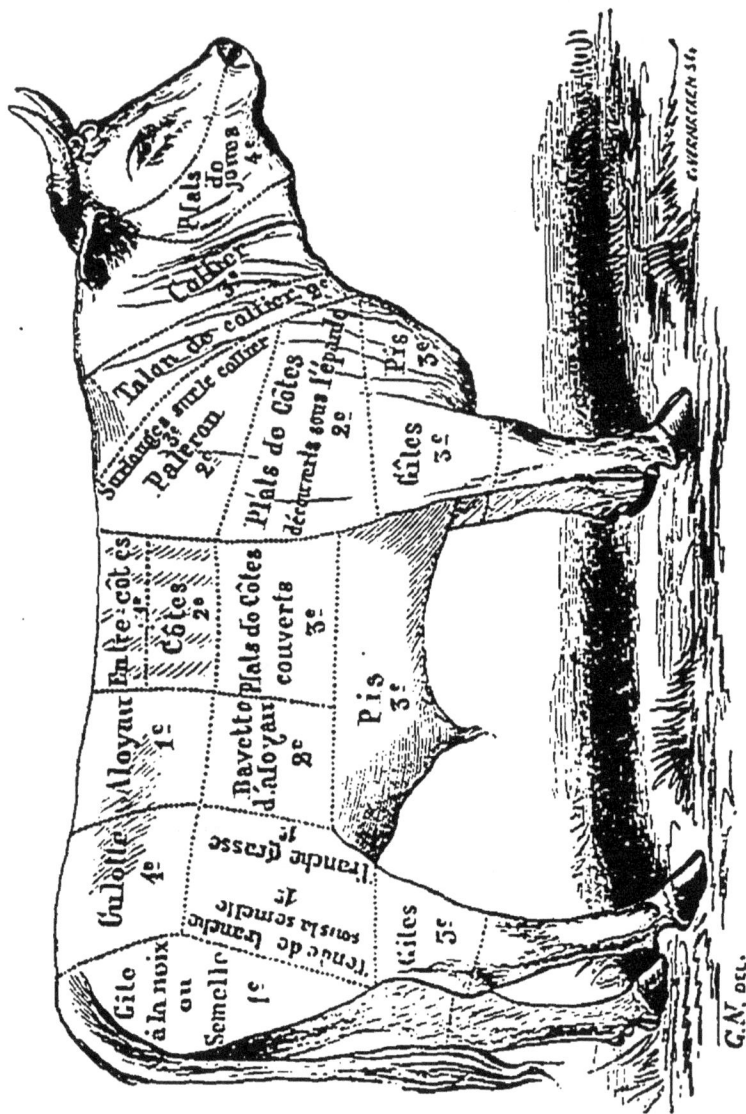

Fig. 76. — Coupe du bœuf à Paris.

gîte de devant, de jambe, de charolaise, de boîte à moelle, de jumeaux, de macreuse, de pointe de derrière ou paleron, et de talon de collier.

a) *Crosse du gîte de devant.* — Elle est formée par

les os du carpe et le quart inférieur du radius et du cubitus. Cette partie est ajoutée à la viande comme réjouissance.

b) *Jambe.* — Elle s'étend du quart inférieur du radius et du cubitus à l'articulation huméro-radiale; l'extrémité supérieure du cubitus ou olécrâne n'en fait point partie.

Ce morceau a pour base osseuse le radius et le cubitus, sa forme est cylindro-conique. Cette région appartient à la troisième catégorie de viande. Elle se débite par sections transversales, sous le nom de gîte de devant, et sert pour le pot-au-feu.

c) *Charolaise.* — La charolaise est située au-dessus de la jambe; elle a pour base osseuse le quart inférieur de l'humérus et l'extrémité supérieure du cubitus ou olécrâne. Sa forme est celle d'un tronc de cône d'environ 10 centimètres de hauteur. Cette partie est utilisée comme pot-au-feu et surtout comme réjouissance.

d) *Boîte à moelle.* — La boîte à moelle s'étend du quart inférieur de l'humérus jusqu'au tiers supérieur de cet os ; elle a pour base osseuse le corps de l'humérus. Ce morceau appartient à la deuxième catégorie et sert pour le pot-au-feu. Dans les gros bœufs, la boîte à moelle ne se détaille pas et fait partie de la macreuse.

e) *Jumeaux.* — Sous ce nom, on désigne une région étroite, située en avant de l'épine de l'omoplate et s'étendant du tiers supérieur de l'humérus au tiers supérieur du scapulum. Cette dénomination vient de ce que le morceau est coupé en deux parties symétriques ; il appartient à la deuxième catégorie de viande et sert pour le pot-au-feu. La viande est sèche et peu appréciée.

f) *Macreuse.* — La macreuse comprend la région

13.

de l'épaule et du bras située en arrière des jumeaux. Sa base osseuse est formée par les deux tiers inférieurs du scapulum et le tiers supérieur de l'humérus, moins les portions de ces os qui font partie des jumeaux.

La macreuse est un morceau de deuxième catégorie : elle sert pour la confection du bœuf à la mode et du pot-au-feu. C'est une viande agréable, à grains peu serrés.

g) *Pointe de derrière ou paleron*. — Le paleron est formé par le reste du membre antérieur, depuis le tiers supérieur du scapulum jusqu'au ligament sus-épineux ; la pointe du paleron a pour base solide une partie de l'omoplate et son cartilage de prolongement ; elle donne un pot-au-feu de bonne qualité. C'est un morceau de deuxième catégorie.

h) *Talon de collier*. — Ce morceau est situé en dessous de la pointe du paleron ; il appartient, comme les précédents, à la deuxième catégorie. Dans les bœufs de bonne qualité, le talon de collier peut être vendu comme beefsteack ; dans les autres, il ne sert que pour le pot-au-feu.

2° *Collier*. — Le collier est la région comprise entre le bord antérieur de l'épaule et l'occipital. Sa base osseuse est formée par les vertèbres cervicales. La viande que fournit le collier est vendue désossée ; elle est de troisième catégorie.

3° *Joue*. — La joue a pour base le maxillaire inférieur, la région orbitaire et une partie de la région crânienne. Ce morceau est de peu de valeur, il est généralement donné comme réjouissance.

II. Demi-bœuf proprement dit. — Il y a une légère différence entre le demi-bœuf de gauche et le demi-bœuf de droite. Ce dernier porte la queue et se nomme *côté de la queue;* le demi-bœuf de gauche possède l'onglet (piliers du diaphragme) et on le désigne sous le nom de *côté de fausse queue.*

Le demi-bœuf est divisé en un certain nombre de parties que nous allons examiner.

1° *Hampe.* — Elle est constituée par la portion charnue du diaphragme. C'est une bande assez épaisse donnant une viande de première qualité. On en fait souvent des beefsteacks.

2° *Onglet.* — Il est formé, nous l'avons vu plus haut, par les piliers du diaphragme; il est consommé, comme le morceau précédent, sous forme de beefsteacks.

3° *Pis de bœuf.* — Sous ce nom, on désigne la région de la poitrine et de l'abdomen, située au-dessous d'une ligne qui commencerait à l'extrémité antérieure du sternum et aboutirait au pubis. Elle a pour base osseuse le sternum et le tiers inférieur des côtes.

Le pis de bœuf se subdivise en *gros bout de poitrine, milieu de poitrine, tendrons, paillasse* ou *pointe de flanchet.*

a) Le gros bout de poitrine comprend la région sternale, depuis l'extrémité antérieure du sternum jusqu'au niveau de la troisième côte. Les os sont donc une partie du sternum et les trois premières côtes.

b) Le milieu de poitrine est une portion de la région sternale, qui va de la quatrième côte jusqu'à la septième. Elle renferme, comme parties osseuses, le restant du sternum et le tiers inférieur de la quatrième côte, de la cinquième, de la sixième et de la septième.

c) Les tendrons comprennent les cartilages de prolongement des fausses côtes, et la partie de la région abdominale comprise entre ces derniers et la ligne blanche.

d) La paillasse ou flanchet est formée par le reste de la paroi abdominale inférieure, moins 20 centimètres environ réservés à la pointe de flanchet.

La viande du pis de bœuf appartient à la troisième catégorie.

4° *Plat de côtes.* — Il est formé par le tiers moyen des parois thoraciques. Il se divise en plat de côtes de la surlonge, plat de côtes découvert et plat de côtes couvert.

a) *Plat de côtes de la surlonge.* — Il comprend les trois premières côtes. Le plat de côtes se trouve sous l'épaule, de la quatrième côte à la septième côte.

b) *Plat de côtes couvert.* — Il s'étend de la huitième à la onzième côte.

Le plat de côtes est un morceau de deuxième catégorie ; il fournit un très bon pot-au-feu.

5° *Bavette d'aloyau.* — Elle fait suite en arrière au plat de côtes couvert ; elle forme les parois latérales du flanc ; on y trouve un fragment des deux dernières côtes. Elle sert comme morceau de pot-au-feu et de beefsteack.

6° *Surlonge.* — Elle est placée immédiatement au-dessus du plat de côtes de la surlonge. Elle comprend les os suivants : le corps des trois premières vertèbres dorsales, l'apophyse épineuse de la première vertèbre, la moitié de la deuxième et un peu moins de la troisième.

Ce morceau appartient à la deuxième catégorie, il est vendu pour le pot-au-feu.

7° *Train de côtes.* — Ce morceau est situé en arrière de la surlonge ; il est divisé en : train de côtes découvert, de la quatrième vertèbre dorsale à la septième ; train de côtes couvert, de la huitième vertèbre dorsale à la dernière.

Ces morceaux sont généralement classés dans la deuxième catégorie.

8° *Aloyau*. — L'aloyau présente à peu près la forme d'une pyramide tronquée, s'étendant de la première vertèbre lombaire à une ligne transversale à la coupe, qui passerait par le milieu du sacrum et par l'angle cotyloïdien de l'ilium. On peut le prolonger jusqu'à la deuxième ou à la troisième avant-dernière côte ; il comprend comme os les vertèbres lombaires, l'ilium et la moitié antérieure du sacrum.

L'aloyau comprend le filet, le faux-filet et le room-steack.

a) *Filet*. — Le filet est une colonne charnue, aplatie à son extrémité antérieure, située au-dessous des apophyses transverses des vertèbres lombaires et de l'ilium. La partie antérieure du filet porte le nom de *queue* : elle est mince et large ; la partie moyenne est désignée sous le nom de *milieu de filet ;* c'est un morceau de choix et la partie postérieure sous celui de *tête du filet*.

b) *Faux-filet*. — Le faux-filet est formé par les muscles de la région spinale des lombes.

c) *Roomsteack*. — Sous ce nom on désigne la région qui fait suite au faux-filet.

L'aloyau forme la première catégorie de viande et fournit les rôtis et les beefsteacks les plus estimés.

9° *Culotte*. — La culotte est la région qui vient immédiatement après l'aloyau ; elle forme un prisme qui termine en arrière la région de la croupe. Sa base osseuse est formée par la moitié postérieure du sacrum, les vertèbres coccygiennes, le sommet du grand trochanter, une partie du col de l'ilium et une partie de l'ischium, y compris la tubérosité ischiatique.

Ce morceau appartient à la première catégorie. La partie antérieure fournit des rôtis et d'excellents beef-steacks ; la partie postérieure est le morceau de pot-au-feu le plus recherché.

Les muscles qui entourent le fémur, constituent la région appelée *globe*. Celle-ci se divise en trois parties : le tende de tranche, la tranche grasse et le gîte à la noix ou semelle.

a) *Tende*[1] *de tranche*. — Ce morceau a la forme d'un mamelon aplati et est formé par les muscles de la région crurale interne, pelvi-crurale et d'une partie de la région crurale postérieure. Les os qu'elle renferme sont : la cavité cotyloïde, une partie du col de l'ilium, la symphyse ischio-pubienne et le condyle interne du fémur.

Le tende de tranche appartient à la première catégorie. On le coupe d'abord dans le sens transversal, au niveau du tiers inférieur. Le morceau qu'on obtient ainsi est le tende de gîte, qui sert pour préparer les beefsteacks, le bœuf à la mode, le pot-au-feu. L'autre partie est coupée en deux par une section verticale : la partie antérieure porte le nom de *fausse pointe de tende*, et la partie postérieure est désignée sous le nom de *pointe de tende*.

La fausse pointe de tende donne de bons beefsteacks. La pointe ne peut guère servir que pour le bœuf à la mode et le pot-au-feu.

b) *Tranche grasse*. — Elle est formée par la région crurale antérieure et par le fémur dépourvu des deux condyles et du sommet du grand trochanter ; on y trouve aussi la rotule.

---

[1] Le mot *tende* est une corruption de *tendre*.

C'est un morceau de la première catégorie.

c) *Gîte à la noix.* — Le gîte à la noix fait partie de la région crurale postérieure. Les os qu'il renferme sont : le condyle externe du fémur et l'angle externe de l'ischium, moins la tubérosité ischiale qui appartient à la culotte.

Pour la vente, le gîte, qui appartient à la première catégorie de viande, est divisé d'abord en deux morceaux par une section transversale, passant par le tiers inférieur ; le morceau inférieur porte le nom de *faux morceau de gîte à la noix*, ou celui de *premier morceau*. L'autre portion, qui est la plus considérable, est divisée en deux parties égales par une section verticale ; l'une porte le nom de *tende de gîte à la noix*, l'autre, celui de *rond de gîte à la noix*.

Le gîte à la noix fournit un excellent bouillon, mais le bouilli est très sec.

10° *Jambe.* — La jambe est la région qui s'étend de l'articulation fémoro-tibiale à l'articulation tarso—métacarpienne. Elle renferme le tibia, le péroné et les os du tarse ; les muscles qui entourent ces os donnent au morceau l'aspect d'un tronc de cône. La jambe se débite par portions transversales sous le nom de *gîte de cuisse* ; ce sont des morceaux de troisième catégorie.

Coupe du veau (fig. 78). — Lorsque les veaux pèsent plus de 80 kilogrammes, ils sont coupés comme les bœufs.

Au-dessous de ce poids, les cuisses sont coupées en tranches obliques, connues sous le nom de *rouelles*. On distingue :

1° La *crosse* ou articulation du jarret.

2° Le *talon de rouelle*, formé d'une partie des muscles membraneux ou tendineux qu'on coupe par une incision faite de la rotule à la pointe de l'ischium.

3° Le *milieu de rouelle* est un morceau qui vient ensuite, et qui possède à une extrémité une partie des os de l'articulation fémoro-tibio-rotulienne.

4° *Morceau de l'os barré*, ainsi appelé parce qu'il porte dans son intérieur le fémur presque tout entier.

5° Le *quasi*, qu'on obtient ensuite par une incision faite au milieu du pubis.

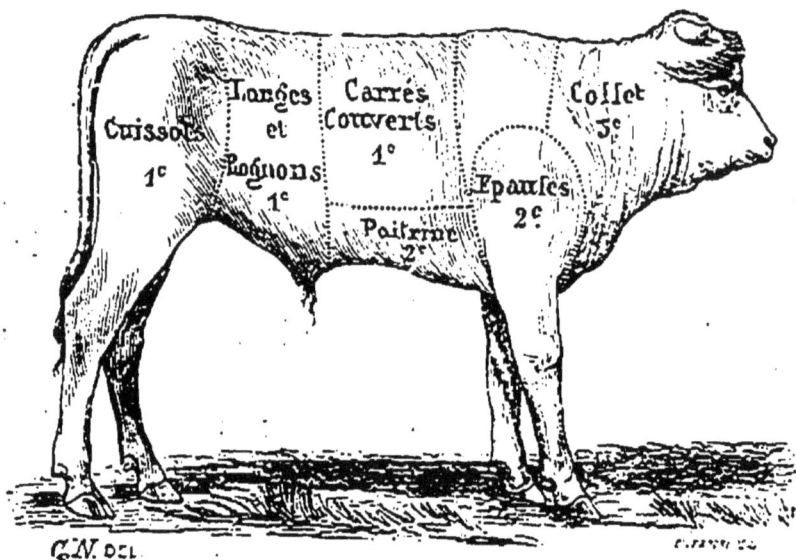

FIG. 77. — Coupe du veau à Paris.

6° L'*entre-deux*, qui termine la cuisse et qui se trouve placé entre elle et la longe.

7° *Longe de veau*. — Elle correspond presque à l'aloyau du bœuf et qu'on vend avec le rognon roulé dans son intérieur.

8° *Poitrine*. — Elle est composée par le sternum, le plat de côte et une partie des muscles de l'abdomen.

9° *Bas de carré découvert*. — Ce morceau est formé par les côtes placées sous l'épaule.

10° *Carré couvert*. — Il est formé par les dernières côtes sternales.

11° *Épaule* et *collet*. — Ce dernier morceau comprend les vertèbres cervicales.

Coupe du mouton (fig. 78). On distingue :

Demi-mouton. — L'animal est fendu en deux parties égales.

Rosbiff ou pan double. — Le mouton n'est pas fendu, on a seulement levé les épaules et retiré les poitrines avec le collet.

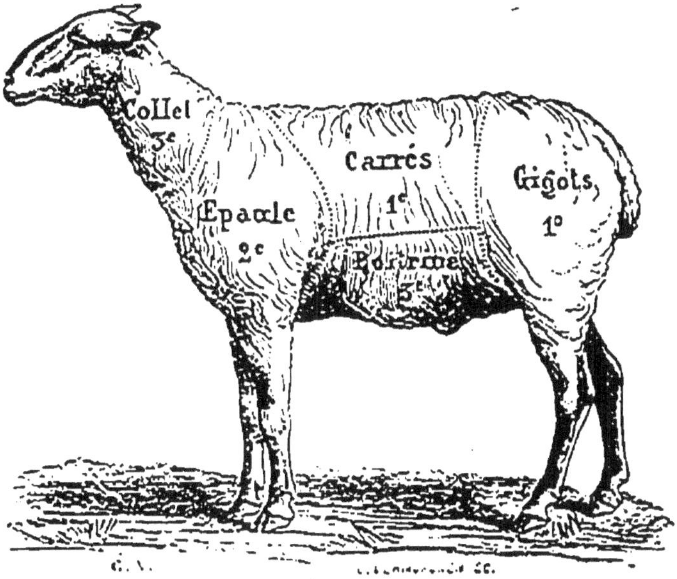

Fig. 78. — Coupe du mouton à Paris.

Pan de mouton. — Moitié de mouton, sans poitrine ni épaule.

Creux de mouton ou devant. — Demi-mouton comprenant les côtelettes découvertes, le carré couvert, le filet et la selle. Sous le nom de *côtelettes découvertes*, on désigne les côtes placées au-dessous de l'épaule ; le carré est formé par les huit dernières côtes et la selle par lesacrum.

Carré de côtelettes. — Il est formé par les treize côtes.

Culotte. — Elle est formée par les deux gigots non séparés.

Gigot avec selle, c'est-à-dire le gigot avec le sacrum.

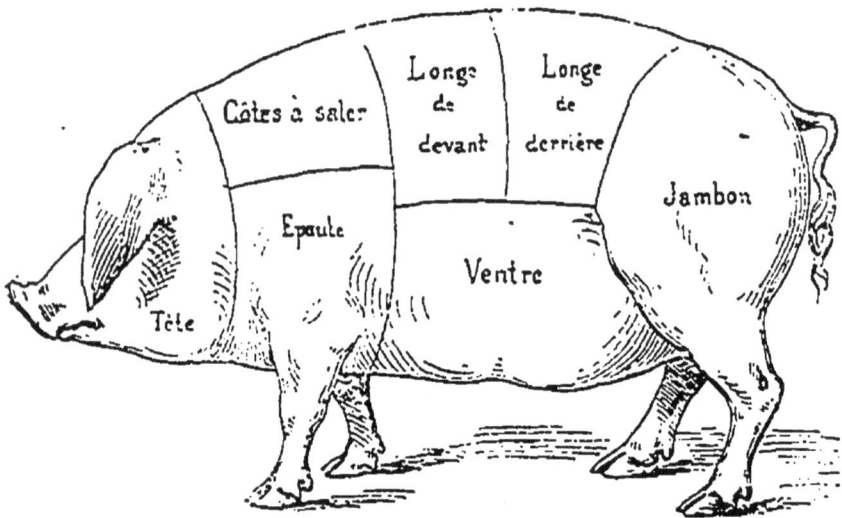

Fig. 79. — Coupe du porc à Paris.

Coupe du porc (fig. 78). — A Paris, on coupe le porc de la manière suivante :

Jambon. — Cette partie est constituée par la fesse et la cuisse. On fait aussi des jambons avec l'épaule.

Moitié de porc. — La moitié du porc est ensuite divisée par une ligne, qui part du milieu de la première côte pour tomber au-dessous de la symphyse pubienne. La partie inférieure porte le nom de *poitrine*, l'autre celui de *rein complet*.

Le rein complet se subdivise en cinq parties :

La *culotte*, formée par le sacrum.

Le *filet*, qui comprend les vertèbres lombaires.

Carré couvert. — Ce morceau correspond en partie au train de côtes du bœuf.

Échine. — Partie des côtes comprise sous l'épaule.

Collet ou *collier.* — Muscles et vertèbres du cou.

Jambonneaux de devant et de derrière. — Sous ces noms on désigne les parties inférieures des jambes.

Poitrine. — La poitrine est constituée par le sternum et les muscles de l'abdomen.

Lard gras. — C'est la bande de lard qui recouvre les reins et qu'on enlève pour mettre au saloir.

Panne. — Sous ce nom on désigne la graisse intérieure des rognons et du flanc; elle est très recherchée pour la préparation du saindoux.

III. LES ABATS

Sous le nom d'*abats*, les bouchers désignent un certain nombre de parties du corps des animaux, qui ne rentrent pas dans la classification que nous venons de donner. Les unes sont propres à l'alimentation, les autres sont des déchets utilisés par différentes industries.

Les abats ou cinquième quartier comprennent : la tête, la cervelle, la langue, les poumons, le cœur, le foie et la vésicule biliaire, la rate, les reins ou rognons, le pancréas, le thymus ou ris, la vessie, les intestins, le mésentère ou ratis, l'épiploon ou crépine, les mamelles, les pieds.

La *tête* n'est utilisée comme aliment que chez le veau et chez le porc.

Les têtes de veaux sont vendues en général avec la peau débarrassée des poils par l'échaudage; celles des porcs sont livrées avec l'animal et servent à différentes préparations de la charcuterie.

Les *têtes de moutons* ne sont guère utilisées que pour le pot-au-feu.

La *cervelle* de tous nos animaux domestiques est utilisée pour l'alimentation. On recherche de préférence les cervelles de veaux et de moutons.

Cet aliment est d'une digestion facile, nourrissant et reconstituant ; il est riche en phosphore.

La *langue* est un mets recherché que l'on prépare de différentes manières ; on en fait également de très bonnes conserves. Les propriétés nutritives sont celles de la chair musculaire, comme le montrent les analyses suivantes :

	Eau % gr.	Matière azotée % gr.	Graisse % gr.	Matière non azotée % gr.	Cendres % gr.
Langue de bœuf. .	81,03	12,37	2,40	0,21	3,93
— de veau . .	70,34	17,33	2,32	»	1,32
— de porc . .	81,61	13,96	2,92	0,54	0,97

Le *poumon* n'est utilisé que chez le veau ; chez les autres animaux domestiques, il ne sert guère que pour la nourriture des chiens et des chats.

Le *cœur du veau* et celui *du porc* sont des aliments assez bons ; chez le bœuf et le mouton, cet organe est souvent trop coriace et ne sert que pour la nourriture des animaux. Sa composition est la suivante :

	Eau % gr.	Matière azotée % gr.	Graisse % gr.	Matière non azotée % gr.	Cendres % gr.
Cœur de bœuf . .	70,08	21,51	7,47	0,16	0,78
— de veau . .	72,48	15,39	10,89	0,18	1,06
— de porc . .	75,07	17,65	5,73	0,64	0,91

Le *foie* est un mets apprécié chez le veau et le porc, chez le bœuf et le mouton, c'est un aliment très grossier.

	Eau % gr.	Matière azotée % gr.	Graisse % gr.	Matière non azotée % gr.	Cendres % gr.
Foie de bœuf. . .	72,02	19.59	5,60	1,10	1,63
— de veau . .	72,80	17,66	2,39	5,47	1,68
— d'agneau . .	69,30	21,64	4,98	2,73	1,35
— de porc. . .	72,37	18,65	5,66	1,81	1,51

Les *reins* ou *rognons* de veau, de porc et de mouton sont un bon aliment; ceux du bœuf et en général ceux des animaux adultes, sont souvent durs et leur goût est désagréable.

	Eau % gr.	Matière azotée % gr.	Graisse % gr.	Matière non azotée % gr.	Cendres % gr.
Rognon de bœuf. .	76,93	15,23	6,66	0,08	1,10
— de veau . .	72,85	22,13	3,77	»	1,25
— d'agneau .	78,60	16,56	3,33	0,21	1,30

Sous le nom de *thymus* ou *ris*, on désigne deux lobes blanchâtres, ridés placés côte à côte à la partie inférieure de la trachée. Cette glande disparaît chez les animaux adultes. Les *ris de veaux* sont un mets très fin et très estimé.

La *fraise de veau* se compose du mésentère, de l'intestin grêle, du gros côlon et du rectum. Ce mets est assez recherché.

Les *mamelles* ou *tétines* de la vache sont assez recherchées ; on les mange soit fraîches, soit salées et fumées.

Les *pieds* de veaux, de moutons, de porcs, sont un

aliment ayant une assez grande valeur commerciale; leur pouvoir nutritif est faible.

Le *sang*, dont nous verrons l'emploi, lorsque nous nous occuperons de la charcuterie, est un aliment concentré par suite de sa teneur considérable en éléments azotés, mais d'une digestion assez difficile. Le sang de tous les herbivores peut être considéré comme comestible; mais on emploie de préférence pour les préparations culinaires le sang de porc et celui du veau.

La composition du sang est presque la même chez tous les mammifères. Chez les herbivores on peut admettre qu'elle est la suivante :

	Minimum gr.		Maximum gr.		Moyenne gr.	
Eau	78,09	0/0	83,56	0/0	80,61	0/0
Globules sanguins . .	9,15	—	15,04	—	11.71	—
Albumine	2,99	—	8,50	—	5,86	—
Fibrine	0,24	—	0,63	—	0,43	—
Graisse	0,13	—	0,27	—	0,19	—
Matières extractives. .	0,10	—	0,52	—	0,22	—
Sels	0,76	—	1,09	—	0,90	—

L'analyse du sang de cinq moutons à différents états d'engraissement nous a donné les résultats moyens suivants :

	kgr.
Densité à 15°.	10,47

	gr.	
Matière sèche	15,95	pour 10
Fibrine.	0,32	—
Cendres	0,90	—
Fer.	0,06	—

CHAPITRE V

RENDEMENT DES ANIMAUX
DE BOUCHERIE

Le rendement d'un animal de boucherie est la proportion de viande nette qu'il fournit à la consommation, comparée à son poids total; par exemple, le rendement d'un mouton pesant 56^{ks},500, s'il donne au boucher 28^{ks},950 de viande nette, sera de 51^{ks},23 pour 100.

Ce que l'on entend par *viande nette* ou *les quatre quartiers* comprend tout ce qui reste du corps de l'animal, lorsqu'on en a retiré les pieds, la tête, la peau, les poumons, les intestins, le foie, la rate et le sang; ces différentes parties constituent *les issues* ou *cinquième quartier*.

Le rendement des animaux est très variable; il dépend de la race, de la conformation de l'individu et de son état d'engraissement. On admet d'une façon générale, que le rendement des animaux de la race bovine de trois à six ans est [1] :

---

[1] Villain, *Manuel de l'inspecteur des viandes.*

```
Pour les bœufs en chair de .  .  .    50 à 55 pour 100
   —      — demi gras. .  .  .    55 à 60    —
   —      — gras. .  .  .  .  .    60 à 65    —
   —      — fin gras  .  .  .  .    65 à 70    —
```

Celui des veaux est de :

```
Veaux, 1ʳᵉ qualité. .  .  .  .  .    58 à 63 pour 100
   —   2ᵉ    —    .  .  .  .  .    55 à 61    —
   —   3ᵉ    —    .  .  .  .  .    50 à 55    —
```

Le rendement des moutons est beaucoup moins considérable ; il est en moyenne de :

```
Moutons. 1ʳᵉ qualité.. .  .  .  .    55 à 60 pour 100
   —     2ᵉ    —    .  .  .  .  .    50 à 55    —
   —     3ᵉ    —    .  .  .  .  .    45 à 50    —
```

Le porc, au contraire, fournit une proportion de
viande nette beaucoup plus grande ; elle est évaluée en
moyenne à :

```
Pour les porcs 1ʳᵉ qualité. .  .  .    75    » pour 100
   —       — 2ᵉ   —   .  .  .    65 à 70    —
   —       — 3ᵉ   —   .  .  .    45 à 60    —
Truie vieille.  .  .  .  .  .  .  .    50    »    —
```

Ces chiffres moyens étant indiqués, il nous paraît
nécessaire de donner quelques exemples, que nous
empruntons aux rapports d'une commission spéciale,
qui, ces années dernières, était chargée de déterminer
le rendement des animaux primés au Concours général
agricole de Paris.

I. RACE BOVINE

Bœuf basquais, quatre ans six mois, prix d'honneur au Concours de 1882 :

	kgr.	
Poids vif de l'animal le jour de l'arrivée au concours.	897	»
— — le jour de l'abatage	855	»
Poids des quatre quartiers, côté queue . . _ . .	274	»
— — — côté fausse queue. . .	280	»
Poids du suif	73,500	
— du cuir	51,700	
— des pieds.	8,800	
— du couard	3,300	
— des poumons et du cœur.	6,000	
— du foie et de la rate	8,500	
— de la langue.	4,500	
— du sang	20,000	
— des intestins.	19,000	
— des déchets divers.	95,700	
Rendement moyen. . . .	65,965	0/0

Bœuf basquais, quatre ans et demi, prix d'honneur au Concours de 1883 :

	kgr	
Poids des quatre quartiers	564	»
Poids de la viande, 1re catégorie.	230	»
— — 2e —	171,100	
— — 3e —	118	»
Poids des roguons de graisse	15	»
— du suif enlevé de la viande	29	»
— des gros os non vendus en réjouissance .	»	»
— des pertes	0,900	
TOTAL.	564	»

La dissection de la pointe culotte a donné les résultats suivants :

	kgr.
Poids total des morceaux	4,716
Morceau paré	2,054
Déchets culinaires (y compris les débris utilisables)	2,662
Débris	0,755
Viande	1,139
Graisse	0,860
Aponévroses	0,006
Os, ligaments adhérents	0.047
Perte	0,002
Rendement, viande	0,308
— graisse	1,957
— aponévrose	0,042
— os et ligaments adhérents	0,354
	0,001

II. RACE OVINE

Lot de trois moutons Oxfordshiredown Cauchois, 21 mois.

	kgr.
Moyenne du poids vif à l'arrivée au concours	102 »
— — à l'arrivée à l'abattoir	98 »
Perte	3,667
Poids des quatre quartiers	66,333
— du suif	8,833
— de la peau	5,833
— des pieds	1,500
— de la tête	2,833
— des poumons et du cœur	3,333
— du foie et de la rate	
— du sang	3,833
— des intestins et de leur contenu	5,835
Rendement moyen	67,20 0/0

En 1880, nous avons fait[1] à la ferme de l'Institut national agronomique, près de Joinville-le-Pont, une série d'expériences sur un lot de moutons Southdown–Solognots, dans le but de rechercher l'influence du régime sur le rendement des animaux de l'espèce ovine ; voici quelques-uns des résultats que nous avons obtenus :

Rendement de cinq moutons Southdown-Solognots âgés de trois ans.

| | Mouton ordinaire 1 kgr. | Mouton engraissé | | | Mouton maigre 5 kgr. |
		au maïs 2 kgr.	au son 3 kgr.	au tourteaux 4 kgr.	
Peau.	4,500	2,820	2,940	3,800	2,337
Pattes	0,825	0,815	0,835	0,775	0,570
Laine	»	2,700	2,000	2,500	1,750
Les quatre quartiers.	23,580	29,500	28,950	29,000	11,050
Rognons	0,105	0,135	0,130	0,135	0,133
Poumons, cœur, foie, rate, trachée . .	1,840	2,425	2,120	1,950	2,376
Tête	2,080	2,095	1,990	1,830	1,488
Sang	2,066	2,587	2,093	2,410	1,305
Graisse des intestins.	1,875	2,790	3,195	4,370 }	0,070
Graisse des rognons.	0,855	0,585	1.375	1,180 }	
Estomac, intestins .	10,525	14,680	10,500	8,550	6,80
Poids vif	49,550[2]	61,700	56,500	55,502	6,128[3]
Rendement pour 100 de viande nette .	47,79	47,81	51,23	54,05	42,29

[1] J. de Brevans, *De l'influence de l'engraissement sur le rendement des moutons et sur la constitution du sang, de la laine, du tissu musculaire et de la graisse* (*Annales de l'Institut national agronomique*, n° 4).

[2] Le mouton *ordinaire* a été abattu au commencement de l'expérience.

[3] Le mouton n° 2 a été nourri au maïs pendant trois semaines,

Bien que l'engraissement ait donné de très bons résultats, et que nous ayons sacrifié les animaux lorsqu'ils ont eu atteint leur maximum, c'est-à-dire quand il n'ont presque plus changé de poids; on voit qu'il est difficile, avec des moutons ordinaires, d'obtenir un rendement supérieur à 55 pour 100.

Il nous a paru intéressant d'examiner le rendement d'une partie du mouton, très recherchée dans l'alimentation, la côtelette; à cet effet, nous avons pris la sixième côte gauche de chaque animal abattu, et nous avons déterminé le poids de l'os, de la noix, de la graisse et de la partie musculaire totale.

	Poids de la 6ᵉ côte	Poids de la partie musculaire totale	Poids de la partie musculaire de la noix	Poids de la graisse	Poids de l'os
	gr.	gr.	gr.	gr.	gr.
Mouton ordinaire. . .	262	129	17	83	50
Mouton engraissé au maïs	232	107	22	75	50
Mouton engraissé au son.	198	90	25	71	37
Mouton engraissé aux tourteaux.	211	102	24	67	42
Mouton maigre . . .	113	62	16	7	44

III. RACE PORCINE

Le rendement moyen des animaux de la race porcine est en général plus élevé que celui des bœufs et des

les moutons 3 et 4 ont été engraissés quatre semaines; enfin le mouton nᵒ 5 a été nourri quinze jours exclusivement avec de la paille; à ce régime il a perdu toute la graisse de ses tissus.

moutons; on peut admettre qu'il est d'environ 75 pour 100, dans certains cas de 80 pour 100.

Porcs. 1ʳᵉ qualité . . . . »   75 0/0
— 2ᵉ — . . . . 65 à 70 —
— 3ᵘ — 45   60 —
Truie vieille. 50   » —

Un porc limousin a donné les résultats suivants :

	kg
Poids vif	161 »
Sang.	4,500
Foie, poumon, cœur	4,000
Tête, langue	7,000
Graisse et boyaux	4,000
Graisse de panse et lard	60,250
Intestins et estomac.	5,500
Reste du corps	62,700
Pertes	14,500

IV. CHEVAL

M. Goubaux, ancien Directeur de l'École vétérinaire d'Alfort, a trouvé pour trois chevaux, les rendements suivants :

Cheval n.° 1.

	kg
Poids vif.	422,652
La peau, l'estomac, les pieds, les abats et les issues.	176,217
La viande et les os.	231,850

Soit pour 100 du poids vif :

Abats, issues	41,598 0/0
Viande nette.	44,268 —
Os frais des quatre quartiers	10,413 —

Cheval n° 2.

Poids vif. 254,508
Viande nette et os. 120,550
Abats, issues, etc.. 109,993
Pertes. 3,965

Soit pour 100 du poids vif :

Abats, issues . . . . 46,946 pour 100
Viande nette 40,544   —
Os frais des quatre quartiers . . 10,855   —

Cheval n° 3.

Poids vif. 453,340
Abats, issues 183,432
Viande nette et os. 258,910
Pertes 10,998

Soit pour 100 du poids vif :

Abats, issues . . . . 40,462 pour 100
Viande nette 49,001   —
Os frais des quatre quartiers . . 10,789   —

Comme le montrent ces chiffres, le rendement des chevaux est sensiblement le même que celui des bœufs.

CHAPITRE VI

LES ANIMAUX DE BASSE-COUR

Sous le nom d'*animaux de basse-cour* on comprend quelques mammifères et des oiseaux dont l'élevage apporte un fort appoint à notre alimentation, à la campagne et aussi dans les grandes villes. Leur élevage a beaucoup de tendance à augmenter et pour quelques-unes de nos régions agricoles c'est une source de richesse; pour les autres, bien qu'ils n'y soient pas l'objet d'une exploitation exclusive, qu'ils ne soient que des accessoires dans une ferme, ils n'en contribuent pas moins à la bonne utilisation des produits du sol.

Dans cette catégorie d'animaux domestiques nous ne trouvons que deux espèces de mammifères, toutes deux appartenant à l'ordre des rongeurs : le *lapin domestique* et le *cobaye* ou *cochon d'Inde*.

Ce dernier a bien peu d'importance à notre point de vue, car bien peu d'amateurs consomment sa chair, c'est donc plutôt un animal d'agrément; tout autre est l'intérêt du lapin et sur ce point il n'est pas nécessaire d'insister.

Nous ne mentionnerons que comme curiosité le *lépo-ride*, métis du lièvre et du lapin, car son existence,

encore très contestée, et sa production difficile ne lui permettent pas encore de prendre un rang convenable
parmi nos comestibles.

Les oiseaux de basse-cour appartiennent à l'ordre
des gallinacés et à celui des palmipèdes. Parmi les premiers nous trouvons : les *colombides*, représentés par
différentes espèces de *pigeons* ; parmi les seconds, les
gallides : le *coq domestique*, le *dindon*, la *pintade*.

Nous ne parlerons pas du *paon*, mets très recherché
au moyen âge, mais fort délaissé au xix⁰ siècle ; ni du
faisan qui est plutôt classé comme gibier ou comme
oiseau de volière.

Dans l'ordre des palmipèdes, nous trouvons deux
genres importants pour l'économie domestique : le
canard et l'*oie*. Il renferme bien encore un de nos
beaux oiseaux privés, le *cygne*, mais, de même que le
paon, il a fort baissé dans l'opinion des gastronomes, et,
s'il figure encore dans un festin, ce n'est guère que
comme ornement ; c'est, en effet, une fort belle pièce
montée.

I. LE LAPIN *(Lepus cuniculus)*.

Le lapin domestique est un des animaux de basse-
cour les plus importants ; son élevage est facile et fort
peu coûteux ; il est très prolifique et donne une chair
agréable et saine, s'il a été nourri dans de bonnes conditions ; si, comme cela se fait trop souvent, on ne l'a
élevé que dans des clapiers infectes, sans autres aliments que des feuilles de choux ou autres débris de
légumes, c'est un aliment fort médiocre.

Le lapin appartient à la famille des rongeurs et pa-

raît avoir eu pour souche le lapin de garenne ou
lapin sauvage, dont il diffère fort peu. Il se distingue
du lièvre par ses oreilles plus courtes et ses membres
postérieurs moins développés; sa taille, sauf dans quelques variétés *perfectionnées*, est aussi moins grande.

Variétés de lapins. — Par sélection on a obtenu un
certain nombre de variétés dont les principales sont :

FIG. 80. — Le lapin domestique.

Le *lapin gris* ou *lapin commun* (fig. 79), qui rappelle par sa couleur le lapin de garenne, dont il semble
descendre directement; cependant les nuances jaunes
tirant plus ou moins sur le gris sale ou sur le brun, le
blanc uniforme ou parsemé de taches d'autres couleurs
et le noir, sont très communes. Il atteint souvent un
poids assez élevé : dans les meilleures conditions d'élevage, environ 6 kilogrammes.

Le *lapin argenté*, plus petit que le précédent est caractérisé par son poil gris blanc, tacheté de poils noirs, plus soyeux et plus fourni que celui du lapin commun. Cette variété est moins rustique que la variété commune, mais sa fourrure a plus de valeur.

Le *lapin angora*, variété à long poils, ondoyant et légèrement soyeux. Ces animaux sont d'un blanc gris-perle ou d'un roux clair. Les poils, que l'on peut recueillir en peignant le lapin deux fois par an, ont une certaine valeur et sont utilisés pour la confection de quelques tissus.

La chair du lapin angora est plus fine que celle des variétés précédentes, mais l'animal n'atteint pas une aussi grande taille.

Le *lapin russe* n'est élevé que comme animal curieux ; sa fourrure grise, avec la tête noire, est très estimée.

Du mélange de ces variétés sont résultés un assez grand nombre de sous-variétés, dont le représentant le plus remarquable par son développement est le *lapin bélier;* ses oreilles énormes, ressemblant à des cornes, lui ont fait donner le nom qu'il porte.

Nourriture. — Le lapin n'est pas difficile sur le choix de ses aliments, tous les légumes et toutes les herbes lui conviennent ; il est très friand de grains et ces substances, particulièrement l'avoine et le maïs, sont très convenables pour son engraissement. On doit éviter, si l'on veut que la chair soit savoureuse, de les nourrir avec des plantes ayant un goût trop caractéristique.

Manière de tuer le lapin. — Plusieurs procédés sont en usage pour tuer le lapin. Le plus généralement on

les frappe derrière les oreilles ; de cette façon on cause
la mort par une lésion de la moelle épinière. Souvent
aussi on procède par saignée, en tranchant la gorge;
le lapin saigné à la chair plus blanche que celui qui est
tué par le premier procédé. Enfin quelques personnes
emploient le procédé suivant qui est très expéditif : on
fait avaler à l'animal un petit verre d'eau-de-vie au
moyen d'un entonnoir; en quelques minutes la vie cesse
et une écume sanguinolente sort par la bouche, ce qui
semble montrer que l'alcool cause chez le lapin une
hémorragie interne.

Composition de la chair. — Voici les chiffres que
nous pouvons donner :

Eau	66,85
Matière azotée.	21,47
Graisse	9,76
Matières non azotées	0,75
Sels	1,17

D'après J. König, le rendement du lapin serait de :

	kg	
Poids de l'animal dépouillé et vidé.	12,70	
Os	152	= 11,9 0/0
Viande et graisse	1,006,2	= 79,3 —
Viscères comestibles	111,7	= 8,8 —

II. LES LÉPORIDES

On a donné le nom de léporides aux produits du
croisement du lièvre et du lapin. Ces métis s'obtiennent
difficilement, et jusqu'à présent ils ne sont qu'un objet
de curiosité.

III. LE COBAYE OU COCHON D'INDE *(Cavia porcellus).*

Cet animal n'est pas connu à l'état sauvage et on n'est pas d'accord sur son origine.

Le cobaye est un petit rongeur à corps court, ramassé ; la lèvre supérieure est fendue, la queue extrêmement courte. Le pelage est variable, les nuances les plus répandues sont le blanc taché, de noir et de rouge feu, le jaune café au lait. Les cas d'albinisme sont assez fréquents.

Ce rongeur s'élève très facilement et il est très fécond ; sa chair est assez estimée dans quelques contrées.

IV. LE PIGEON

Variétés de pigeons. — Les nombreuses variétés de pigeons domestiques paraissent avoir pour origine commune le *pigeon bizet (Columba livra);* celui-ci, que l'on rencontre à l'état sauvage dans le midi de la France, a peu dégénéré, à l'état domestique; il présente les caractères suivants :

La coloration est d'un gris ardoisé ; les côtés du cou sont verts, violacés, de la couleur changeante dite *gorge de pigeon ;* les ailes sont barrées de noir; la queue est brune, mais la plume externe de chaque côté est blanche ; le bec est brun. La longueur moyenne de cet oiseau est de 32 centimètres.

Les variétés domestiques du pigeon bizet sont très nombreuses, nous ne citerons que les plus importantes qui sont [1] :

[1] Brocchi, *Traité de Zoologie agricole et industrielle,* Paris. 1886.

1° *Les pigeons à grosse-gorge ou boulants* (fig. 81).
—Ces pigeons se distinguent par la faculté qu'ils possèdent, d'introduire une quantité considérable d'air dans

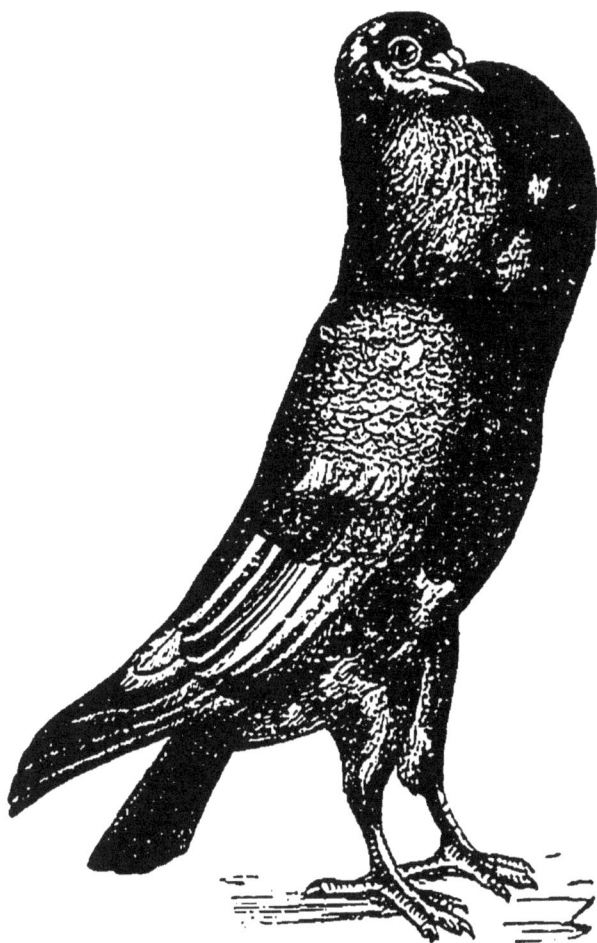

Fig. 81. — Pigeon boulant.

leur jabot, de telle sorte que cette région arrive à prendre un développement énorme. Ils sont très productifs ;
leur chair est délicate.

On distingue plusieurs variétés de boulants, nommées

suivant leur coloration : *boulants soupe au vin, chamois, blancs, gris panachés, etc.*

2° *Les pigeons mondains.* — Ce sont des oiseaux de grande taille, qui s'élèvent facilement en volière. Cette race a donné naissance aux variétés suivantes :

Les *gros mondains*, dont la taille est presque celle d'une petite poule; ils ont les yeux cerclés de rouge.

Les *mondains moyens*, très bonne variété, fort répandue. A ces pigeons se rattachent les sous-variétés connues sous les noms de *pigeon bagadais*, de *pigeon romain*, de *pigeon turc* et de *pigeon cavalier.*

3° *Les pigeons volants.* — Ces pigeons sont de très petite taille, de formes très élancées, les pattes sont ordinairement nues. On les élève dans les colombiers; c'est généralement cette race qui fournit les pigeons voyageurs.

On distingue : le *pigeon volant messager*, le *pigeon volant anglais*, qui est pattu, le *pigeon volant huppé*, etc.

4° *Les pigeons tambours.* — Ces oiseaux se distinguent par une sorte de huppe en forme de couronne qui se trouve sur le front; par les pattes qui sont complètement emplumées, et enfin, par un roucoulement spécial qui rappelle le son du tambour.

Le pigeon tambour a produit de nombreuses variétés, dont la plus connue est le *pigeon tambour glou-glou.*

5° *Les pigeons nonnains ou capucins.* — Ils ont sur le derrière de la tête une sorte de collerette, formée par des plumes relevées, qui descend le long du cou et s'étend sur la poitrine. Ces pigeons ont un petit ruban rouge autour du cou.

6° *Les pigeons cravatés.* — Ces oiseaux sont de

Fig. 82. — Le gavage des pigeons.

petite taille, les plumes de la gorge sont relevées et
forment un jabot, le bec est court, la tête carrée; ils
volent très bien.

7° *Les pigeons culbutants.* — Ils doivent leur nom
à une particularité de leur vol; ils tournent sur eux-
mêmes, en faisant trois ou quatre culbutes, puis repren-
nent leur vol qui est élevé et rapide.

8° *Les pigeons paons.* — Jolie variété de volière,
caractérisée par la faculté que possèdent les oiseaux
qui.la composent, de relever la queue et de l'étaler, ainsi
que le fait le paon.

9° *Les pigeons polonais.* — Ces oiseaux sont caractérisés par un bec gros, mais très court; par un très
large ruban rouge qui entoure les yeux; la tête est de
forme carrée, les pattes sont courtes.

On distingue les *Polonais noirs*, *bleus*, *huppés*, etc.

Gavage des pigeons. — A Paris, où l'arrivage des
volailles, mortes ou vivantes, est si considérable, on a
installé dans les sous-sols des halles centrales, une
salle pour le gavage des pigeons (fig. 82). Deux gaveurs
sont placés des deux côtés d'un baquet où l'on a mis de
la vesce à tremper dans de l'eau tiède. Ils aspirent une
certaine quantité de ce mélange et l'insufflent dans le
bec des pigeons qu'on leur passe au fur et à me sure, et
qu'ils jettent ensuite sur la paille. Il est curieux de voir
avec quelle rapidité s'effectue ce travail et surtout de
constater la quantité considérable de grains qu'on peut
faire absorber à un pigeon, — mais qu'il ne digère pas
toujours.

Composition de la chair. — D'après le docteur
J. Köning, la composition de la chair du pigeon est la
suivante :

Eau 73.00
Matières azotées 22.14
Graisse. 1.00
Matières extractives non azotées. . . 0.76
Sels 1.00

V. LE COQ DOMESTIQUE *(Gallus domesticus)*

On s'accorde généralement à donner comme origine au coq domestique, le coq Bankiva *(Gallus giganteus*

FIG. 83. — Le coq Bankiva.

ou *Gallus Sonneratii)* (fig. 83), qui vit encore à l'état sauvage dans les forêts de l'Hindoustan. Cet oiseau a les plumes du cou d'un jaune brillant, les parties supé-

rieures d'un brun poupre, les ailes brunes à reflets verdâtres, la queue d'un jaune doré.

Races. — Les races de coqs domestiques et leurs
variétés sont excessivement nombreuses et nous nous
contenterons de parler des principales en adoptant la
classification de M. Ch. Jacques[1], qui les répartit en
quatre grandes classes :

1e Les grandes races européennes :

2o Les grandes races exotiques ;

3o Les espèces moyennes, dites de luxe ou d'agrément :

4o Les espèces naines.

Races européennes. — Les races indigènes ou européennes comprennent : les races françaises de Houdan.
de Crèvecœur, de la Flèche, et les variétés de Caux, de
Caumant, du Mans, de Barbezieux, de Bresse, de
Rennes, d'Angers, d'Argentan, etc., qui en sont issues.
la race espagnole ; la race anglaise de Dorking, la race
hollandaise de Bréda, la race belge de Bruges.

Race de Houdan. — La race de Houdan est une des
races françaises les plus importantes ; elle présente les
caractères généraux suivants : le corps est un peu
arrondi, assez bas, solidement posé sur des pattes fortes.
La poitrine, les cuisses, les jambes et les ailes sont bien
développés ; la tête est forte et porte une demi-huppe,
des favoris et une cravate (fig. 84), la crête est triple,
les pattes ont quatre doigts.

Le plumage est généralement un mélange de noir et
de blanc ou de blanc et de jaune paille.

---

[1] Ch. Jacques, *Le Poulailler*, monographie des poules indigènes et exotiques, 4e édition. — Brehm, *Merveilles de la nature*
Les Oiseaux, t. II, p. 394.

Le coq adulte peut atteindre le poids de 3 kilogrammes à 3ᵏˢ,500; la chair est abondante; les os sont légers et représentent environ 1/8 du poids du corps.

Le poulet s'engraisse en quatre mois et peut atteindre environ 2ᵏˢ,200; ce qui représente 1ᵏˢ,500 de viande nette.

Fig. 84. — Tête de poule de Houdan.

La poule peut atteindre, à l'âge adulte, de 2ᵏˢ,500 à 3 kilogrammes.

La race de Houdan, est remarquable par sa précocité, sa fécondité, la finesse de sa chair, dont le rendement est considérable comme nous venons de le voir. Les poulets s'engraissent très facilement, même sans avoir été émasculés. La poule donne de magnifiques poulardes.

Race de Crèvecœur. — Les oiseaux appartenant à cette race (fig. 85) ont le corps volumineux, carrément établi, court, large; le dos presque horizontal; les pec-

toraux, les cuisses et les ailes bien développés. La tête
est grosse; les pattes ont quatre doigts.

Le coq (fig. 86) porte une crête droite et charnue,
formant deux cornes. La tête est garnie d'une huppe
retombant autour de la tête; les barbillons sont longs et
pendants.

Fig. 85. — La poule de Crèvecœur.

Le plumage, dans la race pure, est complétement noir;
l'apparition du blanc ou du jaune est un signe de
dégénérescence.

Le squelette est peu développé, et par conséquent, la
chair est abondante. Les poulets sont très précoces et
peuvent être engraissés dès l'âge de deux mois et demi.
Un coq adulte pèse de $3^{kg},500$ à 4 kilogrammes; le
poids de la poule est peu inférieur.

Cette race produit des volailles très fines et possédant une grande réputation.

Race de la Flèche. — Le coq (fig. 87) est très grand, ses muscles sont bien développés; le plumage est noir.

Fig. 86. — Le coq de Crèvecœur.

La crête forme deux cornes dirigées en avant; les barbillons sont très allongés; les oreillons sont très grands, d'un beau blanc; les narines sont surmontées de caroncules charnues. Les pattes n'ont que quatre doigts; elles sont d'un bleu ardoisé.

La chair est courte, juteuse et très délicate. Cet oiseau atteint de 3^{kg},500 à 4 kilogrammes.

La poule est un peu moins forte que le coq ; elle pèse de 3 à 4^{kg},500.

La race de la Flèche s'engraisse parfaitement et donne d'excellentes volailles. L'engraissement du poulet et des poulardes commence vers l'âge de huit mois.

FIG. 87. — Tête de coq de la Flèche.

FIG. 88. — Tête de coq de Dorking.

Race de Dorking. — Le coq (fig. 88) de la race de Dorking est un très bel oiseau, gros et grand, couvert d'un plumage abondant, d'un jaune brillant, avec les ailes, la queue et le plastron noirs. Chez le mâle, la tête est grosse et porte une crête bien développée et régulièrement dentée. Les barbillons sont larges, les oreillons sont très petits et rouges.

La poule a une crête assez développée. Les animaux appartenant à la race Dorking ont cinq doigts aux pattes.

Le poids varie, chez le coq, de 3^{kg},500 à 4^{kg},500.

La race de Dorking a une grande réputation en Angleterre ; elle est très précoce et s'engraisse parfaitement ; la chair est abondante, juteuse et d'un goût excellent. Cette espèce, très délicate, craint le froid et l'humidité.

Race Espagnole. — Le coq de la race espagnole est de taille élancée, haut sur pattes, bien musclé ; la tête porte une crête simple, charnue, droite, régulièrement dentée ; les barbillons sont minces, pendants et blancs à reflets bleuâtres. Le plumage est noir. Les pattes ont quatre doigts.

La poule espagnole a les joues blanches, comme le coq ; elle est plus rustique que celui-ci.

La chair de ces animaux est délicate et leur ossature est fine ; le mâle atteint facilement le poids de 3 à 3^{kg},500 ; la femelle pèse un peu moins, 2^{kg},500 environ.

Race Hollandaise. — La race hollandaise ou race de Bréda comprend trois variétés : la variété noire, la variété blanche et la variété coucou, connues en Hollande sous le nom de *poule à bec de corneille.*

Les animaux appartenant à cette race sont d'une belle taille et d'un fort volume. Ils portent sur la tête un petit épi de plumes, une crête en gobelet ; les oreillons sont petits, les barbillons très grands. Les os sont légers et la chair est très délicate. Ces volailles sont très appréciées en Hollande.

Race de Bruges. — Cette race est connue aussi sous le nom de *race de combat du nord ;* elle produit les animaux les plus forts parmi les races européennes. Au point de vue qui nous occupe, elle est peu importante, puisqu'elle est élevée uniquement en vue d'un sport très goûté dans le Nord.

Races exotiques. — Elles comprennent : la race cochinchinoise, la race Brahma-Pootra, la race malaise.

Fɪɢ. 89. — Le coq de Cochinchine.

Race Cochinchinoise. — La race cochinchinoise (fig 89) ou de Shang-Haï a été introduite en France par l'amiral Cécile ; elle se distingue par son corps ramassé, court, trapu, anguleux, son volume et son poids considérables. La tête est de dimension ordinaire ; la crête est simple, droite et dentelée. Les membres postérieurs sont très forts ; le sternum est saillant, le dos plat, horizontal ; les pattes sont complètement emplumées sur leur face antérieure ; la queue est très courte.

Le coq a les joues nues ; la crête est simple, droite, dentelée, très épaisse à la base. Les barbillons sont arrondis, les oreillons courts.

Les poules ont une très petite crête, les pattes très courtes ; elles sont surtout estimées comme pondeuses et couveuses.

On connaît des variétés blanches, noires, coucous.

Race de Brahma-Pootra. — La race de Brahma-Pootra fut introduite en France vers 1853, quelques années après son apparition en Angleterre. Les oiseaux de cette race sont remarquables par la beauté de leur plumage et leur taille qui dépasse celle de toutes les autres espèces ; leur chair est d'une qualité supérieure à celle des cochinchinois ; malgré cela, elle est peu recherchée.

Race Malaise. — Cette race n'offre aucun intérêt au point de vue spécial où nous nous plaçons.

Composition de la chair :

	Poule		Jeune coq
	maigre	grasse	maigre
Eau.	76,22	70,06	70,08
Matières azotées	19,72	18,49	23,32
Graisse.	1,42	9,34	3,15
Matières non azotées . . .	1,27	1,20	2,49
Cendres	1,37	0,91	1,01

Le rendement moyen est le suivant :

Poule grasse.

	gr.
Poids de l'animal plumé et vidé. . . .	720,0
Os.	101,0 = 15,4 p. 100
Viande et graisse.	535,6 = 74,4 —
Viscères comestibles	81,4 = 11,2 —

Jeune coq.

Poids de l'animal plumé et vidé. . . .	611,0
Os.	111,0 = 18,1 p. 100
Viande et graisse	435,7 = 71,4 —
Viscères	64,3 = 10,5 —

Races moyennes dites de luxe ou d'agrément. — La race de Padoue ou de Pologne, la race hollandaise, les coqs de combats anglais, la race de Hambourg.

Races naines ou de Bantam. — Ce sont les races de Bantam, de Java, naines, pattue anglaise, nègre de soie huppée.

Les races de luxe et les races naines qui n'apportent qu'une bien faible contribution à notre alimentation.

VI. LE DINDON *(Meleagris gallopavo).*

Le dindon domestique (fig. 90) provient de la domestication du dindon sauvage, qui vit en troupes dans les forêts de l'Amérique du Nord et du Mexique. L'élevage de cet oiseau paraît avoir commencé en France, aux environs de Bourges, sous Louis XII; ce serait donc un des premiers animaux du Nouveau Monde importé en Europe.

Fig. 90. — Dindes noires.

Races. — Les différentes races de dindons exploitées. ne diffèrent guère les unes des autres, que par leur plumage ; voici les principales :

Le *dindon noir*, dont le plumage est noir à reflet. métallique (fig. 90).

Le *dindon rouge ;*

Le *dindon jaune ;*

Le *dindon blanc.*

Élevage. — L'élevage du jeune dindon est une chose assez difficile et qui demande beaucoup de soin, c'est en effet un animal très délicat, redoutant beaucoup le froid et l'humidité. Leur première nourriture doit consister en pain trempé, en œufs durs, auxquels on ajoute des oignons hachés.

À partir du moment où ils ont *pris le rouge*, les dangers de perte disparaissent presque complètement ; on envoie alors les oiseaux aux champs, car il n'est pas possible de les élever complètement dans une basse-cour ; une grande liberté leur est nécessaire.

La dinde est peu féconde, mais excellente couveuse.

Engraissement. — L'engraissement des dindons doit toujours se faire en liberté ; ils ne peuvent pas vivre en cage sans dépérir rapidement : l'opération est par conséquent assez longue.

Les jeunes animaux prennent plus difficilement la graisse que ceux qui sont arrivés à l'âge adulte, c'est-à-dire qui ont atteint l'âge de six à sept mois. La dinde s'engraisse beaucoup plus facilement que le mâle.

L'opération peut se diviser en trois périodes de quinze jours chacune.

Pendant la première quinzaine, on se contente de donner, aux dindons choisis pour l'engraissement, un supplément de nourriture, consistant en grains, déchets, débris quelconques, pommes de terre, betteraves, fruits, glands, châtaignes, noix, etc.

Pendant la seconde quinzaine, on commence à employer les pâtées que l'on prépare avec des pommes de terre cuites, écrasées et mélangées avec de la farine d'orge, de maïs, de sarrasin ; il est bon de remplacer l'eau, qui sert au délayage, par du lait ; cette pâtée est donnée chaque soir, à la rentrée des champs.

Pendant la troisième quinzaine, on remplace le repas de grains par une nouvelle distribution de pâtée, et dans les huit derniers jours, on fait avaler de force à chaque oiseau une boulette de pâte, assez ferme, grosse comme le doigt et longue de 5 à 6 centimètres. A chaque repas on donne une boulette de plus ; après chacune de ces opérations, on fait boire un peu de lait à l'animal.

Le dindon peut atteindre jusqu'à 10 kilogrammes et la dinde en moyenne 5 kilogrammes.

VII. LA PINTADE

La pintade *(Numida meleagris)* est un oiseau originaire de l'Afrique septentrionale, assez récemment introduit en France, où il réussit assez bien, particulièrement dans le midi et le centre. Son plumage est d'un beau gris cendré, moucheté de blanc, la tête porte des caroncules bleu grisâtre, bordées de rouge dans quelques parties. On connaît également une variété blanche et une variété café au lait.

La pintade est une volaille d'un goût délicat, que l'on trouve assez abondamment sur nos marchés. L'élevage présente quelques difficultés ; la jeune pintade est en effet très délicate, et redoute beaucoup le froid. Une autre cause a entravé le développement de cet oiseau dans nos basses-cours; il a un cri des plus désagréables et son humeur très querelleuse le rend dangereux pour les autres volailles.

VIII. L'OIE

Toutes les variétés domestiques d'oie ont pour souche l'*oie cendrée* ou *oie première (Anser cinereus)* espèce sauvage, originaire de l'Europe orientale, mais qui, chaque année, émigre en France.

L'oie cendrée (fig. 91) présente les caractères suivants :

Les parties supérieures sont d'un brun cendré : les parties inférieures d'un gris clair.

Le plumage est strié de blanc roussâtre ; l'œil est brun clair, le bec est jaune et les pattes sont rosées. L'envergure moyenne est de 1m,82.

Races. — On distingue deux races d'oies domestiques : *la petite race* et *la grande race,* ou *oie de Toulouse.*

L'oie de petite race se rencontre dans toute la France et son élevage est assez considérable dans certaines localités, particulièrement en Bourgogne où l'on rencontre, dans quelques villages, une variété qui présente encore tous les caractères de l'oie cendrée sauvage ; comme celle-ci, elle vole parfaitement. Cette race est très rustique, elle réussit partout sans soins particuliers. Le poids de l'oie commune varie de 3 à 5 kilogrammes suivant son degré d'engraissement.

La grande race, principalement exploitée dans les

départements du Midi, y est connue sous le nom d'*oie de Toulouse*. Elle est d'une très grande taille et d'un fort volume ; ses formes sont épaises et trapues, son allure pesante, ses pattes courtes, ses fanons amples

Fig. 91. — L'oie cendrée.

règnent sous le plastron et le ventre, de telle sorte que l'abdomen traîne à terre. Sa couleur est ordinairement d'un gris cendré et son poids varie de 5 à 10 kilogrammes.

Engraissement des oies. — L'oie est l'animal domestique qui s'engraisse le plus facilement ; cette opération dure environ quarante jours, et se fait en général à deux époques de l'année, en été et en automne. C'est dans cette dernière saison que l'on obtient les meilleurs résultats.

Nous donnerons, comme exemple des procédés suivis pour l'engraissement intensif de l'oie, ceux qui sont mis en pratique à Toulouse et en Alsace, où cet animal est élevé sur une grande échelle.

Pour obtenir l'état de graisse le plus complet et notamment celui, dans lequel le foie prend ce développe-ment phénoménal et d'ailleurs morbide, qui constitue le mets si recherché, le *foie gras*, il faut procéder, ainsi qu'on le fait à Toulouse et à Strasbourg, à l'empâtement par *abecquement* ou *emboquement*. Voici comment M. J. Pelletan [1] décrit ces opérations.

L'engraissement se fait à Toulouse, à deux époques de l'année : en été, pour obtenir de la viande fraîche qui se vend par quartiers sur les places et les marchés ; en automne pour obtenir *les oies de salé*. Ce dernier engraissement est le plus généralement mis en pratique. On le commence à la fin d'octobre, pour le continuer une trentaine de jours environ, ou six semaines, si on veut le pousser à sa dernière limite.

Dans ce dernier cas, il faut surveiller attentivement les oies, parce qu'elles peuvent mourir étouffées, surtout si la température vient à s'adoucir. Quelquefois une résorption de la graisse s'opère et l'animal perd beaucoup de sa qualité et de son poids. On dit alors dans le pays que « l'oie est morfondue ».

---

[1] J. Pelletan, *Pigeons, dindons, oies, canards*, Paris, 1879.

On la voit respirer avec peine ; elle ne peut plus faire aucun mouvement ; c'est le moment de la tuer, car elle a atteint son maximum de graisse et elle ne tarderait pas à dépérir.

La nourriture presque exclusive des oies à l'engrais est le maïs sec ou ayant macéré quelques heures dans l'eau ; la quantité nécessaire pour engraisser complètement un de ces oiseaux est d'environ 90 litres.

Les oies sont enfermées dans un espace restreint et obscur, et gavées deux ou trois fois par jour, suivant que l'engraissement doit être poussé plus ou moins loin. On se sert, à cet effet, d'un entonnoir dont le tube est taillé en forme de bec de flûte et arrondi pour ne pas blesser l'animal. La fille de basse-cour prend chaque oie, l'une après l'autre, entre ses genoux, et lui ouvrant le bec d'une main lui introduit doucement l'entonnoir dans l'œsophage, puis elle y pousse les grains de maïs avec un petit bâton ou un fouloir à cet usage. De temps en temps elle fait boire aux animaux un peu d'eau salée. Ainsi traitée, l'oie atteint un poids de 10 à 11 kilogrammes au plus et de 8 à 9 kilogrammes au moins. Le foie augmente de trois à six fois son volume et son poids atteint souvent 500 kilogrammes. Dans cet état d'hypertrophie adipeuse, le sang de l'oie se décolore comme le foie et le tissu musculaire, surchargés qu'ils sont de globules graisseux.

En Alsace, à Strasbourg et dans les environs, on engraisse spécialement les oies, en vue de produire l'hypertrophie graisseuse du foie.

Les oiseaux sont enfermés dans des cages divisées en un certain nombre de compartiments ; chaque case est assez étroite pour que l'animal, qu'on y place, n'y puisse prendre aucun mouvement et soit convenablement séparé de ses voisins. La paroi antérieure est percée d'une ouverture longitudinale par laquelle l'oie passe sa tête pour barboter dans une augette placée en dehors, et pleine d'eau, dans laquelle on met souvent en suspension du charbon de bois pulvérisé.

On gave les oies deux fois par jour, soit à la main, soit à l'aide d'un entonnoir, avec du vieux maïs qu'on a mis dès la veille gonfler dans l'eau, ou même avec du maïs sec. On y ajoute un peu de sel, et parfois une petite gousse d'ail. Après chaque repas, on laisse les oies en liberté pendant quelques minutes, puis on les replace dans la cage jusqu'au prochain repas. Ces cages sont placées dans un lieu sombre, tranquille, et à une température douce et uniforme.

Après vingt ou vingt-deux jours de ce traitement, on administre aux oiseaux une cuillerée par jour d'huile d'œillette.

L'engraissement est terminé en vingt-quatre ou vingt-six jours ; mais souvent l'animal ne pouvant plus supporter le régime auquel il est astreint, est abattu avant ce temps pour éviter le dépérissement.

L'engraissement terminé, on tue les oies ; on les plume et on les vide. Le foie est extrait et vendu séparément, la viande est en général vendue au détail, soit fraîche et crue, soit rôtie.

Conserves d'oie. — Dans certaines régions, notamment dans les départements du midi de la France, l'usage de saler l'oie est très répandu. Cette conserve remplace souvent le porc salé et le lard ; il s'en fait une assez grande exportation en Angleterre, en Belgique, en Hollande, en Prusse et dans l'Amérique du Nord.

L'oie fumée est un mets spécial aux pays du Nord, particulièrement à la Poméranie, où cette industrie est très prospère; en France, les poitrines fumées, provenant de ce pays, ont une assez grande réputation.

La préparation de l'oie salée et de l'oie fumée se fait comme celle du porc. Dès que l'animal est suffisamment gras, on le saigne et on le plume avant qu'il soit froid: on l'écorche et on le découpe par quartiers, après quoi, il est mis au saloir.

L'oie destinée à être fumée subit une demi-salaison, et souvent même une demi-cuisson, avant d'être soumis au boucanage.

Dans les départements du sud-ouest, on prépare les *confits d'oie*, qui sont une importante ressource pour campagne. Ces conserves consistent en des quartiers d'oie immergés dans de la graisse, après avoir été soumis à une demi-cuisson, puis salés et convenablement épicés.

IX. LE CANARD

Le canard domestique descend du canard sauvage (*Anas Boschas*).

Races. — Les principales variétés issues de la race primitive sont :

Le *canard domestique ordinaire*, qui ne diffère de l'espèce sauvage que par sa coloration moins brillante et sa plus grande taille.

Le *canard de Rouen* (fig. 92), dont les dimensions sont plus considérables que celles de la variété commune. Le plumage est variable, comme chez cette dernière d'ailleurs. On connaît plusieurs sous-variétés, dont l'une est blanche, une autre huppée, etc.

Le *canard d'Aylesbury*, variété absolument blanche, qui est très appréciée en Angleterre ; il est très disposé à prendre la graisse.

Le *canard du Labrador*, d'un noir magnifique à reflets verts ;

Le *canard polonais*, en général tout blanc ;

Le *canard pingouin*.

Le *canard musqué ou canard de Barbarie*, etc. — Cette espèce est originaire de l'Amérique du Sud et a été importée en Europe vers l'année 1500. Le canard de Barbarie ou d'Inde a le plumage d'un noir lustré, à reflets verts et rouges sur le dos ; les ailes sont traversées par une large bande blanche ; la tête porte une huppe, formée par les plumes longues et étroites de la nuque ; le bec est rouge et noir, garni à sa base de caroncules se continuant sur les joues ; les pieds sont rouges.

C'est la plus grosse espèce que nous possédions ; le mâle atteint 0^m,65 de longueur ; la femelle est un peu plus petite. La domesticité a fait varier le plumage qui maintenant est aussi varié que celui du canard commun.

La fécondité du canard de Barbarie est très grande ; la chair des canetons est excellente, mais celle des sujets adultes a un goût de musc assez prononcé.

Le *canard mulard*. — Le canard mulard est un métis de la cane commune et du canard musqué, ou inversement, du canard commun et de la cane musquée.

Le plumage de ce métis est généralement sombre, le plus souvent marron ; le bec ne porte pas de caroncules ; enfin il est presque muet.

Fig. 92. — Canard de Rouen.

Le canard mulard est très répandu dans certains départements du midi de la France, particulièrement dans l'Ariège, le Tarn, l'Hérault, le Gard, l'Ardèche et les environs de Toulouse, où il est élevé en vue de l'engraissement et de la production des foies gras. Il est d'un élevage très facile.

Engraissement. — L'engraissement du canard se fait comme celui de l'oie, mais il est plus facile, parce qu'il peut être obtenu en liberté. L'époque la plus favorable pour cette opération est le mois d'octobre et de novembre.

Un canard gras, de petite race, pèse environ 2 kilogrammes, un canard de grosse race 4 kilogrammes, les mulards peuvent atteindre 5 kilogrammes.

Composition de la chair. — La chair du canard a la composition moyenne suivante :

Eau	70,82 pour 100
Matières azotées	22,65 —
Graisse	3,11 —
Matières extractives non azotées	2,33 —
Sels	1,09 —

Conserves de canard. — On conserve le canard de la même façon que l'oie, en le fumant, le salant, en l'entourant de graisse.

Dans le Midi, les foies de ces oiseaux servent pour la préparation des pâtés connus sous les noms de *terrines de Nérac* et de *pâtés de Toulouse*.

X. LES ŒUFS

Nous venons de parler de la volaille en tant que source de chair musculaire propre à notre alimentation;

ce chapitre serait incomplet si nous omettions de parler
des œufs, aliments très précieux et objets de commerce
qui n'est pas à négliger dans l'élevage de quelques-uns
de nos oiseaux domestiques. Nous ne nous en occuperons cependant qu'au point de vue de leur valeur
nutritive.

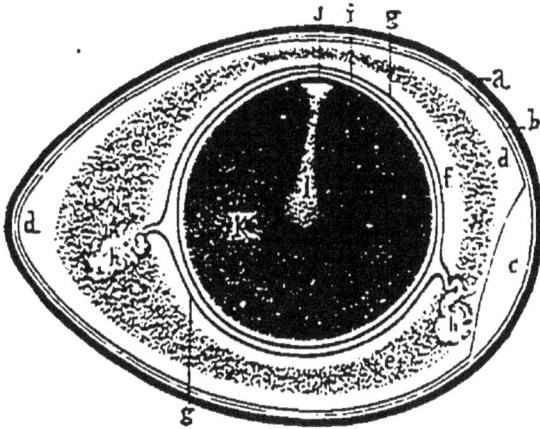

Fig. 93. — Coupe d'un œuf.

a, coquille; b, double membrane de la coque; c, chambre à air; d, couche
albumineuse superficielle fluide; e, couche albumineuse moyenne épaisse;
f, couche profonde liquide; g, membrane chalazifère; h, chalazes; i, membrane vitelline; j, cicatricule ou germe; k, jaune; l, latebra du jaune.

Composition.

Composition. — L'œuf des oiseaux se compose à première vue de trois parties : 1° la coquille ; 2° le blanc ;
3° le jaune. En l'examinant avec plus de soin, on y
distingue encore : la membrane de la coque, pellicule
mince, blanche, formée de deux feuillets, qui revêt la
surface interne de la coquille ; les chalazes, qui tiennent
le jaune en suspension dans la membrane de la coque ;
la cicatricule, tache blanche adhérente à la surface du
jaune et qui, pendant l'incubation, devient l'embryon de
l'oiseau.

Le rapport des trois éléments principaux de l'œuf entre eux varie dans certaines limites, suivant les espèces: en voici quelques exemples :

	Poule gr.		Moyenne gr.	Canard gr.	Vanneau gr.
Poids de l'œuf . .	40 à	60	50	70	25
Coquille	6	8	7	8,7	2,5
Blanc	23	36	27	61,3	22,5
Jaune	14,5	18	16		

Soit :

Coquille	14 pour 100	12 pour 100	10
Blanc	54 —	87 —	90
Jaune	32 —		

La coquille est formée principalement de carbonate de chaux, comme le montrent les chiffres suivants :

Carbonate de chaux.	89	à 97	pour 100
Carbonate de magnésie	»	2	—
Phosphate de magnésie et de chaux. . .	0,5	5	—
Matières organiques.	2	5	—

La composition de l'ensemble du contenu (blanc et jaune) est en moyenne.

	Eau	Matières azotées	Graisse	Matières non azotées	Cendres
Poule. . .	73,67 0/0	12,55 0/0	12,11	0,55	1,12
Canard. . .	71,11 —	12,24 —	15,49	»	1,16
Vanneau. .	74,43 —	10,75 —	11,66	2,18	0,98

et dans l'œuf de poule, nous trouvons pour les deux éléments comestibles :

	Eau	Matières azotées	Graisse	Matières non azotées	Cendres
Blanc. . .	86,75 0/0	12,67 0/0	0,25	»	0,59
Jaune. . .	50,82 —	16,24 —	31,75	0,13	1,09

Les cendres renferment les éléments suivants :

	Œuf entier	Blanc	Jaune
Cendres pures de la matière sèche.	3,48 %	4,61 %	2,91 %
Potase	19,22	31,41	9,29
Soude.	17,52	31,57	5,87
Chaux	8,44	2,78	13,04
Magnésie	2,43	2.79	2,13
Oxyde de fer.	1,16	0,57	1,65
Acide phosphorique	38,05	4,41	65,46
Acide sulfurique	0,96	2,12	»
Silice.	0,94	1,06	0,86
Chlore	13,94	28,82	1,85

Comme on le voit, le blanc est principalement riche en chlorure de potassium et de sodium ; les phosphates, au contraire, se trouvent dans le jaune ; l'acide phosphorique y est en grande partie combiné à des matières organiques et surtout à la glycérine.

Le blanc d'œuf est une dissolution aqueuse assez concentrée d'albumine renfermée entre deux membranes celluleuses extrêmement minces et faciles à déchirer. L'albumine contenue dans les cellules de la membrane extérieure est plus fluide que celle que l'on trouve dans la membrane qui confine le jaune.

La composition élémentaire de l'albumine de l'œuf est :

Carbone	53,4	pour 100
Hydrogène	7,0	—
Azote.	15,7	—
Soufre	1,6	—
Oxygène.	22,4	—

Cette matière est soluble dans l'eau ; elle se coagule par la chaleur, entre 60 et 70 degrés et forme une masse d'un blanc plus ou moins teinté de jaune ou de verdâtre.

élastique et opaque ; ce phénomène explique les chan-
gements qu'éprouve l'œuf par la cuisson.

La présence du soufre est la cause de l'odeur très prononcée d'hydrogène sulfuré qui se dégage des œufs gâtés.
La graisse que l'on rencontre en très faible quantité dans
le blanc d'œuf est formée de palmitine et de stéarine ;
on a trouvé également des traces d'un sucre fermen-
tescible, mais très rarement.

La composition du jaune est beaucoup plus complexe,
les matières azotées qu'il renferme sont: la vitelline et
la caséine. La première ne serait qu'un mélange de
caséine et d'albumine, d'après certains auteurs. Comme
cette dernière substance, elle est soluble dans l'eau ;
vis-à-vis des alcalis, des acides et des sels métalliques,
elle se comporte comme la caséine. La vitelline se
coagule entre 90 et 80 degrés.

Nous trouvons dans le jaune d'œuf une autre matière
azotée; la nucléine. Différentes analyses permettent
d'attribuer à ces deux éléments protéiques la composition élémentaire suivante:

	Vitelline		Nucléine	
Carbone.	52,26	pour 100	49,6	pour 100
Hydrogène	7,25	—	7,0	—
Azote.	15,06	—	14,0	—
Soufre.	1,17	—	2,5	—
Phosphore.	1,02	—	1,8	—
Oxygène.	0,00	—	0,0	—
Cendres	4,82	—	25,1	—

L'éther enlève au jaune d'œuf une certaine quantité
de matières, que l'on considère habituellement comme
de la graisse, ce sont: la trioléine, la tristéarine, la
cholestérine, la lécithine et une combinaison de la

glycérine avec l'acide phosphorique. D'autre part on peut admettre la cérébrine parmi les éléments que contient l'œuf.

En résumé la composition du jaune d'œuf serait la suivante :

	gr.	
Eau	51,8	pour 100
Vitelline.	15,8	—
Nucléine.	1,5	—
Palmitine, stéarine et oléine	20,3	—
Cholestérine.	0,4	—
Combinaison de l'acide phosphorique et de la glycérine	1,2	—
Lécithine	7,2	—
Cérébrine	0,3	—
Matières colorantes.	0,5	—
Cendres.	1,0	—

Valeur alimentaire. — Au point de vue alimentaire, l'œuf peut être considéré comme un aliment complet, car il renferme, nous venons de le voir, tous les éléments propres à la formation des tissus animaux; 18 à 20 œufs de poule représentent environ 1 kilogramme de viande moyenne.

On consomme la plus grande partie des œufs cuits au naturel, une autre partie entre dans la composition de différents mets et préparations alimentaires. Ils apportent un contingent assez considérable à notre nourriture et sont d'une grande utilité en bien des circonstances.

Conservation des œufs. — Comme la ponte des œufs a lieu principalement au printemps et que, dans la mauvaise saison, elle s'arrête presque complètement, il est nécessaire de faire des conserves. Celles-ci sont toutes basées sur le même principe : mettre les parties internes de l'œuf à l'abri de l'air, aussi complètement que possible, de façon à empêcher la pénétration des spores de certains champignons qui causent leur altération ; ou bien, comme on n'est jamais sûr que le germe de la maladie n'existe pas déjà, en arrêter le développement par la suppression de l'oxygène nécessaire à la vie.

Les procédés les plus fréquemment employés pour conserver les œufs consistent, soit à les tremper dans un lait de chaux, dans une solution de gomme arabique, de sucre ou de sel de cuisine ; à les laisser ensuite sécher, puis à les garder dans un lieu frais et sec.

Depuis un certain temps, on dessèche les œufs, c'est-à-dire, on amène la coagulation de la couche externe de l'albumine du blanc, par une immersion rapide dans l'eau bouillante. Ce procédé donne de bons résultats [1].

---

[1] Voyez Héraud, *Les Secrets de l'Alimentation*, Paris. 1891 (*Bibliothèque des connaissances utiles*).

CHAPITRE VII

LE GIBIER

Sous la dénomination générale de *gibier* on comprend les animaux sauvages, mammifères ou oiseaux, qui servent à notre alimentation. Presque tous les représentants de ces deux classes peuvent être utilisés à cet effet, mais il en est un nombre assez restreint admis à figurer sur la table de l'homme civilisé, et nous parlerons seulement des espèces que nous voyons sur nos marchés.

I. LES MAMMIFÈRES

Les mammifères sauvages que nous employons à notre alimentation, et qui constituent le *gibier à poil*, sont tous herbivores et frugivores ; ils appartiennent aux ordres des *ruminants*, des *rongeurs* et des *pachydermes ;* très exceptionnellement à l'ordre des *carnassiers.*

1. Carnassiers.

Les représentants de cet ordre que nous voyons figurer sur nos tables, plutôt à titre de curiosité que comme véritables aliments, sont :

Renard. — Certains amateurs, assez rustiques, il est vrai, ne font pas fi d'un cuissot de renard, surtout s'il a subi l'action de la gelée pendant quelques jours, opération qui a pour but de lui enlever son fumet un peu fort.

Ours. — L'ours est un régal que le commun des mortels ne peut pas se permettre dans nos contrées. Nous voyons chaque hiver ce plantigrade figurer en bonne place, à la vitrine de nos restaurants les plus en renom. Ce sont des ours bruns, qui nous sont expédiés chaque hiver de Russie ou des Provinces danubiennes : bien rarement de France, d'où l'espèce a presque complètement disparu. Les morceaux des gourmets sont les pieds et le jambon.

Lion. — Les grands fauves, et particulièrement le lion, au dire des voyageurs, ne sont pas dédaignés par les peuples de l'Afrique. Un cœur de lion est un morceau royal, qui, dit la légende, procure force et courage à celui qui a l'honneur d'y goûter. Nous connaissons un certain nombre de nemrods parisiens, et parmi eux un de nos plus spirituels chroniqueurs de la vie champêtre, qui ont eu cette chance, il y a quelques quinze ans, et cela en plein Paris. Un célèbre chasseur algérien avait envoyé à la rédaction d'un de nos journaux cynégétiques, *La Chasse illustrée*, un cuissot et le cœur d'un lion de l'Atlas ; ils furent confiés aux soins d'un maître-queux renommé, qui, en dépit de sa science, n'en fit pas un régal bien fameux. De l'avis des gourmets admis à prendre leur part du festin, cette venaison si rare fut trouvée fade, coriace et de peu de valeur. Un filet de charolais eût bien mieux fait l'affaire.

Mais passons ces exceptions et revenons aux seuls
animaux qui aient, pour nous, un intérêt économique.

2. *Pachydermes.*

Sanglier. — Le seul pachyderme sauvage que nous
possédons est le *sanglier (Sus scrofa)*, animal très semblable au porc domestique, mais ayant le corps plus
trapu et plus court, la tête allongée, les oreilles presque
droites et pointues, les soies rudes, formant sur le dos
une crinière. La coloration est généralement noire ; on
trouve cependant des sangliers gris, roux ou tachetés,
on en a vu même de complètement blancs.

La femelle porte le nom de *laye*, les jeunes, celui de
marcassins ; de six mois à deux ans, ce sont des *bêtes*
de compagnie ; de deux ans à trois ans, des *ragots ;* de
trois à quatre ans, des *tiers-an ;* de quatre à cinq ans,
des *quartaniers* et enfin à partir de six ans, des *soli-*
taires.

Le sanglier est encore très répandu en France, particulièrement dans l'Est. Sa chair est appréciée dès la
plus haute antiquité ; les Romains faisaient le plus grand
cas d'un sanglier mariné selon des recettes fort compli-
quées, qu'Horace et autres auteurs très épicuriens, nous
ont laissées en vers ou en prose. Les morceaux de choix
sont le filet et le cuissot ; la hure, accommodée comme
celle du porc, est un mets recherché.

La viande du sanglier, s'il est jeune, a beaucoup
d'analogie avec celle du porc ; mais elle est beaucoup
moins fade ; celle des bêtes âgées est presque toujours
immangeable. Tous les modes de cuisson conviennent
à cet aliment, qui doit avoir mariné quelque temps avant
d'être mangé.

3. *Ruminants.*

Les ruminants qui vivent à l'état sauvage dans l'Europe tempérée sont : le *cerf*, le *daim*, le *chevreuil*, le *chamois*, le *mouflon*. Dans l'extrême Nord, nous trouvons le *renne*, dont on expédie quelquefois des spécimens sur nos marchés.

Cerf *(Cervus elaphus).* — Il est devenu assez rare en France, c'est un animal de haute vénerie, que l'on conserve avec soin dans les grandes forêts du Centre et du Nord-Est. En Allemagne, particulièrement dans la Forêt-Noire, dans le Grand-Duché de Bade, il est encore très commun, et c'est de là que sont expédiés presque tous ceux qui sont vendus à Paris.

Le cerf, que l'on désigne sous différents noms d'après son âge et son sexe, est un animal de grande taille, présentant les caractères généraux suivants : la tête est longue, le museau mince, les sabots droits et pointus, la queue conique. Le mâle porte des cornes ou bois plus ou moins ramifiés.

La chair des jeunes cerfs et des biches est tendre, assez bonne et nutritive.

Daim. — Il a presque complètement disparu en France; en Angleterre, il est assez répandu; on en propage l'espèce dans les grands parcs. Ce cervidé est d'une taille bien inférieure à celle du cerf, son pelage est sujet à des variations de couleurs remarquables ; on rencontre des daims qui sont entièrement blancs, d'autres tout noirs, mais la robe la plus commune est le brun fauve moucheté de blanc. La ramure est assez particulière ; les bois sont ronds à leur base ; ils se terminent par une portion aplatie et dentelée sur les bords.

La chair des jeunes daims est excellente.

Chevreuils. — Ce sont les ruminants sauvages les plus importants pour nous; en effet, le chevreuil est encore assez commun dans notre pays, mais sans doute pour un temps assez limité, car on prend bien peu de précautions pour en propager ou même en conserver l'espèce et les braconniers bipèdes et quadrupèdes lui font une guerre incessante.

Le chevreuil est un animal très gracieux, de couleur roux brun plus ou moins foncé, avec les parties inférieures plus claires ou même blanches. Le corps est moins élancé que celui du cerf ; les oreilles sont écartées les yeux grands. Les bois sont formés d'une tige simple portant deux ramifications ou andouillers.

La chair du chevreuil est très bonne, surtout chez les chevrettes et les jeunes animaux, les morceaux les plus appréciés sont le cuissot et le filet.

Les chevreuils qui arrivent sur nos marchés sont expédiés des différentes régions forestières de la France ; un grand nombre aussi est exporté du duché de Bade et autres contrées riveraines du Rhin, mais la chair de ces animaux vivant en plaine est beaucoup moins bonne que celle de nos chevreuils indigènes, qui généralement proviennent de régions montagneuses.

Chamois et Mouflons. — Nous signalerons encore, mais comme gibier rare, le *chamois*[1] *(Rupicapra europæa)*, dont on peut quelquefois goûter la chair dans les

---

[1] Dans les Pyrénées, le chamois porte le nom d'*isard*.

Alpes ou dans les Pyrénées, et le *mouflon*, assez commun en Corse et sur le versant italien des Alpes.

4. *Rongeurs.*

Pour terminer ce qui est relatif au gibier à poil, nous avons à nous occuper des deux espèces les plus importantes pour notre alimentation : le *lièvre* et le *lapin de garenne*.

Lièvre commun *(Lepus timidus)*.— Il est encore très répandu chez nous, malgré ses nombreux ennemis.

Le lièvre est d'une couleur gris fauve, roussâtre ; les parties inférieures sont blanches, la queue est très courte, noire en dessus, blanche en dessous. La coloration varie d'ailleurs avec la saison et le lieu d'habitation ; ainsi, elle est toujours plus claire en hiver qu'en été ; fauve rougeâtre chez les animaux d'un pays plat ; gris noirâtre chez ceux qui habitent les régions accidentées. Les oreilles sont noires aux extrémités et plus grandes que la tête ; les yeux sont très grands.

La femelle porte ses petits trente à quarante jours ; les portées sont de trois à cinq jeunes ; ceux-ci naissent couverts de poils et les yeux ouverts.

La chair du lièvre est très estimée ; on la mange soit rôtie, soit en civet, soit en pâté. On préfère les animaux qui proviennent des pays montagneux à ceux des pays plats: ainsi les lièvres d'Alsace et des plaines des bords du Rhin sont moins appréciés que ceux de France ; la statistique commerciale, que nous donnons plus loin, le montre ; la raison de ce choix est que la viande de ces derniers est plus tendre et plus savoureuse.

Les lièvres sont expédiés, sur le marché de Paris, de différentes régions de la France, particulièrement des départements circonvoisins de Paris et du centre. L'Alsace et l'Allemagne, particulièrement les grandes chasses des environs de Bade, nous en envoient considérablement; mais c'est là, nous venons de le dire, un gibier de peu de valeur.

Lapin de garenne *(Lepus cuniculus)*. — Si le lièvre a besoin d'être protégé, pour éviter sa disparition de nos campagnes, il n'en est pas de même du lapin, qui, dans certain cas devient un véritable fléau, auquel on doit déclarer une guerre d'extermination sans merci, pour protéger les récoltes. Cet animal se distingue du lièvre par sa taille qui est plus petite ; par ses oreilles et ses membres postérieurs plus courts. Le pelage est gris avec des taches rousses ; les petits naissent nus et dans un grand état de faiblesse.

Le lapin de garenne habite des terriers très profonds ; qu'il creuse dans le sol.

On le trouve répandu un peu dans toute la France ; il est cependant quelques départements, comme le Jura et le Doubs, où l'on n'a jamais pu l'acclimater, et les agriculteurs ne s'en plaignent pas.

La chair du lapin est blanche, assez délicate, nourrissante et plus savoureuse que celle du lapin domestique ; on l'accommode comme celle du lièvre.

Écureuil commun *(Sciurus vulgaris)*. — La chair de ce rongeur est assez estimée dans quelques contrées; elle est délicate et nourrissante, mais elle a généralement un goût musqué, qui n'est pas apprécié de tout le monde.

II. OISEAUX

Le gibier à plume est représenté par de nombreuses espèces qui appartiennent aux ordres des *gallinacés*, des *palmipèdes*, des *échassiers* et des *passereaux*.

1. Gallinacés.

Parmi les oiseaux du premier groupe nous citerons : les perdrix, la caille, le lagopède, les tétras ou coqs de bruyère, le faisan et les différentes espèces sauvages du genre pigeon.

Perdrix. — Nous avons en France trois espèces de perdrix : la perdrix grise, la perdrix rouge et la barta-velle.

La *perdrix grise (Perdrix cinerea)* est l'espèce la plus commune ; son plumage est gris sur le dos, avec de petites raies transversales rousses et des lignes en zig-zag noires ; sur la poitrine se présente une large bande grise moirée de noir. Le ventre est blanc avec une large tache brune en fer à cheval ; les plumes de la queue sont rouge brun. Chez les oiseaux adultes, le bec est d'un gris ardoisé et les pattes grises ; chez les jeunes ou perdreaux, cette coloration est moins foncée et se rapproche du jaune.

Le perdreau gris est un excellent gibier, sa chair est tendre, savoureuse et nourrissante.

On le mange généralement rôti, et l'on réserve les autres procédés de cuisson pour les vieilles perdrix, dont la viande plus ferme a besoin de subir l'action de la chaleur pendant un temps plus long.

La *perdrix rouge (Perdrix rubra)* est moins commune que la précédente ; on la trouve de préférence dans les lieux accidentés. Elle tend à disparaître dans beaucoup de nos départements.

La perdrix rouge est un très bel oiseau d'une taille un peu supérieure à celle de la perdrix grise ; son plumage est rouge grisâtre sur les parties supérieures ; la poitrine et le haut de l'abdomen sont grisâtres ; la gorge est blanche et entourée d'une bande noire ; une bande blanche va du front au-dessus de l'œil. Les pattes sont rouge foncé, le bec rouge vif.

La *bartavelle* ou *perdrix grecque (Perdrix græca)* ressemble beaucoup à la perdrix rouge, mais elle est un peu plus grosse que cette dernière. Son plumage est gris bleuâtre sur le dos et sur la poitrine ; la gorge est blanche, entourée d'une bande noire ; le ventre est roux ; les ailes sont brunâtres tirant sur le roux. Les pattes sont rouge sombre, le bec d'une teinte plus claire.

La bartavelle est un gibier assez rare ; on ne la rencontre que dans le Midi et dans quelques régions du bassin du Rhône.

La chair de la perdrix rouge et de la bartavelle est très délicate; on la préfère souvent à celle de la perdrix grise.

Caille commune *(Coturnix communis)*. — C'est un oiseau de passage qui, chaque année, quitte l'Afrique, traverse la Méditerranée et arrive en Europe vers les premiers jours de mai. Vers la fin de septembre elle reprend la même route, sauf quelques individus qui s'établissent dans nos champs.

Les caractères distinctifs de cet oiseau sont les suivants : les parties supérieures du corps sont brunes rayées de roux ; le milieu du ventre est blanc jaunâtre ; les flancs sont roux avec des raies plus claires ; une raie brune entoure la gorge colorée en brun roux. Les pattes sont jaunes et le bec est grisâtre.

La caille est un gibier très abondant, dont la vente est permise toute l'année, par la raison que l'approvisionnement de nos marchés, en dehors de la saison où la chasse est permise en France, est fait par les pays limitrophes, où ce gallinacé arrive en troupes excessivement nombreuses au moment de la migration du printemps ; cette mesure ne peut donc pas porter préjudice à la conservation de l'espèce, que sa très grande fécondité assure d'autre part.

Les cailles nous sont expédiées en très grandes quantités des régions méditerranéennes, particulièrement d'Italie et d'Égypte ; un grand nombre nous arrive en vie ; on les prend au filet surtout au moment du passage, lorsqu'elles tombent épuisées par leur long voyage.

La chair de la caille est très délicate, mais on s'en lasse vite, car elle est assez fade, très grasse et par conséquent d'une digestion difficile.

Lagopède blanc *(Lagopus albus)*, ou *perdrix des neiges*. — Il ne se rencontre que dans les Alpes et les Pyrénées. Le plumage est gris mélangé de noir et de roux, en été ; tout blanc, à l'exception de quelques plumes noires sur la tête, en hiver. Les pattes sont complètement emplumées.

En Écosse, on rencontre une autre espèce, le *lagopède rouge* ou *groos*, très renommée.

Tétras. — Le genre *tétras* est représenté en France par trois espèces : le *coq de bruyère*, le *petit coq de bruyère* et la *gelinotte*. Toutes sont assez rares et ne se rencontrent que dans les régions montagneuses et principalement dans les forêts de sapins.

Le *grand coq de bruyère (Tetrao urogalus)* est un très bel oiseau de 75 à 80 centimètres de longueur moyenne ; son plumage, chez le mâle, est noirâtre sur les parties supérieures ; la poitrine est vert sombre brillant ; le ventre est blanc et noir. Les ailes sont brunes avec des reflets roux ; les plumes de la queue sont noires avec quelques taches blanches. Chez la femelle, dont la taille est d'un tiers plus petite, la poitrine est brune et le ventre d'un roux jaunâtre.

Cet oiseau est devenu excessivement rare.

Le *petit coq de bruyère (Tetrao tetrix)* est un peu plus commun en France que le précédent ; on en tue chaque année un assez grand nombre dans les forêts de sapins du Jura et de la Savoie. Sa taille est en moyenne de 66 centimètres ; le mâle a la tête, le cou et la partie postérieure du dos d'un bleu métallique. Le reste du plumage est noir ; les ailes portent des bandes blanches ainsi que les plumes de la partie inférieure de la queue ; celle-ci est très fourchue ; les plumes externes se recourbent en dehors en formant un demi-cercle. Les sourcils sont rouges.

La *gelinotte (Tetrao bonassia)* est, comme les précédents, rare en France ; elle habite les forêts des régions montagneuses. Cet oiseau a le bec droit, garni jusqu'au milieu de la mandibule supérieure ; les tarses sont au trois quarts emplumés ; la queue est arrondie. Le plumage est un mélange de gris et de roux, avec des taches longitudinales blanches : la gorge est noire ; les plumes du sommet de la tête se relèvent pour former une huppe. Le bec et les pattes sont noirs.

La longueur moyenne est de 47 centimètres.

Les tétras sont un gibier très recherché, tant à cause de la délicatesse de leur chair, que des difficultés que présente leur chasse.

Faisan. — Les faisans ne peuvent pas être tout à fait considérés comme des animaux sauvages, car ils ne sont pas indigènes chez nous, et il est bien peu de points où ils aient pu suffisamment s'acclimater pour vivre et se multiplier sans les soins de l'homme. Le plus généralement on élève les faisans en volières pour les lâcher, quand ils sont suffisamment forts.

Le genre faisan comprend de très nombreuses espèces, toutes originaires de l'Asie ; une seule nous intéresse, le *faisan commun (Phasianus communis)*, introduit Europe dès le temps des Romains. L'oiseau mâle a les plumes de la tête et du cou vertes avec des reflets bleus. La poitrine, les flancs, le ventre sont bruns avec des reflets pourpres ; la queue est rouge cuivré rayé de noir. Les tarses sont rougeâtres. Le plumage de la femelle est plus terne ; il est gris foncé avec des rayures rousses.

La viande du faisan est excellente et très blanche, lorsque l'animal est mangé à point, c'est-à-dire un temps plus ou moins long après sa mort, suivant la saison. Le mode de cuisson qui convient le mieux est le rôtissage.

Colombidés. — La famille des *colombidés* a, comme gibier, une importance assez restreinte ; ses représentants vivant à l'état sauvage sont : le *ramier (Columba palumbus)*; la *colombe colombin(Columba œnas)*; le *biset (Columba liosa)*, ces deux dernières sont plus spéciales à la région du Midi ; et la *tourterelle (Columba turtur)*.

Les jeunes sont un manger assez bon, se rapprochant beaucoup, par le goût, du pigeon domestique; mais les adultes sont généralement coriaces.

2. *Palmipèdes*.

L'ordre des *palmipèdes* fournit un grand nombre d'oiseaux qui sont considérés comme gibier ; une famille seule, celle des *lamellirostres*, a pour nous de l'intérêt ; elle est représentée sur nos marchés par trois espèces : l'oie sauvage, le canard sauvage et la sarcelle.

Oie sauvage. — Elle ne diffère pas de l'oie grise domestique ; ce gibier n'est commun que dans les régions du Nord, cependant on en tue un assez grand nombre chaque hiver en France.

Canards sauvages. — *Canard sauvage ordinaire (Anas boschas).* — Cet oiseau diffère fort peu de l'espèce domestique commune. Le mâle a la tête et le haut du cou d'une belle couleur verte; le devant de la poitrine est brun marron, le reste du plumage est gris cendré, rayé transversalement de brun et de blanc; les ailes sont d'un vert sombre, le bec est jaune verdâtre, les tarses d'un rouge pâle.

Le canard sauvage nous arrive en grandes bandes des régions du nord, au commencement de l'hiver; il est très commun dans les régions où il existe de nombreux étangs. Sa chair a un fumet un peu plus prononcé que celle du canard domestique ; elle est de très bonne qualité chez les jeunes ou *halbrans*.

Le *souchet (Anas clypeata)* est d'une taille un peu plus faible que le précédent. Il se reconnaît à son bec, dont la mandibule supérieure est évasée à son extrémité. Le mâle a la tête et le cou verts, les parties supérieures du corps grises, les ailes brunes avec le miroir vert, les parties inférieures grises et blanches ; les ailes sont longues et aiguës. Le bec est noir et les tarses sont jaunes. La femelle est grise avec des taches plus foncées.

Le souchet est commun, en hiver, dans le midi de la France. Sa chair est très bonne.

Nous pouvons encore citer comme espèces peu importantes, le *tadorne (A. tadorna)* et le *miloin (A. ferina)*.

Sarcelle. — Au genre canard appartiennent les différentes espèces de sarcelles, dont trois ont une certaine importance au point de vue de notre alimentation, la *sarcelle commune*, la *sarcelle d'été* et la *petite sarcelle.*

Cygne sauvage. — Il n'est commun que dans les pays du Nord ; il est très rare en France.

3. Échassiers.

Nous trouvons dans cet ordre un grand nombre d'oiseaux très estimés pour leur chair, tels sont : la *bécasse*, la *bécassine*, les *râles*, etc.

Bécasse ordinaire *(Scolopax rusticola).* — C'est un oiseau de passage, qui nous arrive vers la fin d'octobre ; son plumage est d'une coloration générale grisâtre ; les parties supérieures sont un mélange de marron, de roussâtre et de gris ; les parties inférieures sont d'un roux jaunâtre, la gorge est blanche, le bec est très long.

La chair de la bécasse est très estimée ; on la mange lorsqu'elle a subi une décomposition assez avancée.

Bécassine ordinaire *(Gallinago scolopacinus).* — Elle est d'une taille un peu inférieure à celle de la bécasse ;

comme celle-ci, elle passe en France à des époques régulières, l'automne et le printemps. Cet oiseau a les parties supérieures noires avec des points roux sur la tête. La gorge et l'abdomen sont blancs, la poitrine et les flancs d'un rouge clair ; elle fréquente de préférence les lieux marécageux.

On trouve encore en France deux autres espèces de bécassines : la *bécassine double* et la *bécassine sourde*.

Chevalier cul-blanc ou graveline. — C'est un oiseau de passage que l'on rencontre le long des cours d'eau et des plages maritimes, à l'automne et au printemps ; il est d'une taille inférieure à celle de la bécassine, son plumage est d'un brun olivâtre sur les parties supérieures, les plumes de la tête et du cou sont frangées de blanc, et, sur le dos, il y a un grand nombre de taches de la même couleur. Les plumes de la queue sont blanches ainsi que les parties inférieures.

La graveline est un gibier très fin.

Râle d'eau *(Rallus aquaticus)*. — Cet oiseau, commun en France, habite les marais, c'est un gibier assez médiocre.

Crex des prés, râle des genêts ou roi des cailles *(Crex pratensis)*.— C'est un excellent gibier, mais peu abondant généralement. Les parties supérieures du corps sont brunes ; la gorge et le milieu de l'abdomen sont grisâtres. Les flancs sont rayés de brun, de roux et de blanchâtre ; les plumes supérieures des ailes sont rougeâtres.

Foulque noire. — Sur les bords de la Méditerranée, on tue en très grande quantité la *foulque noire (Fulica nigra)* ou *macreuse*. C'est un gibier assez médiocre.

Pluvier et Vanneau. — Ces deux espèces sont très renommées comme gibier, car un proverbe dit, mais à notre avis avec beaucoup d'exagération :

> Qui n'a mangé ni pluvier, ni vanneau
> Ne sait pas ce que gibier vaut.

Le *pluvier doré (Charadrius auritus)* est souvent confondu avec le vanneau, il est facile cependant de l'en distinguer; il n'a, en effet, que trois doigts, tandis que le vanneau a le quatrième très apparent.

Le plumage du pluvier est brun, sur les parties supérieures, avec des taches jaunes et blanchâtres. La queue est brune avec des raies transversales.

Le *vanneau huppé (Vanellus cristatus)* est un bel oiseau portant une huppe noire sur la tête, dont la partie supérieure est de la même couleur. Les parties supérieures du corps sont d'un vert métallique ; les parties inférieures sont blanches ; le bec est noir.

4. Passereaux.

L'ordre des passereaux comprend un grand nombre d'oiseaux qui sont un excellent gibier, mais comme ce sont en même temps de très utiles auxiliaires de l'agriculture en leur qualité de grands mangeurs d'insectes, la loi a dû mettre un frein à la gourmandise humaine, trop imprévoyante, et ne permettre la chasse que de certaines espèces qui passent chaque année en grandes troupes dans nos régions. Ce sont les suivantes :

Ortolan *(Emberiza hortolana)*. — C'est un petit oiseau très renommé comme gibier et que, dans certains pays, en Italie et dans le Midi de la France, on engraisse en cage avant de le manger. L'ortolan a la tête, la nuque et le cou gris, la gorge jaune clair; le dos est plus foncé; les ailes présentent des bandes rougeâtres. Le bec est conique et la mandibule déborde légèrement. L'ortolan arrive au commencement de mai pour repartir du 15 août au 15 septembre.

Alouette. — Le genre alouette comprend quatre espèces: l'*alouette des champs (Alauda arvensis)*, l'*alouette lulu (A. arborea)*, la *calandre (A. calandra)* et le *cochevis (A. cristata)*.

L'espèce la plus importante pour nous est l'alouette des champs. Cet oiseau, dont on tue chaque année des quantités considérables au moment du passage, qui a lieu vers la fin de septembre, est un excellent gibier; on le consomme surtout rôti, mais aussi en pâté, et la ville de Pithiviers en a la renommée. A Paris, on le falsifie volontiers avec le moineau, mais il est facile de distinguer notre gai Pierrot à son bec fortement conique et à ses pattes.

L'alouette des champs a les parties supérieures d'un gris fauve, le ventre et les côtés du cou sont blanchâtres; sur les flancs se montrent des lignes noires; les ailes sont brunes bordées de blanc; la queue est brune avec les plumes externes blanches.

Bec-figue *(Anthus arboreus)*. — Il ressemble beaucoup à l'alouette par certains caractères extérieurs; il s'en distingue cependant facilement par la conformation de ses pattes, dont les doigts sont bien plus recourbés que chez la première.

Le plumage de cet oiseau est brunâtre, à la partie supérieure du corps, avec des taches longitudinales plus foncées. Le milieu du ventre et le croupion sont blancs; la poitrine et les flancs sont d'un jaune roux, les ailes et la queue brunes bordées de gris, les pieds sont verdâtres.

C'est un excellent petit oiseau que l'on chasse, au moment du passage, au commencement de septembre.

Merle. — Le genre merle comprend: le *merle noir* (*Turdus merula*), le *merle litorne* (*Turdus pilaris*), le *merle draine* (*Turdus viscivorus*), le *merle mauris* (*Turdus iliacus*), le *merle grive* (*Turdus musicus*), ou *grive commune*. Toutes ces espèces sont considérées comme un bon gibier, mais la dernière est la plus estimée.

La grive commune a les parties supérieures du corps brun grisâtre, les côtés de la tête, du cou, de la poitrine et du corps sont d'un blanc roux avec des taches noirâtres. L'abdomen est blanc tacheté de brun, le bec et les pieds sont bruns.

C'est un excellent gibier, surtout lorsqu'il s'est engraissé de raisin, dont il est très friand: il ne doit pas être mangé trop frais. On le chasse vers la fin de l'automne, au moment du passage.

Corbeau. — Le *corbeau*, est un gibier qui ne compte qu'un nombre fort restreint d'amateurs.

Le corbeau jeune est pourtant un objet de commerce, et, au printemps, il n'est pas rare d'en voir vendre par les marchands des quatre saisons; ils sont destinés au pot-au-feu; le bouillon de corbeau jouit en effet d'une excellente renommée, il est, dit-on, très fortifiant.

Geai. — Le *geai* est aussi un oiseau fort coriace et sans fumet.

La viande fournie par le gibier est généralement considérée comme stimulante, mais ne convenant pas pour l'usage journalier, comme trop échauffante.

CHAPITRE VIII

PRÉPARATION DE LA VIANDE

L'homme civilisé ne consomme pas, ainsi que le sauvage, sa nourriture à peu près telle que la nature la lui présente; il lui fait subir certaines modifications destinées à la rendre plus agréable au goût et à l'odorat, et très généralement aussi plus digestible, car bien certainement le bon fonctionnement de l'estomac, se manifestant par un appétit soutenu et bien réglé, a été le premier guide du cuisinier inconscient qui le premier, imagina que les aliments pussent être mangés autrement que ne le fait le fauve, c'est-à-dire cru.

Le degré de perfection dans le mode de préparation des aliments est considéré, chez un peuple, comme une bonne mesure de sa civilisation, et Brillat-Savarin a pu paraphraser à juste raison un proverbe bien connu et dire : Dis-moi ce que tu manges et je te dirai qui tu es.

La viande, tout particulièrement, demande à être préparée pour nos palais civilisés, et aussi pour satisfaire aux lois de l'hygiène. Le principe fondamental de cette préparation est la cuisson. Sous l'action de la chaleur, elle devient, à notre goût, plus savoureuse; sa

mastiscation est plus facile et plus parfaite ; par conséquent les sucs gastriques agiront plus efficacement sur
elle ; son utilisation sera donc plus complète. De plus,
la haute température à laquelle la chair sera soumise,
aura le résultat très important de détruire un grand
nombre de parasites, dont la présence dans notre organisme serait fort dangereux.

I. VIANDES DE BOUCHERIE

Tous nos procédés culinaires peuvent se ranger en
deux grandes classes : la *coction de la viande dans
l'eau*, dont le type est le *pot-au-feu;* la *coction de la
viande sous l'influence directe du feu* ou dans un
vase convenablement chauffé : le *rôtissage*. Nous allons
examiner quelles sont les transformations que la viande
subit dans ces deux cas.

1. *Coction dans l'eau.*

La viande renferme de 5 à 8 pour 100 de matières
solubles dans l'eau, savoir : de l'albumine, des bases
organiques (créatine, créatinine, sarkine, etc.), de
l'acide lactique et des sels. La cuisson dans l'eau modifie
beaucoup la solubilité de l'albumine; nous avons vu en
effet que, chauffée à 100°, cette substance devient insoluble ; elle reste par conséquent dans le tissu musculaire,
ou si elle a pu se dissoudre, elle ne tarde pas à se coaguler et vient se rassembler à la surface du bouillon,
où elle forme ce qu'on appelle vulgairement l'écume du
bouillon. Cette écume sera très abondante si la viande a
été plongée dans l'eau froide et chauffée graduellement

jusqu'à l'ébullition, car l'eau aura le temps d'imbiber
les tissus et de s'y saturer des principes solubles; cette
infusion en cédera une large part au reste du liquide,
et de cette façon, les muscles seront fortement épuisés.
Le bouillon ne ᵒus restituera pas tout ce qu'il aura
emprunté à la viande, car l'écume sera enlevée, sans
quoi le liquide serait trouble et notre goût raffiné ne
saurait l'admettre ainsi. Nous préparons donc par cette
méthode un aliment appauvri : du bouilli, qui nécessairement n'a plus le pouvoir nutritif de la chair musculaire, et du bouillon qui a perdu un des éléments
nutritifs, l'albumine primitivement dissoute.

Les phénomènes sont tout autres lorsque l'on plonge
la viande dans l'eau bouillante. Celle-ci n'enlève plus
qu'une très faible partie de l'albumine, celle de la surface ; le reste est coagulé en même temps que la température du morceau de viande se met en équilibre avec
celle du milieu ambiant. L'albumine forme ainsi une
membrane presque imperméable qui ne laissera passer
par dialyse qu'une très faible quantité des éléments
solubles. Le résultat de cette opération sera de donner
une viande encore très succulente, mais un bouillon
pauvre.

Nous avons un exemple pratique de ces faits dans
l'économie domestique. Quand nous préparons le *pot-
au-feu*, et que nous voulons consommer en même temps
le bouillon et la viande, nous appliquons généralement
la seconde méthode; mais si nous voulons préparer un
potage réconfortant, *un consommé* pour un malade,
nous avons soin de découper la viande en menus fragments que nous plaçons dans un vase de dimensions
restreintes, avec une faible quantité d'eau, puis de chauf-

fer le tout doucement et pendant longtemps, pour que l'épuisement se fasse aussi complètement que possible. Dans ce cas, il est recommandé de se servir de marmites dites *américaines* en métal ou en porcelaine, hermétiquement closes, afin d'empêcher l'évaporation, pendant qu'on les chauffe au bain-marie. La décoction que nous obtenons de cette façon, est très nutritive, mais il ne reste de la viande que la fibre musculaire, coriace et d'une digestion difficile.

· Voici, d'après Payen, la composition d'un bon bouillon de ménage :

MATIÈRES EMPLOYÉES

Viande grammes	Os grammes	Sel grammes	Légumes grammes	Eaux grammes
500,0	»	»	»	100
1433,5	430,0	40,5	»	2000
500	»	8,0	32,2	5000

COMPOSITION DU BOUILLON

Eau	Matières sèches	Matières organiques	Sels
98,41 p. 100	1,59 p. 100	1,27 p. 100	0.32 p. 100
97,21 —	2,79 —	1,68 —	1,11 —
97,95 —	2,05 —	1,25 —	0,80 —

Comme on le voit, il y a fort peu de matières solides dans le bouillon ; c'est, de même que le bouilli, un aliment très médiocre au point de vue de l'effet nutritif. Le bouillon a cependant une action excitante et tonique très marquée sur l'estomac et sur le système nerveux ; il la doit aux bases et aux sels de potasse qu'il tient en dissolution.

A côté des bases organiques, on trouve dans le

bouillon une proportion de gélatine plus ou moins grande, suivant la quantité d'os qui a été employée pour sa confection. Cette substance ne peut pas être considérée comme un aliment, elle peut même causer, chez certaines personnes, des troubles dans l'appareil digestif, de nombreuses expériences l'ont prouvé.

La viande cuite, *le bouilli*, renferme encore la fibrine musculaire, une partie de l'albumine, du tissu conjonctif, de la graisse, et si la coction n'a pas été trop prolongée, une faible proportion des bases. Cette viande fortement lixivée n'a plus le pouvoir nutritif de la viande fraîche. On a même démontré que des chiens nourris exclusivement avec cette matière, meurent au bout de peu de jours; c'est donc un aliment incomplet, surtout à cause des sels qui ont été enlevés par l'eau.

2. *Rôtissage.*

La cuisson de la viande sous l'action directe du feu, dont le rôtissage est le type, a un tout autre effet. La viande conserve la plus grande partie de ses éléments nutritifs; elle ne perd guère que de l'eau et des matières volatiles sous l'action du feu. Le rôtissage produit à la surface des muscles une croûte plus ou moins dure; la viande, dans cette transformation, perd un peu de carbone et d'azote, mais il se forme, on l'admet généralement, une petite quantité d'acide acétique, dont l'action dissolvante a une certaine importance pour la bonne utilisation de l'aliment par l'estomac. La graisse subit aussi une transformation partielle : des acides gras et de la glycérine sont mis en liberté et une quantité assez notable s'évapore.

Voici, d'après Krauch[1], quelques analyses de viandes rôties et de viandes fraîches :

VIANDE DE BŒUF

	Eau	Matière azotée	Graisse	Matières extractives	Sels
	pour 100	pour 100	pour 100	pour 100	pour 100
Fraîche.	70,88	22.51	4,52	0,86	1,23
Bouillie.	56,82	34,13	7,50	0,40	1,15
Rôtie (beefsteaks). .	55,39	34,23	8,21	0,72	1,45

VIANDE DE VEAU

Côtelettes fraîches. .	71,55	20,24	6,38	0,68	1,15
Côtelettes rôties. . .	57,59	29,00	11,95	0,03	1,43

Le rôtissage proprement dit se fait à feu nu, à la broche, au four, ou en exposant la viande sur un gril à l'action de charbons ardents.

3. *Cuisson à l'étuvée, dans la graisse ou la friture.*

On peut ranger dans la même catégorie, au point de vue de l'effet produit, la cuisson de la viande à l'étuvée, dans la graisse ou la friture.

II. CHARCUTERIE

Nous avons vu précédemment, en parlant de la coupe, quelle était l'utilisation de la viande du porc. Cette viande n'est pas vendue en totalité, en morceaux tels qu'on les découpe sur l'animal ; une grande partie subit

[1] J. König, *Die menschlichichen Nahrungs- und Genussmittel.*

des manipulations préalables spéciales, qui sont le fait de l'industrie du charcutier.

Quelques-uns de ces produits jouent un rôle assez important dans l'alimentation des populations urbaines.

Les produits fabriqués que la charcuterie livre à la consommation sont de trois sortes : 1° les *préparations non cuites;* 2° les *préparations cuites;* 3° les *salaisons* et les *fumaisons.* Nous ne dirons rien maintenant de cette dernière catégorie, dont nous aurons à nous occuper en détail, lorsque nous aborderons la question de la conservation des viandes.

Le plus grand nombre des préparations de la charcuterie ont pour base la viande hachée, additionnée d'une quantité plus ou moins grande de graisse, de sel, d'épices variées suivant les goûts, le genre d'accommodement, quelquefois de matières farineuses. Cette dernière adjonction est généralement peu loyale et l'indice d'une falsification.

1. *Préparations non cuites.*

Parmi les préparations de viande de porc vendues sans être cuite, les plus connues sont :

Saucisses longues. — Elles sont faites au moyen de *chair à saucisse,* hachée très fin et convenablement assaisonnée, enfermée dans une partie de l'intestin grêle du mouton ou *menu.* Ce que l'on nomme *chipolatas* à Paris, a la même origine, ce sont des saucisses longues fractionnées en plusieurs parties.

Crépinettes. — Ce sont des saucisses plates, enroulées dans de la panne ou membrane du péritoine, ou simplement roulées dans de la mie de pain.

Saucisses. — On prépare de la même manière différentes variétés de saucisses qui peuvent être conservées,
telles que les saucisses de Strasbourg, de Francfort, de
Lorraine, etc. La viande hachée, salée et épicée, est
introduite dans des boyaux de différentes grosseurs, puis
on la sèche, et on la fume souvent aussi. Dans quelques
régions, la chair à saucisse est préalablement soumise
au marinage.

Saucissons. — Les saucissons sont préparés de la
même manière que les saucisses, mais avec de la viande
hachée plus grossièrement.

L'un des saucissons les plus connus est le saucisson
de Lyon. D'après M. Cartier[1] voici comment il se prépare :

On coupe en dés d'un centimètre de côté, 200 grammes
de lard pour 800 grammes de chair énervée et hachée
en une pâte très fine. On ajoute par kilogramme de chair
et de lard :

Poivre moulu	5	grammes
Poivre en grains	1	—
Salpêtre	1	—
Sel	25	—
Piment en poudre	2	—

On mêle le tout en pétrissant avec les mains et on
remplit de cette pâte des intestins salés pendant un mois,
et mis à dessaler vingt-quatre heures.

On ficelle le saucisson sur toute la longueur, en laissant 1^{cm},5 d'intervalle entre chaque tour et on le conserve dans un endroit sec et froid.

---

[1] Cartier, *Manuel de l'Inspecteur des viandes*, Paris, 1886.

Pour la préparation du saucisson de Lyon, on doit choisir avec grand soin la viande; celle des jeunes animaux ne convient pas, on doit prendre exclusivement la chair des porcs adultes. De ce choix, des grands soins apportés dans la fabrication, et d'une bonne fermentation pendant six semaines au moins, dépendent la qualité de ce mets si recherché.

Parmi les saucissons renommés, nous citerons encore le saucisson d'Arles, très voisin du saucisson de Lyon, les saucissons de Parme et de Milan, la mortadelle de Bologne.

Cervelas. — On désigne sous ce nom des saucisses faites avec de la chair de moins bonne qualité que celle employée pour les préparations précédentes. Le hachis est généralement enfermé dans le côlon du bœuf préalablement passé à l'eau bouillante.

2. Préparations cuites.

Il existe un assez grand nombre de mets rentrant dans cette catégorie; les principaux sont:

Fromage d'Italie. — On prépare en hachant du foie de porc, du gras, des oignons et autres aromates. La pâte obtenue est mise dans un moule et cuite au four.

Pâté de foie. — C'est un mélange de foie haché et de chair à saucisse, d'œufs et d'aromates, cuits dans une terrine et au four. On peut le rendre plus délicat en y faisant entrer une certaine quantité de foie de veau.

Andouilles. — On désigne sous ce nom une sorte de saucisse préparée avec le gros intestin du porc; certaines andouillettes renferment en outre de la fraise de veau, ce qui les rend plus délicates. La matière première, avant d'être introduite dans les boyaux qui lui servent d'enveloppe, est mise à mariner un temps plus ou moins long. Les andouillettes peuvent être conservées, soit en les faisant sécher seulement, soit en les fumant.

Boudin. — Le boudin est une préparation qui, normalement, doit être faite avec du sang de porc cuit, additionné de graisse, d'oignons, d'aromates et dans quelques contrées de mie de pain, de riz ou de crème fraîche : cette dernière adjonction, très usitée en Franche-Comté, le rend très délicat. Dans les grandes villes, où la consommation est trop considérable pour que le sang des porcs abattus puisse suffire, on se sert fréquemment du sang de veau, du sang de bœuf et du sang de mouton. Les produits obtenus laissent non seulement à désirer au point de vue de la qualité, mais.encore au point de vue de la loyauté de la vente.

Voici comment se prépare généralement le boudin :

Les parties grasses qui doivent être mélangées au sang sont hachées et cuites dans une marmite de fonte, puis légèrement pressées. On prend un tiers de sang défibriné, un tiers d'oignons cuits, un tiers de gras cuit ; le tout est additionné d'une quantité suffisante de sel et de poivre et chauffé suffisamment en remuant la masse, de façon à avoir un mélange parfaitement homogène.Celui-ci est introduit au moyen d'un entonnoir spécial dans un *menu* ou intestin grêle de porc. Cette opération faite, le boudin est jeté dans l'eau bouillante, de manière à coaguler l'albumine du sang. Le boudin est alors prêt à être mis en vente.

Cet aliment est très nutritif, mais souvent d'une digestion difficile. D'après Gorup-Besanez, sa composition serait la suivante :

gr.

Eau. . . . . 49,93 p. 100
Matières albuminoïdes. . . . 11,81 —
Matières grasses. . . . . . 11.48 —
Matières extractives . . . . 25,09 —
Cendres . . . . 1,69 —

Boudin blanc. — On désigne sous ce nom, un mélange de porc ou de blanc de volailles pilé avec du lard, d'œuf, de farine et de lait, dans lequel on a fait bouillir des oignons et des épices. Le tout est introduit dans un menu et passé à l'eau bouillante comme le boudin ordi-- naire.

Fromage de cochon. — Ce mets est préparé avec la tête du porc. Celle-ci est coupée en deux morceaux et cuite. On enlève les os et on coupe en morceaux les parties charnues. Le tout est assaisonné convenablement et pressé dans un moule.

Hure. — Elle est accommodée de la même manière ; seulement pour la rendre plus délicate, on mélange à la tête un certain nombre de langues de porcs et des pistaches.

Pieds de cochon. — Les pieds, coupés au-dessous du jarret ou du genou, sont convenablement nettoyés et cuits à l'eau avec des couennes et du sel, puis on les laisse refroidir dans le bouillon. Les pieds de cochon de Sainte-Menehould ont une grande réputation qu'ils doivent à une préparation plus soignée, et certainement plus compliquée, secret des charcutiers de cette localité.

Les pieds de cochon truffés se préparent avec les pieds désossés, de la chair à saucisses, des truffes, le tout enveloppé de crépine.

Rillettes. — Sous ce nom, on désigne un hachis très

fin de lard plus ou moins maigre que l'on a fait frire assez longtemps.

Tous les produits de la charcuterie ont une valeur nutritive assez grande, bien qu'un grand nombre d'entre eux ne soient souvent considérés que comme aliments accessoires, comme hors-d'œuvre destinés à aiguiser l'appétit et fréquemment aussi la soif. Leur usage modéré est bon, il stimule les fonctions digestives, mais l'abus peut avoir de graves inconvénients ; ces aliments ont toutes les propriétés bonnes et mauvaises de la viande de porc ; les épices dont ils sont généralement additionnés les rendent très échauffants.

CHAPITRE IX

CONSERVATION DE LA VIANDE

Les méthodes de conservation des matières alimentaires ont pour but d'empêcher leur putréfaction et leur altération ; elles doivent par conséquent éliminer un ou plusieurs des quatre facteurs nécessaires à leur production ; ce sont : 1° l'humidité ; 2° l'oxygène de l'air ; 3° les bactéries et les ferments ; 4° une température assez élevée (10 à 45 degrés).

On arrive à ce résultat d'une façon relativement satisfaisante par les procédés suivants :

I. DESSICCATION

La dessiccation de la viande est certainement le plus sûr et le plus complet des procédés de conservation de la viande, elle permet de conserver à la chair tous ses éléments constitutifs sans modifications.

Pour obtenir la dessiccation, deux procédés sont à notre disposition : la chaleur du soleil et la chaleur artificielle.

Dessiccation par la chaleur du soleil. — Ce procédé serait rarement praticable en Europe, aussi ne l'emploie-t-on que dans les pays tropicaux, particulièrement dans l'Amérique du Sud, où l'on prépare de grandes quantités de viande séchée, connue sous le nom de *charque* ou *carne tasajo*, *carne seca* et *carne dulce*; nous allons en décrire la préparation.

La *carne seca* est de la viande de bœuf coupée en lanières longues et minces, qui sont desséchées au soleil après avoir été saupoudrées de farine de maïs. Cette matière se conserve un ou deux mois et fournit un rôti dur et peu savoureux; cuite dans de l'eau avec des légumes, elle donne un bouillon assez agréable. Vingt-six parties de viande sèche équivalent à environ cent parties de viandes fraîche.

La *carne dulce* se prépare de la même façon, mais, au lieu de farine de maïs, on emploie du sucre pour enrober la viande.

Le *charque* ou *carne tasajo* se prépare dans les *saladeros* de l'Uruguay. La viande est coupée en longues et larges plaques de 20 centimètres d'épaisseur. Ces plaques sont lavées avec de la saumure, puis disposées dans des tonneaux entre des lits de sel. Au bout de trois jours, on les retire du sel ; on les empile en plein air et on les comprime en les chargeant de grosses pierres ou avec des presses, pour en faire écouler l'eau. L'égouttage est terminé en trois ou quatre jours et l'on procède à la dessiccation, qui se fait de la même manière que pour la *carne seca ;* elle est terminée en quatre à cinq jours.

On mange généralement le *tasajo* avec des légumes ; sa saveur est agréable. Le rôti est assez succulent, quoique dur. Le bouillon fait avec le *charque* seul n'est pas bon.

Le *charque* est loin d'être aussi nutritif que la *carne seca* ou la *carne dulce*, car la salaison et, ensuite, la compression font perdre à la viande tout son suc.

Dessiccation par la chaleur artificielle. — Elle présente quelques difficultés qui ont empêché ce procédé de se généraliser. Cependant, depuis quelques années, on fait de sérieux essais pour arriver à une solution pratique de cette question, qui a une importance très grande au point de vue militaire, pour l'alimentation des armées en campagne.

II. SALAISON

Ce procédé de conservation de la viande est connu depuis la plus haute antiquité ; il est le plus généralement usité malgré ses nombreux défauts.

Cette méthode est des plus simples ; elle consiste à placer dans des récipients spéciaux, les quartiers de viande séparés par un lit de sel de cuisine, dont l'épaisseur varie avec celle de la pièce à saler. L'eau de la viande dissout le sel qui pénètre peu à peu les tissus et en assure la conservation.

Bien souvent on emploie, en même temps que le sel marin, du salpêtre, dans le but de conserver à la viande sa couleur rouge. Cette pratique est condamnée par les hygiénistes, car le salpêtre ou nitrate de potasse n'est considéré comme inoffensif qu'à très petites doses, et dans le cas qui nous occupe nous ne pouvons guère savoir la quantité que la viande en absorbe.

Le salage des viandes présente les désavantages suivants : il leur enlève leur arome et une notable quantité de leurs principes nutritifs. Ainsi, M. Girardin a trouvé dans 100 kilogrammes de saumure ayant servi à conserver 250 kilogrammes de bœuf :

Eau.	62,22 p. 100
Albumine.	1,23 —
Matières extractives	3,40 —
Acide phosphorique	0,44 —
Potasse.	3,65 —
Chlorure de sodium	29,00 —

Au point de vue hygiénique, on lui attribue d'être une des causes déterminantes des épidémies de scorbut qui règnent si souvent à bord des navires au long cours.

III. BOUCANAGE OU FUMAISON

Le boucanage ou fumaison consiste à soumettre la viande, préalablement salée, à l'action de la fumée d'un feu de bois brûlant lentement et de façon que la viande ne soit pas trop chauffée, ce qui amènerait ultérieurement l'altération des parties grasses, connue sous le nom de *rancissement*.

Par ce traitement, la viande subit une dessiccation partielle et s'imprègne d'huiles empyreumatiques et de créosote qui sont des matières antiseptiques. Elle acquiert un goût spécial qui la fait rechercher.

En Europe, c'est surtout la chair de porc qui est soumise au boucanage. Dans les campagnes, on se contente de suspendre à la cheminée, pendant un temps souvent très long, les quartiers de viande retirés du saloir ; ceux-ci se fument peu à peu par le feu qui sert à la préparation des aliments. Lorsqu'on veut préparer spécialement les viandes fumées, on a des cheminées aménagées pour cet usage, sous lesquelles on fait chaque jour, pendant plusieurs heures, un feu de branchages de bois résineux, tels que le pin, le sapin ou le genévrier. Dans les montagnes du Jura, dans les environs de Morteau, petite ville du département du Doubs, renommée pour ses salaisons, on a généralement adopté la disposition suivante : on établit une armoire garnie de crochets, auxquels on suspend les pièces à fumer, et communiquant avec une cheminée par un tuyau ; on y entretient un feu de sciure de bois de sapin humide. Comme ce combustible ne brûle que lentement et en donnant beaucoup de fumée, on est dans les meilleures conditions possibles pour que la viande se dessèche graduellement, et s'imprègne des principes antiseptiques du bois, sans recevoir l'action de la flamme.

IV. CUISSON

Procédé Appert. — Le procédé d'Appert repose sur la destruction des ferments par une température assez élevée, 70 à 80 degrés. La viande à conserver est introduite, après avoir été convenablement cuite, dans des boîtes de fer-blanc ; on soude le couvercle, dans lequel on a ménagé un petit orifice. Les boîtes sont ensuite portées au bain-marie et chauffées pendant un certain temps à 100 degrés ; l'air s'échappe par l'orifice et lorsqu'on juge que la masse est bien également chaude on bouche celui-ci au moyen d'une goutte de soudure ; puis, on retire les boîtes du bain-marie et on les laisse se refroidir lentement.

Procédé Martin de Lignac. — Le procédé précédent a été modifié de la façon suivante par Martin de Lignac : Les boîtes sont entièrement soudées ; on les fait bouillir à la température de 108 degrés soit en ajoutant à l'eau du bain-marie une certaine quantité de sel marin, soit en les plaçant dans une chaudière autoclave. Sous la pression de la vapeur le couvercle bombe ; d'un coup de poinçon on pratique une petite ouverture d'où la vapeur s'échappe, et on ferme aussitôt avec une goutte de soudure.

Les boîtes que l'on doit employer pour renfermer les conserves doivent être étamées à l'étain fin, et leurs soudures, si elles sont à l'intérieur, doivent être faites de la même façon.

Cette méthode de conservation a l'avantage de n'enlever à la viande aucun de ses principes nutritifs. On peut avoir de cette façon, si la préparation a été bien faite, des aliments sains et d'un goût agréable.

Viandes séchées.

	Eau	Matière	Graisse	Matière non azotée	Cendres
Viande séchée (Patent-Fleisch-Pulver ou *carne pura*) de provenance américaine. . .	15,43	64,50	5,24	2,18	12,55
	9,06	72,19	6,90	—	11,85
	8,39	73,04	7,14	2,35	8,18
	14,28	66,13	6,47	0,20	12,87
Poudre de viande de l'armée russe.	12,75	57,18	19,98	1,93	8,16
Charque, gras	40,30	48,40	3,10	—	8.30
Charque, maigre.	36,10	46,00	2,70	—	15.20

Viandes fumées et salées.

	Eau	Matière azotée	Graisse	Matière non azotée	Cendres
Bœuf fumé.	47,68	27,10	15,35	—	10,59
Cheval fumé.	49,15	31,84	6,49	—	12,53
Langue de bœuf.	35,74	24,31	31,61	—	8,51
Jambon de Westphalie. . . .	27,98	23,97	36,48	1,50	10,07
Jambon américain.	41,50	24,00	30,60	—	3,90
Lard salé d'Amérique. . . .	10,70	2,60	77,80	—	6,60
Poitrines d'oies fumés de Po-méranie.	41,35	21,45	31,49	1,15	4,56

Viandes en boîtes.

	Eau	Matière azotée	Graisse	Matière non azotée	Cendres
Viandes américaines salées. .	49,11	28,87	0,18	0,77	21,07
Viandes d'Australie.	54,03	29,31	12,11	—	4,55
Pressed corned beef de Chicago (1 boîte = 770 grammes). .	56,90	33,80	6,40	—	2,90
Corned beef.	58,10	21,40	17,90	—	3,10

V. CONSERVATION PAR LES ANTISEPTIQUES

Les antiseptiques proposés pour la conservation de la viande sont très nombreux ; mais bien peu remplissent la condition essentielle d'être d'une parfaite innocuité.

Saumure. — L'un des procédés les plus anciens et les plus répandus, est l'immersion des quartiers de viande dans la saumure, solution concentrée de sel marin ; souvent aussi, on recouvre les pièces d'une couche de sel, ce qui revient au même, car cette substance absorbe l'eau de la chair et se dissout partiellement ; la solution concentrée forme alors un enduit antiseptique presque aussi imperméable que la saumure.

Souvent au sel marin on ajoute du salpêtre ; ce sel a également une action conservatrice très grande, mais ce n'est pas ce qu'on lui demande généralement. Il n'est guère employé que pour conserver aux viandes leur couleur rouge. L'usage du salpêtre pour la conservation des matières alimentaires est considéré comme dangereux, comme nous l'avons vu plus haut.

Acide borique. — Comme perfectionnement de la salaison, on a proposé le borax ou l'acide borique, en raison de leur pouvoir antiseptique considérable et de leur absence de saveur. De nombreuses expériences ont été faites pour contrôler leur effet sur l'organisme : les résultats obtenus ne sont pas concordants : mais, de l'avis d'un grand nombre d'autorités scientifiques, il y a lieu de s'abstenir.

Acide chlorhydrique. — On a proposé encore de plonger les viandes dans une solution faible d'acide chlorhydrique. Ce procédé nous paraît malsain, car il est toujours dangereux de faire usage de substances acides.

Acide pyroligneux. — Nous avons vu, en parlant du boucanage, que ce procédé de conservation reposait en partie sur l'action antiseptique des produits pyrogénés que renferme la fumée du bois, l'acide pyroligneux, la créosote, etc. ; on a tenté, mais sans grand succès, d'utiliser ces produits pour la conservation de la viande fraîche. A cet effet, les morceaux étaient trempés dans l'acide pyroligneux, ou placés dans une caisse contenant un vase plein de ce liquide ; les résultats obtenus, au point de vue de la conservation, ont été bons ; mais au point de vue de la saveur de l'aliment, ils laissaient fort à désirer, l'acide pyroligneux donnant une odeur *sui generis* peu agréable.

Tanin. — Pour remplacer l'enrobage à la graisse,

que nous avons vu principalement employé pour les conserves ou confits d'oie, on a essayé d'employer le tanin. Cette substance, a, comme la chaleur, la propriété de coaguler l'albumine ; si donc, on plonge un morceau de viande dans une solution de cette substance il se formera à la surface une pellicule d'albumine qui le mettra à l'abri de l'air ; mais l'intérieur ne sera pas stérilisé et rien ne dit qu'avant la préparation des ferments n'y ont pas pénétré ; de plus, on ne peut pas être certain que l'enveloppe est parfaitement imperméable ; bien au contraire, il est à supposer qu'elle présente des fissures par où les germes peuvent pénétrer [1].

Acide sulfureux. — Braconnot, Mathieu de Dombasle et Lamy, le Dr Vernois, ont essayé d'employer l'acide sulfureux. Leurs procédés ont reçu plusieurs perfectionnements depuis quelques années ; mais on ne doit pas encore les considérer comme bons. L'acide sulfureux est un antiseptique puissant, cela est vrai, mais en le faisant agir sur nos aliments, nous produisons une substance désorganisatrice au premier chef, l'acide sulfurique. En effet, le premier, au contact de l'eau donne de l'acide sulfurique ; nous risquons donc d'en introduire dans notre organisme à l'état libre : s'il peut se combiner, le mal est atténué, mais s'il n'a pas disparu, les sulfates sont toujours plus ou moins nocifs.

Acide salicylique. — L'emploi de l'acide salicylique et les salicylates est formellement interdit en France pour la conservation des aliments.

[1] On emploie aussi l'acétate d'alumine qui durcit les parties externes de la viande et les rend imperméables à l'air ; ce sel a les mêmes inconvénients que le tanin.

VI. CONSERVATION PAR LE FROID

Les ferments qui causent la putréfaction de la viande ne résistent pas à une température inférieure à + 4 degrés ; ce fait a été démontré de la façon la plus probante par la découverte d'animaux antédiluviens, de mammouth, parfaitement conservés dans les glaces de l'Océan glacial, et depuis longtemps on a cherché à employer le froid pour la conservation de la viande que nous consommons. Il y a là un grand intérêt économique ; on peut de la sorte alimenter nos marchés avec de la viande fraîche provenant d'animaux élevés dans des contrées trop lointaines, pour qu'il soit possible de les transporter vivants.

La solution pratique du problème n'a été trouvée que lorsqu'on a su appliquer économiquement les procédés de production du froid artificiel.

On a construit un grand nombre d'appareils pour conserver la viande par l'action du froid, produit soit par la glace, soit par l'évaporation de certains liquides très volatils ; nous allons décrire les principaux.

Appareils de M. Ch. Tellier. — M. Ch. Tellier a construit deux modèles de glacières destinées à la conservation de la viande. L'un, destiné aux usages domestiques se compose d'un cylindre métallique fermé par un couvercle, qui doit contenir la viande ; il repose sur deux barres en bois placées au fond d'une caisse. Tout autour du cylindre on empile de la glace, et celle-ci est préservée de la chaleur extérieure par l'enveloppe mauvaise conductrice de la caisse, formée par deux parois en bois séparées par une couche d'une substance isolante ; feutre, sciure de bois, etc.

Pour l'usage des bouchers, M. Ch. Tellier a construit un appareil de plus grande dimension ; il se compose d'une citerne creusée dans le sol et garnie d'un manchon de corps isolants. Le cylindre métallique qu'on y introduit a un diamètre tel, qu'il permet d'interposer autour de sa surface une couche de glace concassée qui maintient la température à 0 degré. La viande pendue à une étagère y est descendue. La fermeture s'opère au moyen d'un couvercle que l'on recouvre d'une couche de glace. L'eau de fusion se rassemble à la partie inférieure du cylindre et peut être expulsée au dehors au moyen d'un tube mis en communication avec une pompe à main.

Transport des viandes fraîches d'Amérique. — Il y a une dizaine d'années nous avons vu arriver à Paris un navire, le *Frigorifique*, portant un chargement complet de viande fraîche expédiée d'Amérique, qui a été livrée à la consommation dans un état très satisfaisant de conservation. Pour arriver à ce résultat, les dispositions suivantes avaient été prises.

La viande, aussitôt après l'abatage, avait été embarquée et placée dans des chambres continuellement traversées par un courant d'air, qu'un ventilateur amenait d'une glacière, et refoulait ensuite dans celle-ci, après qu'il avait circulé dans les divers compartiments des chambres. La température ne descendait jamais au-dessous de 2°,3 et ne s'élevait pas au-dessus de 4°,4.

La viande n'était pas en contact avec la glace et n'était pas gelée ; elle était plongée dans un air froid dont la tension de vapeur était constamment ramenée à 0 degré, c'est-à-dire, que cet air était sec par rapport à la viande. Dans ces conditions, la viande se conservait bien et arrivait en Europe parfaitement en état d'être consommée.

Pour le refroidissement des chambres, M. Ch. Tellier avait recours non plus à la glace naturelle, mais à un courant d'air maintenu à une température constante de 0 degrés. Pour arriver à ce résultat, on employait l'éther méthylique ou oxyde de méthyle; ce composé est gazeux à la température ordinaire et sous la pression normale; incolore et d'une odeur éthérée assez agréable. Un froid de — 21 degrés, ou une pression de 8 atmosphères le liquéfient.

Du réservoir en fonte, où il avait été comprimé, le liquide volatil pénétrait, quand on ouvrait ce réservoir, dans un cylindre en tôle, le *frigorifère*, traversé par un grand nombre de tubes en cuivre qui donnaient passage à une solution de chlorure de calcium, allant refroidir l'air d'une chambre dite de froid. Cet air était amené du dehors dans le frigorifère par un jeu de ventilateurs puissants; au contact du tube, il descendait à 0 degré et abandonnait son humidité sous forme de givre, entraînant les poussières et les germes qui pouvaient s'y trouver en suspension. Il était ensuite chassé jusque sous le parquet de la chambre à viande, qui était percé de trous nombreux pour lui donner passage. Le courant d'air à 0 degré montait verticalement, léchait uniformément la surface de la viande, et sortait par le plafond, où il était repris par la ventilation.

Quant aux vapeurs d'éther qui avaient circulé dans le frigorifère, elles se rendaient dans un réservoir où elles étaient soumises à une pression de 8 atmosphères, qui les ramenaient à l'état liquide, de sorte que celui-ci servait indéfiniment et sans pertes notables. L'action des ventilateurs, la circulation de l'éther et de la solution saline dans les tubes étaient provoqués et réglés par un volant et par des pompes animés par une machine à vapeur dont la marche ne s'arrêtait jamais.

L'éther méthylique présente de nombreux désavantages qui rendent son emploi peu pratique, particulièrement celui d'être très inflammable.

La tentative de M. Ch. Tellier, qui date de 1876, échoua pour des raisons financières. Son idée fut reprise peu de temps après par des armateurs canadiens, qui expédièrent un navire chargé de viande en Angleterre, dans lequel les carcasses d'animaux n'étaient plus séparées les unes des autres, comme dans le *Frigorifique*, mais entassées dans des chambres maintenues à basse température par des blocs de glace.

En 1878, M. Julien Carré, de Marseille, aménagea à son tour le navire le *Paraguay*, pour le transport des viandes fraîches du Paraguay en France. Celles-ci étaient congelées aussitôt après l'abatage et transportées à bord dans des chambres maintenues à la température de 0 + 1 ou + 2 degrés par des blocs de glace.

Le *Paraguay* arriva au Havre en juin 1878, avec un chargement de 15.000 moutons, dont la viande, que la commission sanitaire reconnut comme parfaitement apte à la consommation, fut vendue pendant cinq à six semaines 1 fr. 50 le kilogramme.

Des éleveurs de la Nouvelle-Zélande frétèrent, en 1882, le navire le *Dudenin*, qui amena en Angleterre 175 tonnes de moutons gelés. Le *Dudenin* mit à la voile le 15 février de Port-Chalmers et arriva à Londres 98 jours après avec son chargement en bon état. Pendant cette longue traversée, la viande avait été maintenue à une température moyenne de — 10 degrés.

Enfin, à l'Exposition universelle de 1889, on a vu

fonctionner, dans le Palais de la République Argentine, les appareils qui, jusqu'à présent, ont donné la meilleure solution du problème de la conservation de la viande par le froid. MM. S.-G. Sansinena et Cie y avaient installé un diminutif de leur établissement de *la Négra*, qui a été en activité sous les yeux du public pendant tout l'été de 1889.

Dans l'usine de *la Négra*, à Barracas, non loin de Buenos-Ayres, MM. Sansinena ont installé des chambres frigorifiques pouvant contenir 60.000 moutons gelés. Le froid est produit par la détente de l'air comprimé, procédé rendu industriel par Giffard. A Baracas, l'air froid est produit par cinq grandes machines de J.-E. Hall, qui sont de simples modifications de celles de l'inventeur français. Chacune d'elles peuvent fournir 1982 mètres cubes d'air sec par heure.

Chaque chambre frigorifique est divisée en deux parties séparées par un couloir central. L'air froid arrive à la partie inférieure dans une de ces chambres et la maintient à une température très basse, — 13 degrés environ ; le couloir est à — 10 degrés et la deuxième chambre à — 7 degrés. L'air est comprimé à 4 ou 5 atmosphères par les machines ; on le refroidit en le faisant circuler dans un jeu de tuyaux entourés d'eau froide. A sa sortie de la machine dans la chambre de détente, sa température est de — 45 à — 60 degrés.

La viande abattue et saignée est portée dans la chambre la moins froide et elle y est laissée un ou deux jours ; elle perd son odeur et devient dure. Elle passe alors dans la deuxième chambre où le durcissement s'accentue ; son aspect général est bon, sa couleur est un peu plus claire que celle de la viande fraîche. Lorsque la congélation est suffisante, les moutons sont enveloppés dans des chemises en toile et chargés dans des bateaux munis de machines Hall, qui les transportent au port d'embarquement.

Trois vapeurs des *Chargeurs Réunis* font le service pour la France ; deux d'entre eux font six chargements de 10.000 moutons par an, soit un total de 60.000 moutons ou 1.200.000 kilogrammes de viande. Celle-ci, dès son arrivée au port destinataire, est envoyée dans des dépôts frigorifiques. Celui du Havre est aménagé pour recevoir 25.000 moutons, celui de Dunkerque pour 5000, celui de Paris pour 1000 et celui de Pantin pour 15.000. Les arrivages, en 1888, se sont élevés à 360.000 moutons.

Au fur et à mesure des besoins, la viande est dégelée ; c'est une opération délicate et le point sur lequel se sont portés les principaux perfectionnements. La viande est exposée dans des chambres aérées par des courants d'air très rapides ; dans ces conditions, on arrive à la complète décongélation en douze ou quinze heures en été, et vingt-quatre à trente-cinq heures en hiver.

Le prix de vente de la viande importée à Paris est de 1 fr. 20 le kilogramme se répartissant ainsi[1] :

Transport par mer	0,25
Douane, octroi.	0,32
Prix d'achat, manutention, bénéfices.	0,73
	1,20

A l'établissement de la *Négra*, on abat 1200 à 1500 moutons par jour ; 700 à 800 servent à la consommation locale ; le reste est exporté.

[1] Ce prix est modifié actuellement par le nouveau tarif des douanes.

La compagnie Sansinena débite en moyenne 37.000 moutons à Paris; le Havre, Dunkerque, Rouen en consomment également, mais le plus fort débouché est l'Angleterre, où la viande congelée entre pour 2 pour 100 de la consommation totale.

D'autres sociétés, dans la République Argentine, se livrent à l'exportation de la viande fraîche. Voici les chiffres d'affaires des principales :

Compagnie Sansinena. . . .	360.000	moutons.
— Drabble frères. . .	282.000	—
— Terrason. . . .	184.000	—
— Nelson.	170.000	—
	996.492	—

Les sept dixièmes sont envoyés en Angleterre.

Dans la Nouvelle-Zélande, trois sociétés se livrent à cette industrie.

	Exportation	
The New-Zeland refriger Co, à Dudenin. .	141.561	moutons.
The Canterb. Frozen meat Co, à Christchurch.	226.000	—
The Wellington meat Export C°.	104.000	—

Le procédé de conservation que nous venons de décrire, n'altère en rien les qualités nutritives de la viande, le seul inconvénient est son changement d'aspect, peut-être aussi n'est-elle pas aussi savoureuse. Mais le dernier mot n'est pas dit sur cette question, et il se produira encore des perfectionnements.

CHAPITRE X

ALTÉRATIONS ET FALSIFICATIONS

I. VIANDES DE BOUCHERIE

Les viandes que l'on ne doit admettre dans la consom--
mation que sous certaines réserves, ou que l'on doit
complètement rejeter, peuvent se ranger en quatre
classes :

Viandes douteuses. — Cette catégorie comprend les
viandes trop maigres ou fatiguées ; les viandes de veaux
morts-nés, ou même nés à terme et vivants, mais qui
sont tués quelques jours après leur naissance ; celles
provenant d'animaux atteints de maladies non infec-
tieuses : la *météorisation*, l'*indigestion*, l'*apoplexie*,
la *paraplégie*, l'*asphyxie*, l'*hydropisie*, les *affections
inflammatoires*. De l'avis d'un grand nombre de vété-
rinaires, et parmi eux MM. Bouley et Nocart, on doit
y joindre le *typhus des bêtes bovines* et la *péripneu-
monie contagieuse*. On a bien souvent consommé de
la chair de bœufs atteints de la première maladie, particulièrement en 1870, sans qu'il en soit résulté d'accidents ; mais il est prudent de s'abstenir et d'interdire le
colportage de telles denrées, qui peuvent quelquefois
étendre la contagion.

On range encore parmi les viandes douteuses celles qui renferment des parasites non transmissibles à l'homme.

On ne peut guère compter sur les signes fournis par la viande dépouillée, pour caractériser les cas douteux : l'expertise doit être faite sur l'animal entier. Les caractères suivants peuvent cependant donner quelques indications : la viande provenant d'animaux morts asphyxiés est noire dans les parties riches en vaisseaux sanguins ; cette teinte ne persiste pas, l'exposition à l'air ramène la couleur rouge. Les viandes mal saignées conservent une grande quantité de sang qui imprègne les tissus ; elles possèdent une odeur acide et se putréfient très rapidement. Celles qui proviennent d'animaux atteints de maladies fébriles, de cachexie aqueuse, sont molles et gluantes.

Viandes malsaines. — A cette catégorie appartiennent les viandes putréfiées ; celles qui proviennent d'animaux morts spontanément, ou après avoir absorbé des substances toxiques ou médicamenteuses ; les viandes tuberculeuses, ou contenant des parasites transmissibles à l'homme.

Les viandes putréfiées, même seulement *faisandées*, sont nocives. Cette propriété est due à la présence de certains alcaloïdes nommés *ptomaïnes*.

Les hygiénistes proscrivent non seulement l'usage des parties musculaires contenant des tubercules, mais encore la viande d'animaux tuberculeux, bien que Bouley pense qu'on peut se contenter de rejeter les parties tuberculeuses seulement. La cuisson, il est vrai, détruit les germes, mais on n'est jamais sûr que tous les points de la viande ont subi la température nécessaire à la stérilisation.

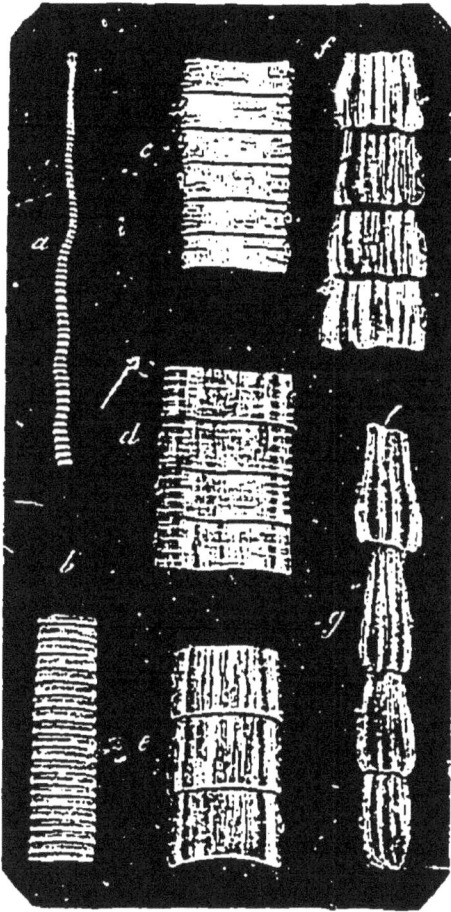

FIG. 94. — *Tænia medio-canellata* de grandeur naturelle *.

* *a*, tête et cou (scolex) avec les premiers anneaux ; *b, c, d,* anneaux larges de la portion antérieure, les pores génitaux deviennent visibles à partir de *c* : *e, f,* anneaux carrés de la portion moyenne ; *g,* anneaux allongés de la portion postérieure (d'après Davaine).

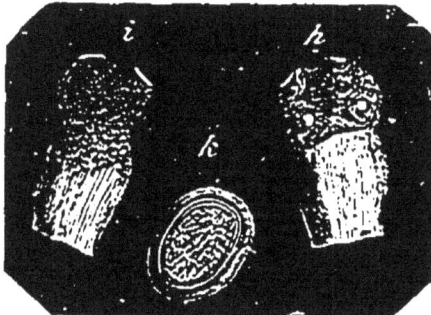

FIG. 95. — Tête (Scolex) du *Tænia mediocanellata* *

* *h,* vue de face ; *i,* vue de côté ; *k,* œuf.

Viandes infectées de parasites. — Les viandes provenant des moutons atteints du *tournis*, maladie causée par la présence, dans le cerveau, du *Cœnurus cerebralis*, d'animaux atteints de la pneumonie et de la bronchite vermineuse, de l'helminthiase intestinale, n'ont aucune action nocive et peuvent être consommées sans danger.

Ladrerie du bœuf. — La ladrerie du bœuf est causée par le *Tænia mediocanellata* ou *Tænia inerme* (fig. 94 et 95); elle est très rare dans nos climats ; on ne l'a guère observée que dans des viandes de provenance africaine.

Mouche bleue. — L'altération de la viande par la grosse mouche bleue, est très commune pendant les grandes chaleurs. Cet insecte dépose sur la viande une liqueur qui active sa décomposition et y pond ses œufs ; ceux-ci en peu de temps donnent naissance à des larves, ayant l'aspect de gros vers blancs. Les parties souillées par la mouche ne peuvent être consommées, elles sont d'ailleurs fort répugnantes.

II. CHARCUTERIE

1. *Falsifications.*

La falsification s'exerce sur une vaste échelle dans la préparation des produits de la charcuterie. Les principales fraudes sont :

L'emploi de bas morceaux de porc ou d'autre viande qui ne trouveraient pas facilement leur débit autrement, de viandes de qualité inférieure ou d'un bas prix, comme la viande de cheval, d'âne ou de mulet; d'un excès de graisse.

L'addition de matières étrangères telles que la farine, la fécule, la mie de pain, etc.

Heureusement que, dans la plupart des cas, elles sont d'une parfaite innocuité, la bourse seule du consomma- teur en souffre; elles n'en sont pas moins répréhensibles.

2. *Altérations*.

Les altérations de la charcuterie sont assez nom- breuses; elles proviennent de l'emploi de viandes déjà avariées, notamment de viandes d'animaux atteints de ladrerie ou de trichinose.

Ladrerie du porc. — La ladrerie du porc est une affection causée et caractérisée par la présence dans quelques parties du tissu cellulaire, principalement dans le cœur et sous la langue de la larve ou cysticerque

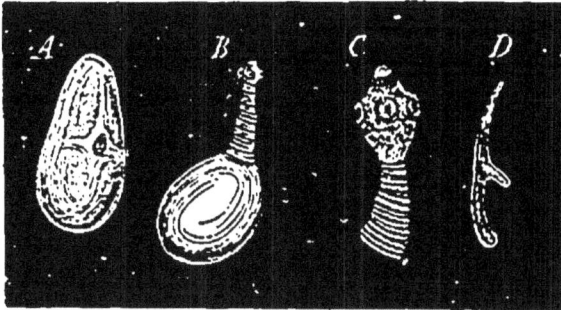

Fig. 96. — Cysticerque. A, animal retiré dans son ampoule. — B, animal développé. — C, tête et cou isolés. — D, un des crochets.

du *Tænia solium*. Souvent on les reconnaît facilement sur les porcs vivants par l'examen de la langue; cette pratique, très ancienne, porte le nom de *langayage*.

Les cysticerques dans la viande fraîche se présentent sous l'aspect de petits kystes de 4 à 5 millimètres de diamètre, demi-transparents. Dans la viande salée, ce sont de petits corps ronds, rosés, de la grosseur d'un grain de millet, constitués par le scolex enveloppé de la membrane du kyste, dont le liquide a disparu.

Sous le microscope, le scolex apparaît hors de la vési-cule avec ses ventouses, son rostre conique et sa couronne de crochets (fig. 96).

Trichinose.—La trichine *(Trichina spiralis)* (fig. 97) est un ver nématoïde, filiforme, long d'environ 1 milli-mètre, enroulé habituellement d'une fois à deux fois et demie sur lui-même. On le reconnaît à l'examen microscopique de la viande contaminée ; pour cette opération un grossissement assez faible suffit (50 à 60 diamètres). La trichine se rencontre dans les muscles et aussi dans le tissu adipeux, comme l'a montré M. J. Chatin [1]. On a calculé que 1 kilogramme de muscle pouvait contenir jusqu'à 5 millions de trichines.

La trichine introduite dans l'estomac, traverse les membranes et gagne les muscles, où elle s'enkyste; dans cet état elle demeure, jusqu'à ce qu'elle pénètre dans l'appareil digestif d'un autre animal ; alors elle aban-donne son enveloppe et se multiplie. Ce développement, qui est considérable, a causé chez l'homme de nombreux accidents, souvent suivis de mort.

Ce parasite est détruit par une température de 70 degrés; c'est pourquoi, il est nécessaire de faire cuire très longtemps la viande de porc; et de ne pas la consommer crue, ou imparfaitement cuite.

Mauvaise conservation.—Les altérations proviennent souvent d'une mauvaise conservation, et aussi de la saumure qui, ayant servi plusieurs fois, a subi une altération plus au moins grande.

J. Chatin, *La trichine et la trichinose*, 1883, in-8.

Mauvais état des vases. — Très souvent aussi on a eu à constater des cas d'intoxication causés par la présence de métaux toxiques (plomb, cuivre), provenant du

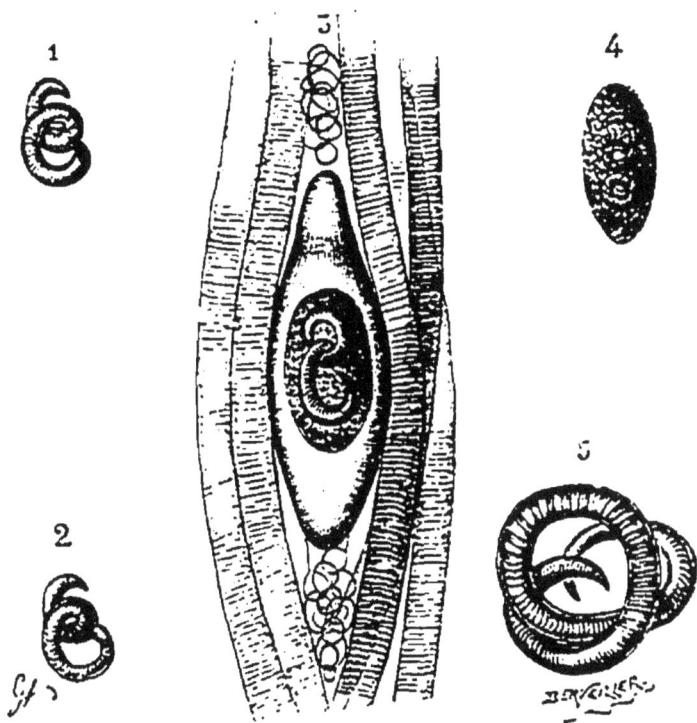

Fig. 97. — Trichines : 1 et 2, trichines parvenues dans le tissu musculaire, mais non encore enkystées. — 3, trichine enkystée dans le tissu musculaire. Le kyste est limité par une membrane qui montre par transparence la masse granuleuse interne de la trichine. — 4, kyste dépouillé de son enveloppe et réduit à la masse granuleuse interne dans laquelle la trichine se trouve incluse. — 5, trichine extraite du kyste et très grossie. (Joannes Chatin.)

mauvais état des vases qui ont servi à la cuisson, ou de leur étamage avec de l'étain impur.

On ne doit consommer que de la charcuterie parfaitement fraîche, les accidents causés par des préparations déjà avariées étant souvent très graves.

CHAPITRE XI

ANALYSE DE LA VIANDE

D'après M. Müntz, il convient, lorsque l'on veut comparer les différentes viandes au point de vue de leur valeur alimentaire, d'y déterminer:

1° L'*eau* par la dessiccation d'un échantillon de 20 grammes, dans une étuve chauffée à 100 degrés jusqu'à ce que le poids ne varie plus.

2° La *graisse*. En épuisant la matière séchée et finement pulvérisée, par l'éther, ce dissolvant est recueilli et évaporé dans un vase taré. La graisse est pesée après avoir été séchée à 100 degrés.

3° Les *matières azotées*, que l'on dose sur 2 grammes de substance, soit par la méthode de Will et Warentrapp, soit par la méthode de Kjeldahl.

4° Les *cendres* par l'incinération de 10 grammes de viande, à une température aussi basse que possible.

Généralement on ne dose pas les bases que renferme la viande: la créatine, la créatinine, etc., qui n'ont, qu'une faible importance. Ces matières sont solubles dans l'eau et devront être par conséquent recherchées dans les infusions de viande.

Les matières toxiques et les agents de conservation se recherchent de la même manière que dans les farines.

CHAPITRE XII

STATISTIQUE AGRICOLE ET COMMERCIALE

I. ÉLEVAGE ET COMMERCE DU BÉTAIL EN FRANCE

L'élevage et le commerce du bétail sont très importants en France, et tendent continuellement à augmenter ; l'usage journalier de la viande se répand de plus en plus, et, s'il y a cinquante ans, c'était un mets des jours de fête dans les campagnes, seules les contrées très arriérées, maintenant, ont conservé cette coutume. Cette extension de la consommation de la viande est due principalement au développement des moyens de communication.

Le *Bulletin statistique du ministère de l'Agriculture* nous a fourni les renseignements suivants sur cette branche importante de notre richesse nationale.

Espèce bovine. — En 1888, l'espèce bovine était représentée en France par :

Taureaux	312.213
Vaches.	6.438.701
Bœufs de travail	1.399.766
— à l'engrais	492.255
Élèves de 1 an et au-dessus, bouvillons	888.854
— — génisses	1.531.466
Élèves de 6 mois à 1 an.	1.238.483
Veaux au-dessous de 6 mois.	1 077.630
TOTAL.	13.377.368

Les départements où le nombre des bœufs à l'engrais était le plus considérable sont :

Dordogne.	40.000	Côtes-du-Nord	16.000
Mayenne.	34.399	Landes.	15.300
Finistère.	29.425	Orne.	15.000
Maine-et-Loire.	27.230	Allier	14.626
Morbihan.	21.220	Seine-Inférieure.	11.651
Vendée.	19.658	Sarthe.	10.629
Calvados	17.000		

Le total pour toute la France était de 492.255 bœufs à l'engrais.

Pour la production des veaux, nous ne donnerons des chiffres que pour les animaux âgés de moins de six mois ; tous, il faut le remarquer, ne sont pas livrés à la boucherie ; mais, comme les statistiques officielles ne désignent pas spécialement cette dernière catégorie, nous ne pouvons parler que de la population totale. L'élevage dépassait 20.000 têtes dans les 19 départements suivants :

Puy-de-Dôme.	42.377	Morbihan.	25.187
Lot-et-Garonne.	38.000	Ille-et-Vilaine	24.616
Manche.	34.148	Aveyron	24.403
Finistère.	29.913	Mayenne.	22.236
Pas-de-Calais	26.835	Deux-Sèvres.	22.296
Haute-Vienne	26.806	Cantal.	22.182
Calvados	26.800	Allier	22.022
Côtes-du-Nord	26.000	Haute-Loire	20.099
Maine-et-Loire	25.870		

Espèce ovine. — L'espèce ovine était représentée sur tout le territoire par 1.077.630 veaux.

Béliers.	307.343
Moutons au-dessous de 2 ans . . .	4.247.818
Brebis — . . .	9.031.427
Agneaux de 1 à 2 ans	3.747.014
Agneaux de 6 mois à 1 an	2.856.448
Agneaux au-dessous de 6 mois . . .	2.440.570
TOTAL.	22.630.620

Parmi les départements où elle était la plus nombreuse, nous citerons :

Creuse	778.154	Lot	607.605
Aveyron. . . .	660.572	Indre	572.291
Aisne.	634.727	Cher	557.396
Haute-Vienne . .	632.915	Corrèze	551.104
Eure-et-Loir. . .	621.361		

Quant aux moutons, qui sont plus spécialement destinés à la boucherie ; ils étaient en nombre supérieur à 100.000 dans les 8 départements suivants :

Aisne.	178.975	Oise	112.846
Seine-et-Oise . .	148.516	Haute-Loire. . .	111.524
Eure-et-Loir. . .	142 555	Creuse	104.165
Seine-et-Marne. .	138.583	Indre.	100.027

Espèce caprine. — L'élevage des chèvres est peu important au point de vue qui nous occupe, car elles en sont guère exploitées, tout au moins en France, que pour leur lait ; le chiffre qui représentait, en 1888, la totalité de l'espèce était de 1.545.580, que l'on trouve surtout dans la région des montagnes, principalement dans la Corse, l'Ardèche, la Drôme et l'Isère.

Espèce porcine. — Le porc est un animal d'un grand intérêt dans l'économie rurale, car il est d'un élevage très facile, qui permet d'utiliser un grand nombre de déchets, auquel il donne une valeur importante. Il en existait en 1888, 5.846.578 têtes en France, ce nombre est faible et il est à souhaiter qu'il augmente, car nous sommes tributaires pour une grosse part de l'étranger pour cet article commercial, et ce n'est pas sans danger pour l'hygiène. L'augmentation de la production des animaux de l'espèce porcine en France qui est chose simple serait certainement une large compensation aux pertes causées par le bill Mac-Kinley, et nous permettrait de montrer à la *Libre Amérique* que nous pouvons nous passer d'elle.

Les départements où s'élève principalement le porc sont :

Dordogne . . .	197.000	Aveyron. . . .	124.420
Saône-et-Loire. .	188.675	Puy-de-Dôme . .	123.900
Côtes du Nord . .	150.000	Deux-Sèvres. . .	112.540
Pas-de-Calais . .	149.000	Ardèche	112.289
Allier.	144.000	Ille-et-Villaine. .	105.596
Haute-Vienne . .	142.217	Tarn	103.377
Drôme	125.438	Maine-et-Loire. .	103.230
Manche	126.451	Sarthe.	100.913

II. IMPORTATION DES ANIMAUX DE BOUCHERIE

Espèce bovine : L'importation s'est élevée en 1888 :

Provenance	Nombre de têtes	Valeur
Bœufs :		
Italie.	11.160	
Etats-Unis	3	11.827.600
Algérie	17.775	
Autres pays. . . .	631	

Provenance	Nombre de têtes	Valeur
Vaches :		
Belgique.	9.927	
Allemagne	420	
Italie	4.414	5.558.490
Suisse	2.862	
Autres pays	2.964	
Taureaux.	774	232.200
Bouvillons et taurillons . . .	2.851	427.650
Génisses	1.784	285.440
Veaux.	18.750	1.687.500

Espèce ovine :

Béliers, brebis et moutons :		
Allemagne	530.409	
Italie.	34.257	
Autriche.	151.745	57.375.136
Algérie	735.487	
Autres pays.	57.994	

Espèce porcine :

Porcs :		
Belgique.	25.170	
Allemagne	280	
Italie.	829	2.767.260
Autres pays.	851	
Cochons de lait.	44.879	538.548

Viande fraîche. — La viande fraîche de boucherie est devenue un article d'importation assez important depuis que les moyens de transport ont augmenté et se sont multipliés; nous en avons reçu, en 1888, 11.214.408 kilogrammes, représentant une valeur de 16.597.324 francs et provenant de :

Belgique.	3.686.267	kgr.
Allemagne	3.084.568	—
Suisse.	1.133.144	—
Autres pays.	3 310.429	—

Conserves. — La statistique officielle nous donne les renseignements suivants :

Viandes salées :

		kgr.		fr.
De porc, lard compris {	Etats-Unis. .	»	}	4.410.343
	Autres pays .	3.675.286		
Autres, y compris les conserves.		3.778.540	5.637.589	
Extraits de viandes. . . .		288.620	603.557	

III. EXPORTATION

Pendant l'année 1888, l'exportation du bétail a atteint le chiffre de 36.350.309 francs qui se répartit ainsi :

Espèce bovine :

Destination	Nombre de têtes	Valeur
Bœufs :		
Angleterre	1.302	}
Belgique.	7.837	
Suisse.	11.203	9.934.400
Autres pays	4.494	}
TOTAL.	24.836	
Vaches.	42.619	11.508.130
Taureaux	1.305	395.850
Bouvillons et taurillons . .	1.246	186.900
Génisses	11.433	1.886.445
Veaux.	11.248	1.068.560

On voit que l'exportation se fait principalement sur les animaux reproducteurs ou sur les vaches laitières ; en ce qui concerne des bovidés exportés pour la viande, nous ne trouvons guère que les bœufs et les veaux, comme article important.

Espèce ovine. — Il en est de même pour l'espèce

ovine, nous n'envoyons guère sur les marchés étrangers
que des reproducteurs; l'exportation s'est chiffrée par :

	Têtes	Valeur
Béliers, brebis et moutons	35.917	1.364.846 fr.

Espèce porcine. — Le commerce extérieur des porcs
est plus important, car, en 1888, il s'est élevé à
10.368.300 francs pour les animaux adultes et à
149.008 francs pour les cochons de lait.

Porcs :	Têtes	Valeur
Espagne.	47.688	
Suisse.	24.583	10.368.300
Autres pays	20.379	
Cochons de lait.	12.424	149.008

Oiseaux de basse-cour. — Les documents officiels
n'indiquant pas leur espèce ; ils sont en effet, compris
sous le titre : *gibier, volailles, tortues,* termes un
peu trop vagues ; leur importation s'est élevée à
5.040.603 francs et leur exportation à 5.868.298 francs.

Viande fraîche de conserves. — L'exportation de la
viande a été assez importante.

Viandes fraîches :		kgr.	fr.
De boucherie.		1.641.989	2.430.143
Gibier, volailles et tortues.	Angleterre.	2.275.398	
	Suisse.	801.133	6.965.563
	Autres pays	163.266	
Viandes salées :			
De porc, lard compris.		2.225.254	2.781.567
Autres.		136.744	157.255
Conserves de viandes en boîtes		619.645	1.424.962

L'exportation des viandes fraîches a considérablement

augmenté pour les raisons que nous avons données en parlant de l'importation; ainsi la quantité de viandes fraiches de boucherie envoyées sur les marchés étrangers a plus que doublé en une année, en 1887, elle était de 663.488 kilogrammes, et, en 1888, de 1.641.989 kilo-grammes.

IV. OPÉRATIONS DU MARCHÉ DE LA VILLETTE

Voici quelques chiffres sur les opérations du marché aux bestiaux de la Villette : ces données sont un exemple assez précis de la consommation d'un grand centre de population, comme Paris.

Pendant l'année 1883, il est arrivé au marché de la Villette :

Bœufs.	239.834	Veaux	198.600
Vaches	82.467	Moutons	1.054.172
Taureaux	18.162	Porcs gras.	380.358

Cet approvisionnement provenait, principalement pour les bœufs, des départements suivants[1] :

Loire-Inférieure	10.393	Nièvre.	15.967
Calvados.	27.313	Saône-et-Loire.	12.049
Orne.	14.739	Creuse.	185.531
Maine-et-Loire.	31.358	Nièvre	15.967
Vendée	22.001	Saône-et-Loire.	12.049
Deux-Sèvres	15.443		

[1] Nous ne signalons que les départements ayant envoyé plus de 10.000 animaux.

Pour les veaux [1] :

Sarthe.	7.722	Aisne.	21.514
Seine–Inférieure .	18.946	Oise	9.676
Eure.	23 091	Loir-et-Cher . .	35.067
Pas-de-Calais . .	11.807	Yonne.	19.948
Nord	18.424	Côte-d'Or . . .	6.453

Pour les moutons :

Eure	10.874	Puy-de-Dôme . .	17.726
Nord	20.120	Cantal. . . - . .	84.391
Aisne.	67.606	Nièvre	43.601
Oise	10.939	Loiret.	29.518
Seine-et-Marne. .	124.417	Eure-et-Loir . .	52.357
Seine-et Oise. . .	89.922	Yonne.	26.180
Aube.	21.146	Côte-d'Or . . .	26.396
Haute-Marne . .	25.816	Dordogne . . .	27.937
Charente. . . .	15.266	Lot-et-Garonne. .	17.479
Cher	15.412	Lot.	87.524
Indre	12.922	Aveyron	55.450
Allier.	47.535	Haute-Loire. . .	18.090

Enfin pour les porcs :

Loire-Inférieure. .	32.734	Deux-Sèvres . .	28.867
Sarthe.	45.797	Indre.	35.893
Maine-et-Loire. .	37.484	Allier.	26.303
Charente. . . .	11.639	Puy-de-Dôme . .	11.820
Vendée	37.520	Creuse.	19.623
Vienne	15.484		

Dans la même année, aux Halles centrales, il a été vendu :

Viandes de boucherie.	45.358.299,7	kgr.
Volaille et Gibier	20.895.895	—

[1] Départements ayant expédié plus de 5000 veaux.

V. PRIX DE LA VIANDE

Il nous a semblé intéressant, surtout au point de vue de l'économie domestique, de relever quelques chiffres relatifs aux variations du prix de la viande dans les grandes villes de France.

PRIX MOYEN DU KILOGRAMME DE VIANDE EN FRANCE, DANS QUELQUES GRANDES VILLES (1888).

	Bœuf	Vache	Veau	Mouton	Porc
	fr.	fr.	fr.	fr.	fr.
Nice	2,20	1,50	2,10	2,05	1,70
Troyes	1,26	1,27	1,54	1,78	1,55
Marseille . . .	1,50	1,35	1,80	1,82	1,55
Caen.	1,43	1,35	1,44	1,84	1,27
La Rochelle . .	1,51	1,41	1,54	1,61	1,69
Bourges. . . .	1,28	1,50	1,54	1,67	1,23
Ajaccio	1,25	»	1,85	1,68	1,70
Besançon . . .	1,40	1,34	1,50	1,58	1,30
Nîmes	1,82	1,60	1,90	1,85	1,82
Bordeaux . . .	1,45	1,20	1,45	1,45	»
Tours.	1,65	1,65	1,65	1,95	1,51
Grenoble. . . .	1,32	1,17	1,47	1,61	»
Saint-Étienne . .	1,75	»	1,84	1,85	1,63
Le Puy	1,44	1,27	1,37	1,52	1,66
Nantes	1,05	1,02	1,47	1,49	»
Orléans	1,40	1,37	1,61	1,90	1,60
Châlons-sur-Marne	1,68	1,67	2,07	2,17	1,89
Rennes	1,58	1,29	1,27	2,33	1,38
Lille	1,70	1,57	2,07	1,85	1,61
Beauvais. . . .	1,40	»	1,60	1,60	1,67
Le Mans. . . .	1,29	1,26	1,44	2,02	1,32
Dijon.	1,65	1,50	1.70	1,85	»
Paris.	1,30	»	1,43	1,23	1,15
Rouen	2, »	»	1,80	1.80	1,80

VARIATION DES PRIX DE LA VIANDE EN FRANCE
(DE 1869 A 1888)

	Bœuf	Vache	Veau	Mouton	Porc
	fr.	fr.	fr.	fr.	fr.
1869. . .	1,35	1,21	1,51	1,47	1,52
1870. . .	1,32	1,19	1,38	1,43	1,51
1871. . .	1.46	1,32	1,57	1,46	1.64
1872. . .	1.56	1,45	1,68	1,74	1,67
1873. . .	1,71	1,55	1,77	1,83	1,63
1874. . .	1,59	1,44	1,61	1,72	1,56
1875. . .	1,52	1,37	1,53	1,66	1,53
1876. . .	1,54	1,41	1,64	1,71	1,65
1877. . .	1,59	1,47	1,72	1,78	1,70
1878. . .	1.68	1,54	1,80	1,85	1,69
1879. . .	1,65	1,54	1,76	1,80	1,59
1880. . .	1,59	1.46	1,69	1,77	1,66
1881. . .	1,56	1,43	1,67	1,77	1,71
1882. . .	1,59	1,45	1,70	1,81	1,69
1883. . .	1,63	1,50	1,76	1,86	1,66
1884. . .	1,65	1,53	1,77	1,88	1,60
1885. . .	1,63	1,50	1,72	1,84	1,54
1886. . .	1,58	1,46	1,67	1,77	1,52
1887. . .	1,47	1,34	1,55	1,67	1,50
1888. . .	1,40	1,27	1,50	1,65	1,43
Maximum .	(1873)	(1873)	(1878)	(1878)	(78-82)
Minimum. .	(1870)	(1870)	(1870)	(1870)	(1887)

Importation de la viande conservée par le froid en Angleterre.

PORTS D'ARRIVAGE	ORIGINE	1880	1881	1882	1883	1884	1885	1886	1887	1888	TOTAL
Londres.	Australie.	400	17.275	57.256	63.733	111.755	95.054	66.960	88.811	112.214	613.445
	Nlle Zélande.	»	»	8.839	120.893	412.319	492.269	655.888	766.417	939.231	3.395.886
	Rque-Argentine	»	»	»	17.165	108.823	190.571	331.245	242.903	197.460	1.088.167
	Iles Falkland	»	»	»	»	»	»	30.000	45.552	»	75.552
Total pour Londres.		400	17.275	66.095	201.791	632.917	777.891	1.084.093	1.143.683	1.248.905	5.173.050
Liverpool.	Rque-Argentine.	»	»	»	»	»	»	103.451	318.963	676.000	1.178.417
Importation totale.		400	17.275	66.095	201.791	632.917	777.891	1.187.517	1.542.646	1.924.905	6.351.467
Importation totale pour la République Argentine.		»	»	»	17.165	108.823	190.571	434.699	611.866	873.460	2.266.584

Vente en gros du Gibier aux Halles centrales en 1889.

(PAVILLON N° 4)

— *Arrivages.* —

ESPÈCES	JANVIER	FÉVRIER	MARS	AVRIL	MAI	JUIN
	pièces	pièces	pièces	pièces	pièces	pièces
Faisans	16.290	1.631	»	»	»	»
Perdrix	49.212	8.230	»	»	»	»
Alouettes	99.383	23.501	»	»	»	»
Bécasses	4.796	3.309	5.268	1.110	»	»
Bécassines . . .	2.916	1.443	2.611	1.494	19	»
Cailles	29.937	12.964	11.594	15.333	13.768	5.887
Grives	30.522	1.365	»	»	»	»
Sarcelles	2.097	1.920	3.854	1.351	69	»
Vanneaux	4.301	5.767	10.902	5.602	19	»
Lièvres	40.525	8.450	490	»	»	»
Cerfs, Chevreuils .	2.605	705	»	»	»	»
Sangliers	103	118	90	»	»	»
Non classés . . .	17.814	35.489	25.748	10.213	17.931	4.169
Ours	»	»	1	»	»	»

ESPÈCES	JUILLET	AOÛT	SEPTEMBRE	OCTOBRE	NOVEMBRE	DÉCEMBRE
	pièces	pièces	pièces	pièces	pièces	pièces
Faisans	»	538	6.783	26.110	35.775	19.883
Perdrix	»	42.616	159.699	61.986	68.738	68.708
Alouettes	»	»	655	269.962	438.142	306.908
Bécasses	»	9	83	1.770	5.330	8.786
Bécassines . . .	»	46	764	1.509	1.329	2.890
Cailles	14.701	18.385	27.577	29.402	24.000	20.169
Grives	»	»	4.410	137.190	16.998	36.094
Sarcelles	»	21	703	2.118	1.743	331
Vanneaux	»	27	1.401	3.407	1.756	673
Lièvres	»	2.139	30.130	64.003	80.597	70.675
Cerfs, Chevreuils .	»	313	328	1.915	2.802	3.032
Sangliers	»	4	4	48	92	43
Non classés . . .	»	5.819	6.202	71.413	49.868	38.921

Vente en gros du Gibier aux Halles centrales en 1889

(PAVILLON N° 4)

— *Prix moyens.* —

ESPÈCES			VALEURS		QUANTITÉS
			PRIX MAXIMUM moyenne	PRIX MINIMUM moyenne	
			fr.	fr.	pièces
Faisans.	coqs. . . .	la pièce.	7,44	4.66	92.437
	poules . . .	—	5,37	3,52	
Perdrix.	de pays . .	—	4,47	2,68	
Perdreaux.	espagnols. .	—	3,26	2,14	477.564
	divers . . .	—	3,17	1,89	
Alouettes		la douz.	3,20	1,92	1.158.386
Bécasses.		la pièce.	5,83	3,21	36.264
Bécassines.		—.	2,53	1,61	30.912
Cailles		—	1,54	0,96	230.417
Grives et merles. . . .		—	0,55	0,39	349.293
Sarcelles		—	1,58	0,90	14.396
Vanneaux, pluviers . . .		—	0,81	0,48	35.049
Canards sauvages. . . .		—	4,35	2,47	»
Lièvres.	de pays . .	—	9,86	6,27	
	allemand. .	—	6,65	4,30	277.991
	autre proven.	—	»	»	
Lapins de garenne . . .		—	3,09	1,62	»
Sangliers		—	104,97	70,77	1.133
Cerfs.		—	160,61	92,56	
Chevreuils.		—	49,04	21,83	12.193
Non classés.	plume.		7,41	0,15	310.083
	poils.		86,08	14,23	
Ours.			292,00	»	1

VI. COMMERCE DES ŒUFS (1888)

IMPORTATIONS

Provenance	Quantités
	kg
Belgique	3.014.190
Italie.	1.889.010
Autres pays.	1.660,620
TOTAL. .	6.563,820

EXPORTATIONS

Destination	Quantités
	kg
Angleterre	17.442,610
Autres pays.	1.305.645
TOTAL. .	18.748,255

VENTE EN GROS DES ŒUFS A PARIS AUX HALLES CENTRALES

(Pavillon n° 10)

en moyenne	kg	le mille fr.	
Œufs extra (15 au kg). . .	3.476,003	à 108,68 et	105,84
— moyen 17 — . . .	9.962,001	94,44	74,67
— petit 22 — . . .	1.758,093	70,22	58,29
TOTAL. .	15.196,097		

VII. TARIF GÉNÉRAL DES DOUANES [1]

TABLEAU A.

BESTIAUX :	Droits (décimes compris)	
	Tarif général	Tarif minimum
	fr.	
N° 4. Bœufs, les 100 kilogrammes (poids vif). . .	10	—
— 5. Vaches — —	10	—
— 6. Taureaux — —	10	—
— 7. Bouvillons, taurillons et génisses, par tête .	10	—
— 8. Veaux.	12	—
— 9. Béliers, brebis et moutons, les 100 kilogr. (poids vif)..	15,50	—

[1] En vigueur à partir du 1er février 1892.

	Droits (décimes compris)	
BESTIAUX :	Tarif général. fr.	Tarif minimum
No 10. Agneaux du poids de 8 kilogrammes et au-dessous, par tête.	1,50	—
— 11. Boucs, chèvres, par tête.	2	—
— 11 bis Chevreaux.	1	—
— 12. Porcs, les 100 kilogrammes (poids vif). . .	8	—
— 13. Cochons de lait du poids de 15 kg et au-dessous, par tête.	1,50	—
— 14. Gibier, tortues, les 100 kilogrammes. . . .	25	20
— 15. Animaux vivants non dénommés.	exempts	exempts

PRODUITS ET DÉPOUILLES D'ANIMAUX

VIANDES :

— 16. Viande fraîche de mouton[1] les 100 kilogr. .	32	—
— de porc — . .	12	—
— de bœuf et autres — . .	25	—
— 17. Viande salée de porc, jambon et lard, les 100 kilogrammes.	25	—
— 17bis. Charcuterie fabriquée, les 100 kilogrammes.	25	—
— 18. Volailles mortes, pigeons morts, les 100 kilog.	20	—
— 19. Conserves de viandes en boîtes[2] — .	20	15
— 19bis. — de gibier en boîtes, en terrines ou en croûtes[2], les 100 kilogrammes.	75	60
— 19ter. Pâtés de foie gras, en boîtes, en terrines ou en croûtes, les 100 kilogrammes. . . .	75	60
— 20. Extraits de viande, en pains ou autres, les 100 kilogrammes[2].	40	30
— 34 Œufs de volaille et gibier, les 100 kilogr. .	10	6

[1] Les viandes fraîches de mouton ne pourront être importées que découpées par quartiers, la fressure adhérente à l'un des quartiers de devant.

[2] Y compris le poids des récipients formant l'emballage intérieur.

FIN

TABLE DES MATIÈRES

———

DEUXIÈME PARTIE

LA VIANDE

FIN DE LA TABLE DES MATIÈRES

Lyon. — Imp. PITRAT AÎNÉ, A. Rey Successeur, 4, rue Gentil. — 4435

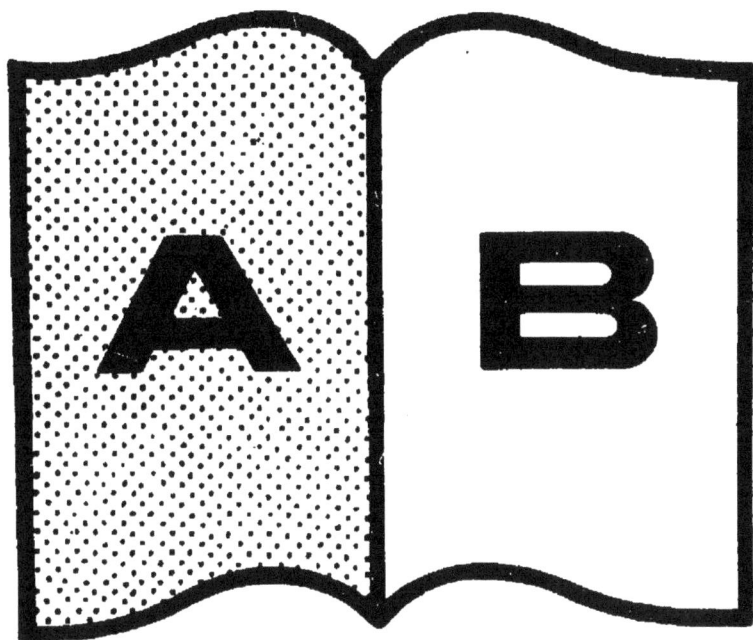

Contraste insuffisant

NF Z 43-120-14

www.ingramcontent.com/pod-product-compliance
Lightning Source LLC
Chambersburg PA
CBHW060120200326
41518CB00008B/884